高等院校计算机应用系列教材

计算机网络实用教程

刘 建 胡念青 时月梅 主 编

刘 刚 王 倩 副主编

U0249322

清华大学出版社

北 京

内 容 简 介

本书基于编者多年的计算机网络课程教学经验以及在实际组网项目中的工程经验而编写,坚持实用技术和工程实践相结合的原则,注重能力和技能的培养,所举的很多例子都来自编者的组网项目,有很强的针对性和实用性。同时还准备了大量的交换机和路由器实验,能让学生在学习理论知识的同时,在实践能力方面也能得到很大的提升。

本书共分为9章,集理论知识和实践操作于一体。内容包括:计算机网络概述、物理层、数据链路层、网络层、传输层、应用层、网络安全概述、交换机配置实验、路由器配置实验。

本书理论和实践紧密结合,内容新颖,能反映当前计算机网络技术的发展水平。本书既可以作为普通高校(特别是技能型高等学校)计算机网络课程的教材,也可作为计算机网络技术人员和管理人员的参考书。

图书在版编目(CIP)数据

计算机网络实用教程 / 刘建,胡念青,时月梅主编.—北京:清华大学出版社,2022.2(2024.2重印)
高等院校计算机应用系列教材
ISBN 978-7-302-59890-9

Ⅰ. ①计… Ⅱ. ①刘… ②胡… ③时… Ⅲ. ①计算机网络-高等学校-教材 Ⅳ. ①TP393

中国版本图书馆 CIP 数据核字(2022)第 006024 号

责任编辑:刘金喜
封面设计:高娟妮
版式设计:妙思品位
责任校对:马遥遥
责任印制:杨 艳

出版发行:清华大学出版社
      网　　址:https://www.tup.com.cn,https://www.wqxuetang.com
      地　　址:北京清华大学学研大厦 A 座　　　　邮　　编:100084
      社 总 机:010-83470000　　　　　　　　邮　　购:010-62786544
      投稿与读者服务:010-62776969,c-service@tup.tsinghua.edu.cn
      质 量 反 馈:010-62772015,zhiliang@tup.tsinghua.edu.cn

印 装 者:大厂回族自治县彩虹印刷有限公司
经　　销:全国新华书店
开　　本:185mm×260mm　　　印　　张:16　　　字　　数:360 千字
版　　次:2022 年 2 月第 1 版　　　　　　　印　　次:2024 年 2 月第 4 次印刷
定　　价:68.00 元

产品编号:093386-02

前　言

　　计算机网络在过去的几十年里取得了长足的发展，是当今最热门的学科之一。尤其是近年来，因特网深入到千家万户，越来越多的家庭、企业、单位都已离不开计算机网络。就学科而言，计算机网络涉及的内容比较广泛，它是计算机和通信技术密切结合的产物，是一门综合性学科。对于今后想从事计算机研究与应用的学生来说，计算机网络是一门重要的必修课程。本书正是针对这种需求而编写的，目的是为广大读者学习和掌握计算机网络相关知识和技术提供帮助和参考。

　　本书基于编者多年的计算机网络课程教学经验以及在实际组网项目中的工程经验而编写，坚持实用技术和工程实践相结合的原则，注重能力和技能的培养，所举的很多例子都来自编者的组网项目，有很强的针对性和实用性。本书专门安排了两章的篇幅，准备了大量的交换机和路由器实验，能让学生在学习理论知识的同时，在实践能力方面也能得到很大的提升。

　　本书共分为 9 章，集理论知识和实践操作于一体。内容包括：计算机网络概述、物理层、数据链路层、网络层、传输层、应用层、网络安全概述、交换机配置实验、路由器配置实验。

　　本书既可以作为普通高校(特别是技能型高等学校)计算机网络课程的教材，也可作为计算机网络技术人员和管理人员的参考书，具有教科书和技术资料的双重特征。

　　本书由刘建、胡念青、时月梅任主编，刘刚、王倩任副主编。此外，参加编写工作的还有张笑、王强、刘明春、吴春容、刘雪婷。其中，第 1 章由胡念青编写，第 2 章由刘刚编写，第 3 章、第 8 章由刘建编写，第 4 章由张笑编写，第 5 章由刘明春编写，第 6 章由王强编写，第 7 章由王倩编写，第 9 章由刘建、吴春容、刘雪婷共同编写，全书由刘建、时月梅统稿。在编写过程中，得到了四川大学、电子科技大学、成都理工大学、成都信息工程大学、四川建筑职业技术学院相关专家、教授的大力支持和帮助，成都文理学院信息工程学院陈坚副教授提出了很多宝贵的意见和建议，在此一并表示衷心感谢。

　　由于计算机网络技术发展迅猛，作者水平有限，书中难免有不足之处，恳请广大同行、专家和读者批评指正。

本书 PPT 教学课件和习题答案可通过扫描下方二维码下载。

PPT 课件+习题答案

编　者

2021 年 10 月

目　　录

第 1 章

计算机网络概述

本章重点介绍以下内容：

- 计算机网络技术
- 计算机网络体系结构
- 网络通信技术相关概念及术语

计算机的发明问世，使人类真正意义上进入了信息化时代。计算机最初的运行模式是单机作业，不涉及联网操作、数据交换、资源共享和分布式处理。从二十世纪六十年代后期逐步发展起来的计算机网络计术是计算机技术和通信技术相结合的产物，它利用通信传输设备和介质将处于不同地理位置的计算机连接起来，使得独立的计算机之间能够交换数据、共享资源、协同作业，从而拉开了互联网时代新的 IT 技术大幕。

1.1 计算机网络技术

1.1.1 网络技术背景简介

始于十九世纪上半叶，以电磁技术为核心，以电报、电话、广播电视、电子计算机等为标志的电信革命，使人类在信息存储、信息交换和信息处理方面达到了一个前所未有的、划时代的新高度；走到今天，Internet 的问世在真正意义上拉开了信息时代的帷幕。互联网将人类过去运用的各种信息化技术手段整合在一起，形成了一个与现实世界平行的、基于 "Network＋X" (X 是人类可以运用的所有信息形式)的虚拟平台，未来人类与信息有关的一切活动都可能建构在这一平台上。

纵观 IT 发展史，数字技术出现过两次发展浪潮。第一次是以处理和存储技术为中心，以处理器和存储器的发展为核心动力，并由此产生了计算机工业，特别是 PC 工业，从而促使计算机得以迅速普及和应用。在这一阶段，计算机是以单机模式运行的，并没有联网的概念。尽管在这一期间，随着计算机处理速度和能力的增强，允许一台主机挂接多个终端，甚至利用电话线、Modem(调制解调器)以及复接器、前端处理器(Front-end Processor，FEP)或通信控制器(Communication Control Unit，CCU)等设备，实现这些终端的远程接入，但这仍是基于主从结构的分时系统，所挂接的终端也只是一个 I/O(输入/输出)设备，而非一个独立运行的计算机主机。远程多终端系统如图 1-1 所示。

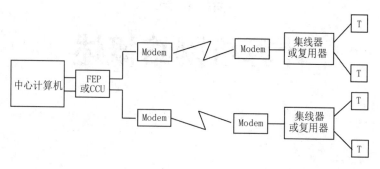

图 1-1　远程多终端系统

　　数字技术发展的第二次浪潮是以传输技术为中心，以网络发展为核心动力。随着通信技术的发展，人们开始寻求将计算机利用通信线路联接在一起以实现数据交换和资源共享，并由此拉开了互联网的序幕。

1.1.2　网络技术发展历程

　　现代意义上的计算机网络诞生于美国。一九六九年美国国防部研制的 ARPANET，采用"接口报文处理机"将四台独立的计算机主机互连在一起，实现数据的转发。这一网络雏形尽管只连接了四个节点且结构简单，但已蕴含了现代计算机网络的几个基本而核心的要素，即：多机独立对等、资源子网与通信子网的分离、分组交换与分层协议控制等。

　　网络技术早期的发展是各自为政、互不相通的，较为典型的代表是1974年英国剑桥大学研制的剑桥环网(Token Ring)和 1975 年美国 Xerox 公司推出的实验性以太网(Ethernet)，上述两种网络都是只适用于短距离、区域性通信的所谓计算机局域网(LAN)。1976 年，适用于远程通信的公用分组交换协议——X.25 协议问世。另外，业界也相继提出了不同的网络系统内部的所谓体系结构，这是对一个网络内部组网方案和通信流程的一种总体定义和规范，可使诸厂商生产的各类计算机和网络设备按照相应的软、硬件配置要求而方便地互联和通信，其中最有代表性的是美国 IBM 公司提出的 SNA(系统网络体系结构)和 DEC 公司提出的 DNA(数字网络体系结构)。

　　但正是由于计算机网络早期形成的这种各自为政、互不相通的格局，导致采用不同的体系结构、内部协议和组网方式的网络之间难以互联通信，这样计算机的联网与通信便只能局限在单一的区域性小型网络范围内，无法扩展，每一个网络都变成了一个"网络孤岛"，内部可以通信，但其间则难以联通。为此，国际标准化组织(ISO)在 1978 年提出了"开放系统互联/参考模型"(OSI/RM)，意在打破这一疆界和制约，形成一个更大范围的网络互联。尽管今天主流的、基于 TCP/IP 协议的互联网并未严格按照此模型组网，而是有所改进和变化(如增加了网际层即 IP 层而削弱了表示层和会话层)，但这一模型对于网络技术的发展、整合与标准化以及对于真正意义上互联网的产生都起到了非同寻常的作用。

　　而在计算机网络技术发展历程中，最具里程碑意义的是 1983 问世的 TCP/IP 协议。在这一协议框架中，首次引入了"网际层"的概念，即在一个个具体的物理网络之间(或者说之上)，架构一个 IP 层，利用它来屏蔽这些物理网络之间的差异，以此实现异种网络之间的互联。计算机网络发展至今，TCP/IP 协议意义非凡、功不可没，它已经演变为了 Internet 事实上的工业标准。这一协议集的产生，客观地面对了计算机网络本身的复杂性和差异性，它允许各种物理网络之间存在巨大的差异性，无论它们是局域网还是广域网，甚至只是一条点到点的数据链路；也无论它们内部的组网方式及采用何种具体的通信协议，只要这些网络都支持 TCP/IP 协议，在一定的多协议转换设备(如边界路由器)的支持下，即可实现网络互联。由此可见，我们平常所说的 Internet 并不是一个纯粹而单一的网络，而是由若干个地处不同空间位置、内部结构也可能完全不同的多个网络互联而成，它实际上是一个网间网、网际网、网中网或者说网联网，如图 1-2 所示。

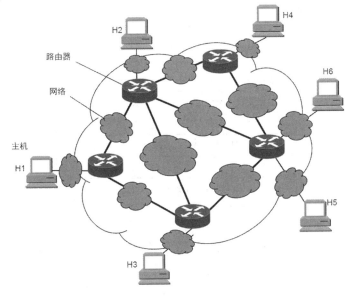

图 1-2　网络互联

　　1986 年美国 Cisco 公司的第一台支持多协议的路由器问世，它为真正意义上的网络互联提供了硬件支持。1989 年欧洲高能物理研究所的科研人员提出了一种称为 HTML 的超文本标记语言，用以组织各种计算机多媒体信息，并置于网上传播，这就是我们大家今天所熟悉的网页，并由此产生了基于超文本传输协议(HTTP)的万维网(World Wide Web，WWW)网络通信模型。

　　大家知道，计算机网络最初的应用主要集中在邮件通信和文件传输，范围和领域相对专业和局限，而 WWW 网络的出现使计算机网络技术得到真正的普及和推广并开始走向千家万户，网页成为了网络中最为核心的信息载体。人们将现实世界中的各种形式的信息以网页的形式组织在一起并置于大型的 Web 服务器上，用户只需要一个简单的浏览器软件即可检索、访问和下载它们，并获得形式新颖、丰富多彩的各类网络通信服务，如网上信息发布和浏览、网上购物、网上信息查询、网上事务处理、网上考试、网上聊天、网上看电影听音乐，以及更为复杂的电子商务、电子政务、网络教育等。人们也正是通过这些网络应用，才开始接触网络、了解网络并喜欢上网络，最终变得离不开网络。计算机网络成了继报纸、广播和电视外的名副其实的第四媒体(所谓的 I midea)，其在信息整合能力、传播速度及跨地域、消除时空局限等方面的特性和优势是传统媒体无法比拟和超越的，它正在日益深刻地影响和改变着我们的日常生活以及人类社会的方方面面。

综上所述，计算机网络技术从1969年诞生至今已有五十余年历史，其发展速度、应用范围以及对人类社会生活的影响力等方面在人类科技史上堪称之最。纵观其整个发展历程，大致经历了 4 个阶段，包括联机终端系统阶段、通信子网和资源子网阶段、采用程序化标准体系结构阶段、宽带综合业务数据或信息高速公路阶段。从技术发展的角度可以分为：1969—1983 年，研发阶段；1983—1994 年，实用、推广阶段；1994 年至今，商用化与全面提升、普及阶段，并从单一、封闭的网络发展成为今天全球范围的网络互联。网络技术发展历程如图 1-3 所示。

1968年：GE Information Service
1969年：ARPANET
1970年：UNIX操作系统(美国Bell公司)
1972年：以太网(Ethernet，美国Xerox公司)
1972年：通过ARPANET成功传输首封电子邮件
1974年：SNA体系结构（IBM公司）
1976年：X.25协议（广域网分组交换协议）
1978年：ISO-OSI/RM模型
1983年：TCP/IP 协议
1986年：首台Cisco多协议路由器
1989年：WWW 与 HTML（欧洲高能物理研究所）
1993年：首个网络浏览工具软件Mosaic
1995年：跨平台网络程序语言Java

图 1-3　网络技术发展历程

1.1.3　计算机网络的定义

计算机网络这一概念可从不同的角度加以描述，概括地说，计算机网络可以被阐述和理解为：

(1) 将地理上分散的、具备独立功能的计算机通过通信设施及线路互联在一起，在一定的网络协议(软件)的支持与管理下，用以实现数据通信与资源共享的信息系统。

(2) 计算机技术与通信技术相结合以实现远程通信与资源共享的信息系统。在网络协议(软件)的控制和管理下，由多台计算机主机、终端、通信设备和线路组成的计算机复合系统。

1.1.4 计算机网络的功能

经过多年快速发展，当前的计算机网络具备如下功能。

(1) 数据传输功能：计算机网络使用初期的主要用途之一就是在分散的计算机之间实现无差错的数据传输。计算机网络能够实现资源共享的前提条件，就是在源计算机与目标计算机之间完成数据交换任务。

(2) 资源共享功能：计算机网络建立的最初目的就是为了实现对分散的计算机系统的资源共享，以此提高各种设备的利用率，减少重复劳动，进而实现分布式计算的目标。

(3) 分布式处理功能：通过计算机网络，我们可以将一个任务分配到不同地理位置的多台计算机上协同完成，以此实现均衡负荷，提高系统的利用率。

(4) 网络综合服务功能：我们利用计算机网络，可以在信息化社会实现对各种经济信息、科技情报和咨询服务的信息处理。计算机网络将文字、声音、图像、数字、视频等多种信息进行传输、收集和处理。综合信息服务和通信服务是计算机网络的基本服务功能，人们得以实现文件传输、电子邮件、电子商务、远程访问等。

1.1.5 计算机网络的组成

从广义上看，计算机网络由资源子网和通信子网构成。其中，资源子网由主机、终端和终端控制器组成，其目标是使用户共享网络的各种软、硬件及数据资源，提供网络访问和分布式数据处理功能；而通信子网由各种传输介质、通信设备和相应的网络协议组成，它为网络提供数据传输、交换和控制能力，实现了联网计算机之间的数据通信功能。

具体地说，计算机网络由计算机主机和通信中转部件所组成；同时由于网络通信的实现主体是电脑这类智能化设备，后者要能按要求完成预定的通信功能和通信任务，还必须配备一定的软件加以控制，如网络通信软件、网络管理软件、协议控制软件等，因此一个完整的网络系统应由以下部件构成。

1. 硬件(Hardware)

(1) 端系统(End System，ES)：即计算机主机(Host)，包括客户机、服务器主机、网络工作站等，它们是网络通信的主体，是信息的发源地，也是真正面向用户(人)和面向应用的，用以实现网络通信任务的终端设备。

(2) 中间设备(Intermediate System，IS)：通过适当的转发和寻址策略，为源主机传递和转发数据报文至目的主机，如网络交换机、路由器、网关等设备，它们与 ES 一道共同构成网络中的节点(Node)设备。

(3) 接口设备：如 NIC、Modem 等，用作计算机与网络的接口。

(4) 传输介质：双绞线、同轴电缆、光导纤维、无线电和卫星链路等。

2. 软件

(1) 计算机网络操作系统(NOS)。

(2) 网络通信协议软件。

(3) 网络管理软件(如网络接入、认证、监控、计费等软件)。

(4) 交换路由控制软件(IOS)以及各种网络应用软件。

1.2 计算机网络体系结构

计算机网络的构成异常复杂，涉及硬件设施、传输媒介及软件实体，且其组网结构与传输方式也差异巨大，因此我们可以从不同的角度去加以观察、理解和分析，并由此理解其体系结构和内在特性。

1.2.1 计算机网络拓扑

所谓计算机网络拓扑(Topology)是指构成计算机网络的各主机及传输节点设备基于某种几何学意义的连接方式，又称为组网结构。无论哪种形式的计算机网络，其拓扑结构中都包含下列核心要素。

(1) 节点

计算机网络上的每一个连接点都称为节点(Node)，这是网络设备所在位置在几何意义上的一个抽象，一般又将其分为端节点(资源节点)和中转节点(通信节点)两种类型。

(2) 链路(Link)与通路(Path)

网络上任意两个相邻节点之间构成一条数据链路，简称链路，这是通信连接媒介(有线或无线)在几何意义上的一个抽象；而任意两个端节点(计算机主机)之间的通信连接则构成一条所谓的通路。很显然，一般情况下一条通路是由若干条链路串接而成的。

因此，所有网络都有一个由节点和链路连接而成并最终为联网的计算机主机形成通路的、具有较为复杂的图形学意义的物理布局，它决定了一个网络的组网方式和内部结构，也决定了数据信号在网络内部的传递方式与流向，这种物理布局形式就是网络拓扑。常见的网络拓扑结构有星型、环型、树型、总线型及网状型，如图1-4所示。

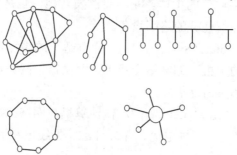

图1-4 网络拓扑结构示意图

1.2.2　计算机网络协议

1. 网络协议的功能内涵

如果我们从网络内部的通信控制流程来观察网络，可以看到网络通信中一个最重要和最核心的要素，那就是网络通信协议。大家都知道，计算机网络通信实质上是人们将所需信息交由机器传递，而这些机器作为智能化的电子设备，若无相应的软件指令对其动作、行为、流程事先做出约定、规范和指示，它们是无法正常运行并完成预定任务的。网络通信协议恰好就属于这类技术和软件范畴的约定、规范和标准，它在两台计算机之间或计算机与其他中转设备之间进行数据交换和通信的过程中，帮助它们建立并确认数据通信所需要的基本而重要的附加信息(除原始携带信息以外的附加信息)。这些附加信息包括：

(1) 寻址和建立通信连接

任何通信任务的顺利完成，首先需要找到作为收信方的目的节点并与之建立相应的通信连接(如呼叫有时又称为握手)，这种模式类似于电话通信中的拨号行为，在网络通信中运用得相当普遍，我们将其称为有连接的通信模式。当然在网络通信中也存有类似邮政信件传递的所谓无连接通信方式，即发信方在发信时无须与收信方事先建立连接就直接将信息交由网络传递，尽管如此，数据包上收信方的地址标注仍是一个必不可少的环节。此所谓：名字指出我们所要寻找的那个资源；地址指出该资源的位置；路由告诉我们如何找到该位置。

(2) 差错与流量控制

数据(包)在传输的过程中有无因通信失真而误码(发信方本来发送的是二进制"1"码，却被收信方误读为"0"码；反之亦然，称为误码)，进而出错；以及发信方发出信息的速率是否超出了收信方接收信息的能力，这些重要问题均需要通过协议中的差错与流量控制环节加以监控与纠正。

(3) 响应与确认

在两台机器之间频繁往来的通信中，收方正确无误地收妥哪些信息，而因出错或丢失未收妥哪些信息，均需要以某种机制通报发方，以便遇错重发，提高通信的可靠性。这在有连接的网络通信模式中属于一个必不可少的重要环节，即收方对发方所发信息的响应与确认，这类附加的响应和确认信息也需要在网络协议中加以体现。

(4) 数据通信过程中收发双方需要交换的其他附加信息

如当一个数据包(原始报文)过大被分成若干报文段送入网络中传送时，各报文段需要适当的顺序编号或标识来加以区分；又如用以说明所携带数据的格式、类型、大小(长度)、传输优先级的信息及传输途中信道拥塞状况等信息。

2. 网络协议的通用格式

上述这些附加信息称为网络协议控制信息(PCI)。它们显然都不是用户原本需要通过两台机器传送的信息，都属于附加和额外的信息，传输它们无疑会增加附加和额外的开销，但为确保通信最终的成功完成，它们又都是必不可少的信息。这就如同我们要正确地递交一封书信至收件人手中，直接投递信件本身肯定是不行的，我们需要为其附加一个信封，将信件传送所需的额外附加信息写在信封上，用以帮助邮件传递机构(邮局)正确地交递。计算机网络在传送数据时也会采用这种在原始信息的基础上附加一个类似信封一样的头部数据(协议头)，从而实现额外附加信息与原始数据之间的封装，最后再进行传送的处理流程。

网络通信的复杂性以及各种具体的物理网络、应用环境和通信模式的差异性，使得网络通信协议的种类也异常丰富，即单一的网络通信协议无法满足多种网络通信实现的需要。尽管各种网络通信协议的语义内含和语法特征不尽相同，虽有简有繁各有所长，但万变不离其宗，基本上都涵盖了上述四个要点所涉及的内容。

每一种网络通信协议都是针对特定的通信环境和应用并经过长期研究和修正而拟定出来的，它最终需经某个国际标准化组织的认可并形成一种技术规范和标准文档，从而获得各网络开发、制造和运营商的兼容支持和推广普及。

网络通信协议尽管是网络通信技术的核心与灵魂，但它要能真正地起作用，帮助两台机器实现正确无误的数据交换与通信，最终还需以协议软件的形式安装配置在计算机或其他智能化的中转设备上(如交换机、路由器)，通过计算机指令的形式来实现其语义要求和功能特征。

当机器硬件启动通信时，处于活动状态的协议软件会将协议所要求的额外附加信息，如地址信息、差错校验信息、流量控制信息、响应确认信息以协议头(Header)亦即所谓的协议控制信息(PCI)的形式添加在待传的原始报文数据前面，形成一个所谓的协议数据单元(PDU)，再交由后继通信部件或实体处理，这一过程在网络通信的整个过程中频繁产生，称为数据封装(如图 1-5 所示)；而收信方的对等实体(配置了与发信方同样的协议软件)在收到这一 PDU 后，会阅读其 PCI 以理解发信方的某些通信要求，并作出相应的反馈，最终取出附在后面的数据单元，从而完成一次正常的通信任务，此过程称为数据解封。

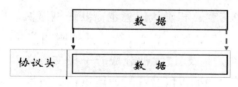

图 1-5　协议数据封装示意图

3. 网络协议的内容要素

如前所述，网络通信协议实质上是计算机通信时所使用的一种收发双方都能理解和识别的语言和约定规范，网络通信协议的构成要件包含以下三大要素。

(1) 语义(Semantics)

协议的语义是指该协议需要在通信过程中附加和传递哪些额外控制信息，以帮助收发双方正确地完成通信。它规定了通信双方需要发出何种控制信息、完成何种动作行为以及做出何种应答响应，并标明了构成该协议各部分内容(即所谓的协议字段或协议元素)的意义与内涵，即收发双方想要说什么，简记为"What to Say"。

(2) 语法(Syntax)

协议的语法确定了协议生成的基本格式，标明了数据与控制信息的组织结构和编码规则，用以指出一个协议数据单元(PDU)中，哪一部分协议字段或元素表达哪一种语义信息，并依照某种语法规则将这些信息有机地组织在一起供收发双方的协议软件阅读和理解，即收发双方如何说，简记为"How to Say"。

(3) 定时(Timing)

除上述两要素之外，通信协议还包含第三个要素，即通信的"时序或同步"规则，它是指通信流程中各事件发生的因果及先后时间，用以规定某个通信事件及由它而触发的一系列后续事件的执行顺序和同步关系，以及两台机器在通信时互相应答的时序匹配，从而解决收发双方"谁先说""谁后说"以及"何时说"等与信息收发时序有关的问题，简记为"When to Say"。

1.2.3 计算机网络分层控制模型

1. 采用分层控制模型的原因

计算机网络通信不同于大家熟知的电话语音通信或邮政信件通信，后两者的通信过程中由于大量存在人为的直接参与(如发信方、收信方、中转方即邮局方都是人)，使得很多环节与流程得以简化。而网络通信的绝大多数重要环节都是由机器负责完成的，故其困难度和复杂性会高出很多。

另外，由于历史形成的原因和技术发展本身的特质，使得现存的计算机网络使用的硬件设施、软件配置、传输介质、采用的网络拓扑结构和处理的应用业务种类以及所遵循的网络通信协议都呈现出多元化的状态，由此组建的各类网络千差万别、差异巨大，并体现在网络通信技术的方方面面。包括：

- 不同的状态报告方法
- 不同的路由选择技术
- 不同的用户访问控制
- 不同的服务：面向连接和无连接服务
- 不同的超时控制
- 不同的管理与监控方式
- 不同的寻址方案
- 不同的最大分组长度
- 不同的网络访问机制
- 不同的差错恢复方法

由于上述网络差异性的存在，使得各类异种网络之间的兼容和互操作变得十分不易，这也直接导致了网络通信本身流程的复杂性和困难度，使我们要面对和处理的问题显得异常繁杂、琐碎与多变。因此，在复杂多变的通信环境中，相互通信的两个计算机系统必须高度协调工作才行，而这种"协调"是相当复杂的。分层是人们处理复杂问题的基本方法。人们在处理一些复杂的问题时，通常会将其分解为若干个较容易处理的小一些的问题。在计算机网络中，将总体要实现的功能分解在不同的模块中，每个模块要完成的服务及服务实现的过程都有明确规定；每个模块叫做一个层次，不同的网络系统分成相同的层次；不同系统的同等层具有相同的功能；高层使用低层提供的服务时并不需知道低层服务的具体实现方法。这种层次结构可以大大降低复杂问题处理的难度。

2. ISO-OSI/RM 模型结构

ISO-OSI/RM 模型包含七大功能层，如图 1-6 所示。

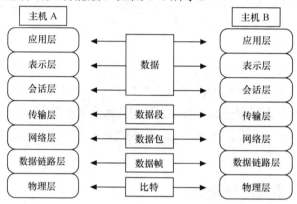

图 1-6　ISO-OSI/RM 参考模型

(1) 应用层

对应于两台计算机主机进行网络通信的应用进程，用以实现最高层亦即用户意义上的应用需求，如浏览网页、收发邮件、下载(上传)文件等。常见的应用层协议有 HTTP 协议(超文本传输协议，用于网页信息传送)、SMTP 与 POP3 协议(用于收发邮件)、FTP 协议(文件传输协议，用于文件传输)、Telnet 协议(用于远程主机登录)等。

(2) 表示层

为异种机之间的通信提供一种公共语言，以便能进行互操作。一般来说，一段数据信息的语义部分由其应用层决定，而其语法部分则由表示层决定，该层所处理的是文字、图像、声音的表示方式以及数据压缩、加密等与表示形式有关的方面，并通过代码转换、字符集转换、数据格式转换等手段实现由各具体设备的所谓局部语法向网络传输所需的通用(公共、传送)语法的转换。

(3) 会话层

其主要目的是提供一个"面向用户"的连接服务，两个正在通信的用户(进程)也是在这一层才实现真正意义上的交互，我们将该层为发送和接收计算机之间建立的一对一的这种交互称为一个会话。该层将为两个会话用户(会话实体)间的会话活动进行协调管理，包括会话连接的建立和释放、确定会话方式(如单工或双工)、实现会话权标管理和会话同步服务；并可在会话数据流中设置检查点，以便当会话中断后确定重发数据的起始点。

(4) 传输层

对应于两台计算机主机端到端之间的通信，通过端口地址来确保两台主机上对应的应用进程能够相互通信，并利用相应的传输层协议机制来实现报文分段排序与编号、残留差控(一段报文经过漫长的网络通信环节交递到目的端主机，尚存的漏检差错称为残留差错)以及端到端的流量控制和端到端的连接建立等。常见的传输层控制协议有 TCP 协议(传输控制协议)和 UDP(用户数据报协议)等。

(5) 网络层

如前所述，一段报文要从源端主机成功地交递到目的端主机，一般需穿越多个不同的物理网络。在每一个网络内部，需要对数据的传输给予相应的规范，包括网络设备寻址、路由选择信息(虚电路标识)、响应与确认、网络连接的建立以及网络流量控制等。最著名的网络层协议是公用分组交换网协议(即所谓的 X.25 协议)，另外在帧中继网和 ATM 网中也配置有相应的网络层协议及其相应的报文分组格式，以实现数据分组在这些特定网络中的正确传递。

(6) 数据链路层

网络通信的终极目的是实现两个远程主机上对等的用户(应用)进程之间交换数据信息，但此目的需经由端到端、网到网以及节点到节点等各通信环节的协同合作方可实现。很显然，无论两个端系统之间的距离多么遥远并可能穿越多少个不同的物理网络，二者之间的传输通路必然是由沿途若干个网络节点设备所构成的数据链路串接而成的。为实现对相邻两个节点设备之间的诸如寻址、流控与差控以及响应与确认等通信控制，特在部分重要的数据链路上配置了相应的数据链路层协议。比较常见的有局域网中的 MAC 协议(介质访问控制协议)及 LLC 协议(逻辑链路控制协议)和广域网中的 HDLC(高级数据链路控制规程)。

(7) 物理层

物理层协议是指各种网络设备进行互联时必须遵守的最底层协议，其目的是在两个物理设备之间提供无结构的二进制位流传输。它并不具体地规定为实现两数据链路实体之间的数据通信必须使用何种物理设备和物理介质，而是对二者之间的物理连接(物理接口)及其相应的机械、电气、功能和规程特性予以定义和规范，以帮助两个数据链路实体之间成功地进行二进制位流的传输。这是一个最底层协议，若无两物理设备之间的正确互联与接口标准，建立在其上的网络通信就无法实现。物理层关心信号传输的问题，如模拟与数字信号、基带与宽带技术、异步与同步传输、多路复用等。其可能实现的功能包括：物理连接的建立、维持与释放，物理层服务数据单元的传输，数字脉冲的编码方案以及物理层的管理(如传输质量监测、差错状况通报、异常情况处理)等。常见的物理层协议有 RS-232-C 接口标准和 V.35、X.21 等协议标准。

1.2.4 TCP/IP 协议

1. TCP/IP 协议概述

如前所述，基于网络通信的复杂性，国际标准化组织 ISO 提出了 OSI/RM 参考模型，意在架构一种标准而统一的计算机网络体系结构，并采用分层协议的方式来对网络通信的每一环节加以控制。但这一模型仅是一个理论构想，其真正的技术实现就是大家所熟知的 TCP/IP 协议，这是在计算机网络通信技术中具有划时代和里程碑意义的一组协议，实质上也成为了互联网事实上的通信和传输标准。

TCP/IP 协议集基于 OSI 模型的基本框架和分层控制思想，但做了必要的改进，它省略了表示层与会话层；同时增加了网际层 IP 以屏蔽各物理网络的差异，并通过网络接口层与底层物理网络交互，其与 OSI 模型的对比如图 1-7 所示。

图 1-7　TCP/IP 协议与 OSI 模型间的对比

具体地分析，TCP/IP 参考模型包括：

(1) 应用层

应用层在最高层，用户调用应用程序来访问互联网络提供的各种服务。应用程序负责发送和接收数据，它将数据按要求的格式传送给传输层。从某种意义上说，TCP/IP 体系结构中的应用层是属于开放型的，即可以根据用户的具体需求，添加不同类型的报文格式和传输标准。目前，应用层中的典型协议包括超文本传输协议 HTTP、文件传输协议 FTP、简单邮件传输协议 SMTP、邮局协议 POP、远程登录 Telnet、域名服务 DNS 等。

(2) 传输层(TCP 协议层)

传输层提供端到端的通信控制功能，包括区分多个不同的应用程序产生的数据、提供差错控制和数据排序。传输层协议软件将要传送的应用数据流划分成报文或报文段，并连同目的主机上的服务地址(端口号)传送给 IP 层。传输层又提供有连接的通信服务与无连接的通信服务，分别对应两种传输层协议：即传输控制协议 TCP 和用户数据报协议 UDP。

(3) 网际层(IP 协议层)

网际层将报文段封装在具有统一格式的 IP 数据报中，交由默认的出口路由器向外转发；其间，可能途经多个中转路由器并穿越多个物理网络，直至到达目的主机。该层具体又包含互联网协议 IP、网际报文控制协议 ICMP、主机地址解析协议 ARP、反向主机地址解析协议 RARP 等。

(4) 网络接口层

网络接口层是具体的、多样化的、充满差异的各类物理网络，如 X.25、帧中继、ATM、802.3、802.5 等，它们是网络数据传输的物理载体。

由此可见，TCP/IP 协议实际上是 OSI 模型的具体实现，它也是一个协议集，包含了众多的通信协议，其核心即是 TCP 和 IP 协议，其具体构成如图 1-8 所示。

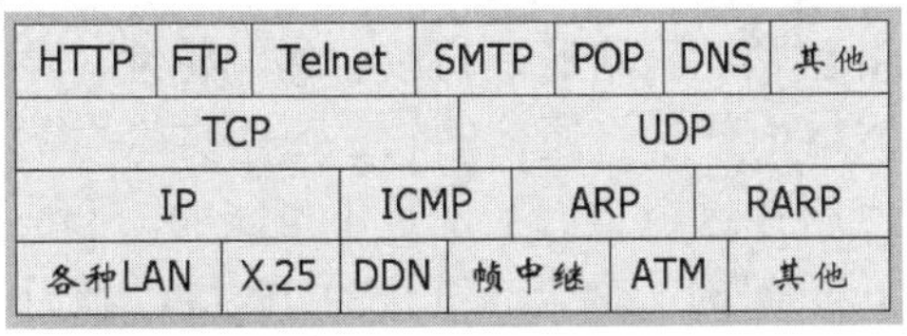

图 1-8　TCP/IP 协议集的构成

除以上两种模型外，还有一种五层协议的体系结构，能更简洁清楚地阐述计算机网络的结构。七层、四层、五层体系结构的对比如图 1-9 所示。

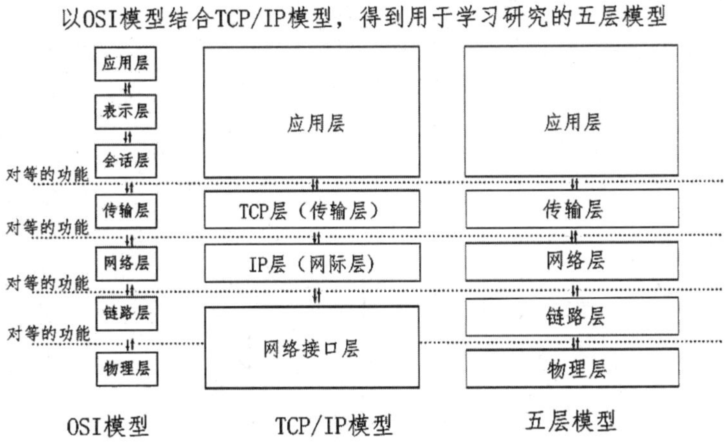

图 1-9　各种参考模型的对比关系

2. TCP 协议

TCP 协议即传输控制协议，顾名思义它显然工作在传输层，用以实现主机之间端到端的通信控制。TCP 协议是基于有连接的通信服务，即两台主机在通信之前，需要通过该协议完成连接交互，从而确立传输通道(虚电路)，进而完成数据通信，此即为 TCP 协议的"三次握手"连接机制。同时，TCP 协议中有相应的字段用于标识发送方具体的通信进程，称为端口号或服务地址。另外，应用层的长用户报文也需要通过传输层的控制和 TCP 协议软件的处理,分割为适宜于在网络中传输的分组长度(如≤1500 字节),再送往下层网络传递,这称为报文分段。最后,报文接收方的数据接收能力(用于流量控制)和对已收报文的响应以及接收报文的差错信息也是通过 TCP 协议的相应字段告之于报文发送方的。总之,TCP 协议是实现计算机主机通信基于端到端的相关因素控制。

在同一层控制工作的还有 UDP 协议,即用户数据报协议。这是一种基于无连接的通信服务,即通信双方在数据传送之前无须事先建立虚电路连接,而是直接将数据送入通道传递。这种通信方式快捷、简便,但安全性和可控性较差,适宜于一些小数据或实时性要求较高的场合的通信。

3. IP 协议

IP 协议是互联网通信中的一个核心协议,其名即为互联网协议;也是分层模型中的支撑控制层,我们将其称为网际层,也就是大家常说的 IP 层。这是互联网通信中一个特殊的协议处理层,在原 OSI/RM 模型中并未明确定义。大家知道,由于历史形成的原因,现存的各类网络之间在拓扑结构、网络通信协议、传输特性、寻址模式、报文格式等方面都存有极大的差异,每个网络内部参与通信的软、硬件实体均无法理解其他网络内部传递的数据报文,网络之间的互联在这个意义上说是不可能的。于是提出了网际层这一概念,即在原有各物理网络之上,再架构一个全球统一的 IP 层,利用它来为需穿越不同网络的用户报文提供一个全球统一的格式,然后交由各底层物理网络予以传递,这样便包容和屏蔽了各底层物理网络的差异性,成功解决了网络间的互联与兼容问题。换句话说,各物理网络的内部协议语义在其间不能相互理解没有关系,只要大家都遵循 IP 协议,并配置类似于路由器或网关这类支持多协议及其间转换的边界设备,就能实现网络间的互联和互通信。IP 协议很类似于我们自然语言中的世界语,即虽然各国的语言差异很大,但大家都可通过世界语作为通行的中介来进行无障碍交流。IP 协议网络互联示意图如图 1-10 所示。

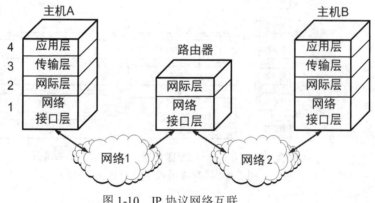

图 1-10 IP 协议网络互联

通过图 1-10,我们可以看到:当数据报文从源主机 A 发送至目的主机 B 的整个通信过程中,贯穿始终并全程支持的是 IP 数据报,它恒定不变(除因报文过长而被分片)且所有的主机设备(包括路由等网关设备)都能识别和理解它的协议语义。当它需要穿越某个物理网络时,它需要进一步被封装处理成该网络所能识别的分组或帧格式,而在离开这个网络时,再解封还原为原始的 IP 报文并为进入下一个网络作封装准备。在这一不断变换的过程中,支持多协议的边界路由器起到了非常核心的作用,上述封装和解封过程实际上都是由它完成的,它实现了一个承上启下的协议翻译和转换功能。

1.2.5 计算机网络特性分析

如前所述,由于历史形成的原因和技术发展本身的特质,使得现存的计算机网络使用的硬件设施、软件配置、传输介质、采用的网络拓扑结构、处理的应用业务种类以及所遵循的网络通信协议都呈现出多元化的状态,由此组建的各类网络千差万别,这些差异的存在增加了网络通信流程的复杂性和困难度,这些复杂性表现在以下方面。

1. 通信主体和通信环境(环节)的不同与变化

在互联网通信中,一段数据报文将可能穿越多个不同的网络、途经若干个中转节点与数据链路才能从一台计算机主机(源端节点)到达另一台计算机主机(目的端节点)。另外,一台主机上还可能同时存有多个通信进程(应用程序)在利用网络与外界通信(例如你可以一边下载文件一边又在网络聊天等)。这样,在一次完整的网络通信流程中,参与通信的主体(软、硬件实体)及通信所处的环境与历经的环节都在不断地发生变化。概括地说,大致需经历从进程到进程(最高层对等应用软件实体之间)、从端到端(即从主机到主机)、从节点到节点(途经若干条链路)以及从网络到网络(穿越多个实际的物理网络)。很显然,这样的多样性和变化必然导致网络通信的复杂性,它要求在不同的通信环境中遵循和采用不同的通信协议、通信流程与通信方式;相应地,在诸如寻址、路由、可靠性(检错)、互操作性(兼容性与协议转换)、安全性、流控方式和报文格式等方面也将采取完全不同的策略与通信规则。

2. 分层通信控制协议的不同与变化

为了应对上述复杂多变的网络通信环境,在网络通信技术的具体实现中,采取了模块化的分层控制体系结构,即将一个完整而复杂的网络通信流程按其所处的通信环境、参与通信的实体和能够实现的功能以及相互之间的依赖与关联关系,分解成若干个上下结构的层次化模块,每一层都配置有相应的网络通信协议,它们分别就寻址、建立连接、流控与差控、响应与确认及其他与网络通信有关的问题(如报文排序与编号、报文大小等信息)予以控制。这便是国际标准化组织在 1978 年提出的开放系统互连/参考模型(ISO-OSI/RM)。

3. 寻址模式的不同与变化

面对复杂多变的通信环境与分层控制协议,网络通信中的地址标识和寻址方式也不像电话通信或邮政信件通信中那样简单化一,而是呈现出多元化状态。即在不同的通信环境中针对不同的通信实体,其地址标识完全不一样,常用的有以下几个。

(1) 服务地址

又称端口地址或端口号(Ports No.)，用以标识同一台计算机主机上不同的应用进程(因为允许同一台主机上同时有多个进程进行网络通信)。它类似于操作系统中的进程标识，但仅用于区分网络通信中的高层应用；它属于软件标识而非指物理设备的连接端口(如计算机通信串口、交换机的 RJ-45 接口或路由器的广域网串口等)；它一般以 16 位端口号的形式被写在传输层协议(如 TCP 或 UDP)字段中。

一般普通用户的网络通信进程端口号是由其配置在操作系统内核中的传输层协议软件随机分配的，默认范围为 49 152 到 65 535(十进制)，又称为动态端口或私有端口(Dynamic and/or Private Ports)；而一些面向公众的服务器进程的端口号则已被预先分配确定，称为周知端口或公认端口、固定端口(Well-known Ports，其编号在 0~1023 之间)，此举的目的是为了远程客户机在事先知道其端口号的前提下方便地与之通信。例如，HTTP 协议的服务器应用进程守护端口号为 80(十进制)；而 FTP 协议的周知端口号有两个，一个用于与客户进程之间协商对话，号码为 20，另一个用于数据传输，号码为 21。另外，SMTP 服务器进程的守候端口号为 25，域名解析服务器程序(DNS)端口号为 53，简单网络管理协议(SNMP)软件的端口号为 161。此外，针对一些特定的商业应用，还允许 ICP(互联网内容提供商)通过注册的方式申请专用端口号(Registered Ports)，其编号范围被限制在 1024~49151 之间，如 QQ 的客户端和服务器端的端口号分别为 4000 和 8000，基于 HTTP 协议的 Resin 服务器的默认端口号为 8080 等。

(2) 物理地址

在每一个物理网络内部，各类设备都会被赋予一个具体而明确的通信地址，称为物理地址。该物理网络内部的通信与寻址均是基于物理地址展开的，换句话说，即在一个物理网络内部必须使用与该网络匹配的内部地址，方能找到相应的目的节点设备。例如，在局域网内部(总线型、以太网)通信时，相互之间所发的数据报文(MAC 帧)即是以 48 位的所谓 MAC 地址(亦即网卡地址)作为寻址依据的；而在广域网中，各类包交换机及其接入设备的内部地址则是由若干位的十进制数(类似于电话号码)编码而成。而像路由器这类的边界网关设备，由于其多个端口被分别接入至不同的物理网络上，故它会同时具备多种物理地址，以满足不同网络和物理端口的寻址要求。

(3) 网络(主机)地址

基于 TCP/IP 的互联网络采用了一种全局性的编址方案，为接入互联网的每一台独立的计算机主机分配一个全球唯一的地址，用以在浩如烟海的网络世界中寻址到某台你希望与之通信的目的主机，此即为大家频繁使用且耳熟能详的所谓 IP 地址。之所以称其为 IP 地址)，是因为这一地址标识被运用在 IP 协议中，属于一种协议地址(又称软件地址)，或者说是一种虚拟地址。此类地址并不在某一网络内部通信时使用(网内通信采用上述物理地址)，而是在网间通信时使用，并能被网络层(三层)以上的所有主机与转发设备所识别。由于其适用于所有的 TCI/IP(支持 TCP/IP 协议的)网络并具备全球唯一性，因而成为互联网中寻址一台主机的核心标识。网络中的 IP(支持 IP 协议的)路由器(类似于信件转发的邮政局)就是依据此类地址来将一段数据报文成功地转发并交递到目的主机的。而由于像路由器这样的设备往往处于多个网络边界的交汇处，故其不同的端口相应地也具备不同的 IP 地址，以便与相联的网络通信。

在 v4 版本的 IP 协议中，IP 地址采用 32 位的编码方案，理论上可标识 40 多亿台主机，但由于互联网及其接入主机数的规模呈爆炸性增长，加之部分地址代码在协议设计之初就被分配另做它用，以及美国本土分配的地址量过大等诸多原因，故目前 IP 地址已呈紧缺态势。IP 地址由国际互联网信息中心(NIC)及其各分支机构管理，其再分配权由各国的网络运营商即 ISP 所有，普通用户较难获得独立的 IP 地址(一般需经出口网关利用地址转换协议——NAT 协议将其内部 IP 映射为公网上可全球唯一识别的独立 IP)。故未来即将投入商务应用的 IPv6 协议将采用 128 位的地址编码方案，以彻底解决可用 IP 稀缺这一现实问题。

IP 地址采用二维对偶形式的编码方案，即将现有的 32 位地址码分成网络标识与主机标识两个部分(Net Id +Host Id)，前面若干位作为互联网中某个具体网络的标识，而后面若干位则作为此网络中某台具体主机的标识，二者合起来去定位和寻址全球互联网中不计其数的网络节点设备(或其某一接入端口)。

4. 数据格式的不同与变化

由于网络通信中采用了分层控制协议，从而导致在不同的通信环境中，同一段用户数据报文将可能以完全不同的协议数据单元格式出现在传输途中。同时，可能基于分层控制的需要，对此段报文数据将实施多次协议封装，具体地说，即上层协议数据单元在交由下层实体进行传输时，会进一步经下层通信协议的再次封装处理，由此形成下层通信实体自己的协议数据单元。

举例说明，一封用户电子邮件(报文)，经应用层 SMTP(简单邮件传输协议)协议处理后形成应用报文(原始的邮件报文)；然后，交由 TCP 协议层处理，经其报文分段处理及 TCP 协议控制信息头(TCP PCI)封装后形成 TCP 报文段(TCP PDU)；再交由 IP 协议层处理，在附加 IP 地址(源、目的主机)及其他附加控制信息后形成 IP 数据报；再交由下层具体的物理网络传递，其格式将与底层网络具体的组网方式与结构相匹配，并在传输途中随承载网络的不同而发生变化，它可能是局域网的 MAC 帧，也可能是分组交换网中的 X.25 协议分组、帧中继网中的广域网帧或 ATM 网中的信元等，难以一概而论；在经过上述分层控制协议的层层封装处理后，最终形成的具有复杂内含的多层协议数据单元将以非结构二进制位流(bit 流)的形式交由物理层传输介质传送至下一节点设备并最终投递到目的端计算机主机上，后者所配置的对应通信实体将作反变换，即对上述多协议报文作解封处理，最终取出源主机发来的原始邮件交予用户阅读，从而完成一次完整意义上的网络通信。很显然，在这一过程中，数据将经过封装、解封、再封装、再解封等多次复杂的变换过程，才能成功地完成这次网络通信。具体各层报文封装流程如图 1-11 所示。

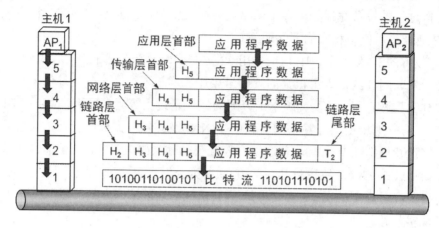

图 1-11　分层协议数据封装示意

1.3　网络通信技术相关概念与术语

1.3.1　电路交换与分组交换

在通信网络中大量使用交换机这样的中转设备来实现两个终端设备之间的远程通信，如电话通信网中的程控交换机、网络通信中的包(分组)交换机，目的是减少各终端设备之间的介质连线数目(无须任意两个端节点之间都设置传输通道)，以此节约通信网络的线路铺设成本。交换机本身并不关心其所传输的数据内容，数据信号经由沿途交换机逐站转发，最终被传送至目的节点，从而完成一次通信。相应地，各交换机所处的位置称为交换节点，各种终端设备则称为"端站点"，在计算机网络中这些站点可能是计算机、边界网关等。一般来说，计算机网络中所有站点的集合构成所谓的"资源子网"，而所有的交换节点及其连接介质的集合则构成"通信子网"。目前，通信网络中常用数据交换技术有电路交换与分组交换。

1. 电路交换

电路交换服务是指在两用户需要进行通信时，首先为其建立一条临时的专用线路，用户通信期间独占此线路，直至通信结束将其释放。这一专用线路可以是一条真正的物理线路，也可以是在一物理线路上通过多路复用技术建立的一个子信道。

电路交换的优点是数据传输可靠、传输延迟小(通常仅有传播延迟)、实时性好；其缺点是建立连接需要较长的时间、数据传输率低(一般在128Kb/s以下)、信道的利用率低(一般在75%以下)、通信费用偏高。这种交换模式适用于模拟信息的传输与实时大批量连续的数字信息传输，在目前普通的电话通信中采用的即是电路交换技术。

电路交换实际是按需要、经用户申请来分配信道，其通信过程需经过三个阶段：

(1) 建立连接(hello)

(2) 传送数据(talk)

(3) 拆除连接(bye)

简而言之，传送前需先在两站点间建立专用"通路"，通路由一组交换节点间构成的链路串接而成，并形成两站点间的"透明"连接(直接连接)，如图 1-12 所示。

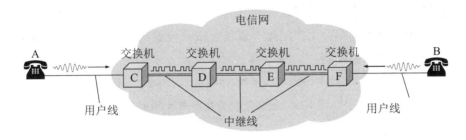

图 1-12　电路交换示意图

2. 分组交换

当用户在计算机网络中需要传送非即时性数字数据时，交换节点可以把收到的信息暂时存储起来，待信道空闲时再转发至下一节点，这种经过多个中转节点的存储转发，最后到达目标节点的交换方式称为存储交换或存储转发(Store and Forward)。在这一交换模式中，用户不是按需分配而是按排队(在无优先级的情况下采用先来先服务模式)方式来使用信道，同时所有分组也以非独占而是共享的方式来使用信道，这便是目前互联网中广泛采用的数据交换技术。分组交换网示意图如图 1-13 所示。

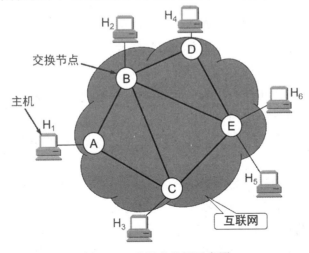

图 1-13　分组交换网示意图

分组交换的特点是：将要发出的数据当作一个有结构的整体(报文、报文段或报文分组又称为数据包，简称包)；它可以是定长的也可以是不定长的；在报文正文之外还需附加诸如分组序号(如一段长报文被分割为多个分组)以及目的站点地址等其他额外信息；通信前可通过呼叫分组事先在两站点之间建立连接(虚电路服务模式)，亦可不建立连接而直接将分组送入通信子网转发(数据报服务模式)；传输时各交换节点均采用存储转发方式；同一对站点之间通信的报文可通过单一固定的通路传递，亦可各自走不同的线路到达目的站点(即先发的报文不一定先到达终点的无序性)。

分组报头中一般含有分组编号、源和目的站地址及其他协议控制信息，交换节点将根据目的地址为该分组选路；而报尾则一般包含数据校验信息，用以帮助目的站点对所接收的报文分组进行差错控制，如图 1-14 所示。

分组编号及其他控制信息	目的地址	源地址	正文数据	校验序列

图 1-14　报文分组-数据格式示意图

1.3.2　数据报与虚电路

如前所述，在计算机网络中普遍采用的是分组交换技术，该项技术在实际应用中又有两种具体的实现方式(或称服务类型)：即无连接的数据报(Datagram)方式和有连接的虚电路(Virtual Circuit)方式。

1. 数据报方式

数据报方式是一种无连接的网络通信模式，所谓无连接，并非指通信双方无须建立物理通路，而是指在发送端发送数据分组前，无须事先通报接收端并得到确认，而是直接将分组送入网络。各分组独立传送，其间在路径选择与传送时序方面并无关联(由于各分组经由不同的路径，并面临不同的信道状况与网络环境，故常常先发出的分组却后到达目的站点，即不能保证分组按序到达——分组的重组由目的站点完成)。

在数据报传送方式中，每一分组头中除包含分组序号外，还必须包含完整的目的地地址，以供交换节点选路使用。这一数据传递方式类似于普通邮政模式。由于传输无须建立连接，故较适用于短报文的传递；但又因在网络不畅时易发生分组丢失的问题，故较常用于对传输可靠性要求不高的通信场合。

2. 虚电路方式

虚电路方式吸纳了电路交换技术的要旨，将其运用到分组交换技术中，提供一种所谓面向连接的数据传输服务。在此模式中，发信方需在通信前向收信方发送一呼叫控制分组(类似于电话拨号)并得到后者的确认后，才正式向对方发送数据。

在这一建立连接的过程中，由于呼叫控制分组中携带了目的站点的地址，沿途中转节点将为其选择一条传输路径，并据此为收发双方建立一条物理连接，这非常类似于电话语音通信。但与之不同的是，由于各路数据分组采用的是存储转发方式，故此物理连接并不为一对收发双方所独占，大家依然是按照排队的方式来共享其中的每一段信道；或者说两个用户在通信期间并没有自始至终地占用一条端到端的物理信道，而只是断断续续地依次占用传输通路上的各段链路。很显然，对任意一对收发用户而言，这条连接只能被看作一条逻辑连接，故我们将其称为虚电路。

当虚电路建立好后，发端的用户数据分组将按序通过此逻辑连接逐一传输，不再需要为其中的任一分组做路由选择了(路由选择工作已经在建立虚电路时就完成了)，当通信结束时，同样需要有拆除虚电路的操作。即它类似于电话通信业务，两个节点通过虚电路进行数据通信，需经过虚呼叫、数据传输和拆除虚电路三个过程。

1.3.3　交换与路由

交换与路由是计算机网络通信中最为常见也较易混淆的两个重要概念。

1. 交换

交换指在一个单一的网络内部利用网络交换机(局域网或广域网)这类中转设备，通过查询其上建立的端口转发表，将数据帧或分组从交换设备的一个端口转发至另一端口，并成功地通过交换机的接力传输而穿越此网络，到达出口边界设备。

2. 路由

路由指利用路由器这类网络边界设备(或称出口网关设备)，通过查询其上配置的路由表，以确定到达的数据分组应经后续哪一台邻居路由器将其继续接力传递下去，并基于与交换机相同的端口转发机制实现分组转发。

既然都属于数据分组在计算机网络中的转发，一般的读者可能较难理解上述名词解释间的差异，一言以蔽之：交换是在网内实现的；而路由是在网间实现的。即交换是处理报文分组在同一网络内部的选路与转发问题，以使此分组成功地穿越此网络；而路由是处理报文分组在网络互联环境中诸网络间的寻径与转发问题，以便为此分组确定后续传递网络及下一台中转路由器问题。

1.3.4　客户/服务器(C/S)通信模式

1. 概述

在互联网络中，若将信息资源分散存放，则对其进行收集、管理、共享、检索及安全管理等都将变得十分不便。表现在资源的收集上将可能出现过多的重复和冗余；而在检索方面则要求用户对各类分布极广的信息资源的位置都要有一个清晰的了解，这显然是不现实的，即便在今天互联网中我们大量采用客户/服务器(C/S)这种集中的模式来管理网络信息资源，依然需要依靠类似搜索引擎、WAIS、Archive、Gopher 等信息服务系统来帮助我们检索信息；另外，数据的安全性、保密性也很难得到保证；此外要求大量存有公共数据信息的所有主机长时间处于活动状态，也是不现实的。

故目前在互联网中，大量采用了客户—服务器模式来实现资源的共享。在这一模式中，仅由数量相对有限的、投资较高的、配置良好的且功能强大的、有专业队伍管理和维护的大型计算机主机承担网络信息的服务任务，它们长时间都始终处于活动状态，而广大网络用户则以客户这一身份及其相应的软件实体去使用这些信息服务。

2. 定义

简单地说，客户—服务器交互模式是目前互联网上的一种主流的通信模式，其中客户和服务器分别指在一个通信活动中所涉及的两个应用实体(高层应用对象或软件实体)，其中主动启动通信的应用实体称为客户，而被动等待通信到来的应用实体称为服务器。从这一简单的定义可以看到，客户—服务器这一术语并非硬件方面的概念，而是指计算机网络中通信主机上所配置的应用程序。相应地，我们常将配置了客户程序的主机称为客户机；而配置了服务器程序的主机称为服务器主机。事实上，许多主机既安装并运行客户程序，也安装并运行服务器程序，即它在某一时刻可以主动去启动一个通信，而在其他时刻又可被动地等待一个通信。尽管在日常生活中，我们经常将运行服务器程序的大型计算机主机简称为服务器，而将用户端运行客户程序的普通 PC 机简称为客户，但实际上它们之间并非完全相同的一个概念。

目前互联网上主流的通信模式——C/S 模式，实际上是指两个参与通信的软件实体，其中客户实施通信的启动，而服务器则用以完成更为复杂和具体的通信任务处理。因此，客户和服务器之间要能成功通信，首要前提是在网络一端的客户机上安装和配置客户程序，而在网络另一端的服务器主机上安装和配置服务器程序，二者缺一不可。大家所熟悉的 QQ 聊天及大量的网络游戏均采用此模式。

因此，需要大家注意的是，正因为网络通信目前主流的模式为客户—服务器模式，故在许多网络通信服务中，用户之间的通信并不是直接的、点对点进行的，而是在服务器主机这类中介设备的帮助下才得以完成的。例如，大家熟知的电子邮件(E-mail)并非直接从发件人的电脑传送到收件人的电脑上，而是通过邮件服务器实施中转；又如网络聊天(或网络游戏)，两个人说的话也不是在两人中间直接传送的，而需在聊天服务器或游戏服务器上做适当的数据交换才能顺利完成。

3. 浏览器/服务器(B/S)通信模式

对于互联网中通信量最大的几种常规信息服务如文件传输(FTP)、网页访问(HTTP)以及基于 Web 通信的网上事务处理(将应用业务处理代码嵌入普通的 HTML 网页中，实现网上购物、网络信息查询等功能)，在客户端都配有一款大家非常熟悉的通用软件，此即网络浏览器。其中，较为著名的有微软公司的 IE 浏览器和网景公司的 Navigator 浏览器。在该款软件中内置有 HTTP、FTP、Telnet 等网络高层应用的客户端模块，故凡装有此软件的计算机便无须再额外配置其他客户端软件，即可完成上述常规网络通信任务。此便是 C/S 模式的一个简化但仍很常用的形式——B/S 模式，这里的 B 即代表 Browser(浏览器)的首写字母。当然，在 B/S 模式中，服务器端仍需配置专门的服务器软件，如 FTP 服务器、WWW 服务器等以完成服务器端的处理任务。

1.3.5 网页与网站

1. 网页

这是互联网中最为常见的一个术语，一般普通用户最初接触网络也都是从浏览网页开始的。那么到底什么是网页呢？概括地说，网页是指这样一种信息形式：计算机利用超文本标记语言 HTML 将各种文本(字符)与超文本(声画等多媒体)信息有机地组织在一起，形成所谓的 HTML 文档(*.html)即网页文件，并将其置于网络主机(一般为 Web 服务器主机)的指定目录中，供普通用户上网浏览访问；用户电脑上所配置的客户端浏览器软件，通过 TCP/IP 通信层协议和 HTTP 应用层协议，将网页数据包下载到本地主机上，最后再利用浏览器软件将以 HTML 格式组织的网页信息内容解释还原成普通的、生动的、为一般用户所能接受的信息显示形式。

网页又可进一步分类为静态网页和动态网页。前者在网页文件(HTML 文档)编制时，其组织的信息内容即已确定，在网页信息传递与显示的过程中，这些信息内容均不再发生变化，此即为静态网页。在目前的 WWW 网络通信中，这类网页已经较少使用了。而所谓动态网页，即是在普通的 HTML 文档中加入程序的要素，利用程序代码的可计算与可控制功能，增强网页的动态效果。如网页画面中信息内容、显示格式、所处位置的不断变化；又如可为客户端用户提供信息录入界面，以实现客户与服务器端的信息交互(互动)，增强用户的参与性；又如在网页文件中嵌入更复杂的与后台数据库连接的代码和应用逻辑处理代码，以完成更为复杂的网上事务处理业务，如网上注册与报名、网络信息查询、电子商务、电子政务等。

由于通常情况下，网页是置于服务器主机之上供远程用户浏览访问的，因此上述嵌入在网页标记中的程序代码便存有两个可执行位置，一个为服务器端，另一个为客户端。其中那些较为简单的、被我们称为脚本程序的代码一般置于客户端被浏览器软件直接加以解释执行。比较常用的脚本程序有 VBScript 和 JavaScript，Script 英文原意为脚本，在这里特指一些功能特定且有限的小程序，一般用以实现客户端的数据验证以及网页中的美工、动画及某些特殊的显示与装饰效果。而另外一些程序代码则被指明和规定在服务器端执行，它们均有属于自己的特定的语法规范并在服务器端配有相应的解释或编译程序。这些代码嵌入在网页中，在用户下载前(离开服务器时)即已被服务器执行，并生成为普通的 HTML 文档回传至客户端。它们均可实现更为复杂的应用业务逻辑，完成更为复杂的网上事务处理任务，属于网站设计与 Web 通信中的核心要素，离开了他们的支持，用户便只能访问一些普通的静态网页，Web 通信的功能将大打折扣。目前互联网中主流的服务器端编程技术有 ASP、JSP、PHP、Java Servlet、CGI 等(其中的 SP 意指 Server Page，表明此类网页中的程序代码必须在服务器端执行)。

2. 网站

对于一个专业或商用网站，它提供给用户的服务与信息种类将是丰富多样的，一个简单的页面很难担当此任；而对于一个复杂的网上事务处理过程，将各类功能任务纳入并涵盖在单一的网页中，也是不现实的。

例如，对于一个购物网站，它可能需要包含一张主页用以起到封面与目录的作用，还需要若干张页面对用户的注册与登录进行处理，某些页面用于商品的存放与展示，某些页面用于帮助用户将所选商品放入购物车中并最终完成下单购买等操作。另外，还需某些数据库连接与操作代码将服务器端的网络程序与后台数据库绑定，以便将某些用户信息存入数据库中或从数据库中查询检索出用户所需的数据信息。

可见，所谓网站是指将一系列具有内在联系、用以实现一组特定和复杂的网上事务处理逻辑的网页(动态或静态)，按照某种顺序架构有机地组织在一起，并置于大型的 Web 服务器主机指定的目录中，供广大网络用户浏览访问。

网站特指一组网络信息资源的有机集合，是一个软件而非硬件的概念。通俗地讲，如果说网页是服务器主机上的一个 HTML 文件，网站则是由一组网页组合而成的文件夹。用户通过在浏览器软件的地址栏中输入统一资源定位符(URL)来指明网页文件的具体位置路径或通过超级链接等其他方式，来访问这些指定的网页文件。

在 Web 通信中广泛采用的是 B/S 模式，由客户端的浏览器软件向 WWW 服务器程序发起网页信息询问请求包，再由后者从相应的 URL 中检索出相应的网页文件，并以应答响应数据包的形式回传给前者，如图 1-15 所示。

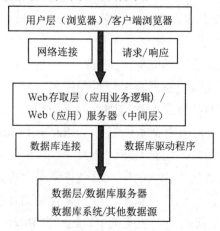

图 1-15　基于 B/S 模式的 Web 通信架构

因此，在早期的静态网页通信中，只需要简单的二级架构(浏览器—服务器)即可完成此项任务。而发展到后期，由于大量动态网页编程技术的出现，使得服务器端架构被进一步一分为二，即分成所谓的 Web 服务器与应用服务器，前者专门负责与客户交互，它接收用户的请求信息，并转交给后者加以处理；而后者特指由第三方编程语言和平台搭建的、专门用于应用业务逻辑处理的服务器端程序代码，如ASP、JSP、PHP 等，并允许他们使用各自的内置对象与绑定控件来完成许多复杂的任务。另外，为实现网络资源信息的有效存储与处理，还专门设置了数据库服务器，用以与应用服务器交互，实现用户与信息处理有关的任务。由此，便形成当今专业或商用网站广泛采用的三级架构，即浏览器＋(Web 服务器＋应用服务器)＋数据库服务器，彼此之间均有相应的通信连接机制，大家既有分工也有合作，共同完成复杂的 Web 通信任务。

习 题

1-1 什么是计算机网络？

1-2 简述 OSI 模型共分为几层，每层的名字(可以图形表示)及其主要功能。

1-3 简述电路交换与报文分组交换的区别。

1-4 简述遵循 TCP/IP 协议的 Internet 的通信流程。

1-5 简述路由与交换的区别。

第 2 章

物理层

本章重点介绍以下内容：
- 物理层的基本概念
- 数据通信基础
- 传输媒体
- 信道复用技术
- ADSL 和 FTTx 宽带接入技术

2.1 物理层的基本概念

物理层在 ISO/OSI 体系结构位于第一层的位置。ISO/OSI 模型对物理层给出的定义是：物理层提供机械的、电气的、功能的和规程的特性，目的是启动、维护和关闭数据链路实体之间进行比特传输的物理连接。这种连接可能通过中继系统，在中继系统内的传输也属于物理层。

2.1.1 物理层功能

物理层考虑的是怎样才能在连接各种计算机的传输媒体上传输数据比特流，而不是指具体的传输媒体。

物理层的功能就是在两个网络设备之间透明地传输比特流，如图 2-1 所示。

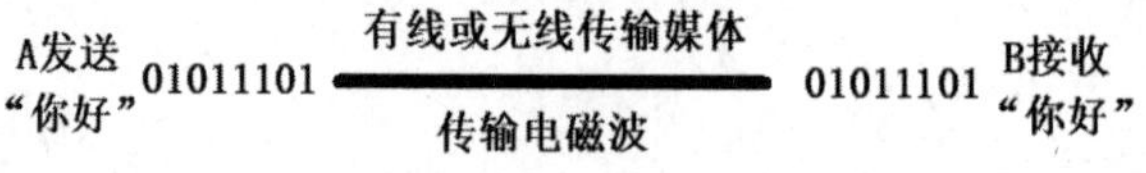

图 2-1　物理层功能

2.1.2 物理层功能详解

目前，现有的计算机网络中的硬件设备和传输媒体的种类非常繁多，而通信手段也有许多不同方式。物理层的作用就是要尽可能地屏蔽掉这些传输媒体和通信手段的差异，使物理层上面的数据链路层感觉不到这些差异，这样就可使数据链路层只需要考虑如何完成本层的协议和服务，而不必考虑网络具体的传输媒体和通信手段是什么。

在物理层中规定了一些协议，通过物理层协议实现物理层的功能。用于物理层的协议也常称为物理层规程。在 OSI 之前，许多物理规程或协议已经制定出来了，而且在数据通信领域，这些物理规程已被许多商品化的设备所采用，且至今也沿用已有的物理规程。可以将物理层的主要任务描述为确定与传输媒体的接口有关的机械、电气、功能和规程特性。

(1) 机械特性：指明接口所用接线器的形状和尺寸、引线数目和排列、固定和锁定装置等。平时常见的各种规格的接插件都有严格的标准化的规定。

(2) 电气特性：指明在接口电缆的各条线上出现的电压范围。规定传输二进制位时，线路上信号的电压高低、阻抗匹配、传输速率和距离限制等。早期的标准是在边界点定义电气特性，例如 EIA RS-232-C；最近的标准则说明了发送器和接收器的电气特性，而且给出了有关对连接电缆的控制。

(3) 功能特性：指明某条线上出现的某一电平的电压表示何种意义。主要定义各条物理线路的功能。线路的功能分为四大类：数据、控制、定时和地。

(4) 过程特性：指明对于不同功能的各种可能事件的出现顺序。主要定义各条物理线路的工作规程和时序关系。

目前，数据在计算机内部多采用并行传输方式。但数据在通信线路(传输媒体)上的传输方式一般都采用串行传输(出于经济上的考虑)。因此物理层还要完成传输方式的转换。

具体的物理层协议种类较多。这是因为物理连接的方式很多(例如，可以是点对点的，也可以采用多点连接或广播连接)，而传输媒体的种类也非常之多(如架空明线、双绞线、对称电缆、同轴电缆、光缆，以及各种波段的无线信道等)。

2.2　数据通信基础知识

数据通信是指计算机与计算机之间交换数据的过程。数据通信系统是指以计算机为中心，用通信线路连接分布在各地的数据终端设备而执行数据传输功能的系统。通信系统中的信息交换和共享意味着一个计算机系统中的信号通过网络传输到另一个计算机系统中处理和使用。如何将不同计算机系统中的信号进行传输是数据通信技术要解决的问题。

2.2.1　数据通信基本模型

计算机网络实际上就是一个数据通信系统，现有的计算机网络的硬件设备和传输媒体的种类繁多，但是数据通信系统都有一个基本的通用模型，如图 2-2 所示。

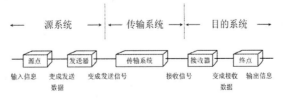

图 2-2　通信系统的基本模型

一个数据通信系统一般由三个部分组成：源系统，传输系统(又称传输网络或信道)，目的系统。

通信系统的具体模型如图 2-3 所示，主机 A 和主机 B 之间通过调制解调器和公用电话网进行通信。主机 A 与调制解调器称为源系统，公用电话网为传输系统，主机 B 与调制解调器称为目的系统。

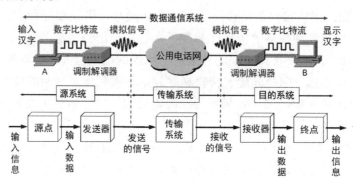

图 2-3　数据通信系统的具体模型

(1) 源系统：一般包括源点和发送器。

① 源点：源点设备产生要传输的数据，例如，从计算机的键盘输入汉字，计算机产生输出的数字比特流。源点又称为源站或信源。

② 发送器：通常源点生成的数字比特流要通过发送器编码后才能够在传输系统中进行传输(即把数据转换成合适的信号，才能在相应信道上传输)。典型的发送器就是调制器。现在很多计算机使用内置的调制解调器(包含调制器和解调器)，用户在计算机外面看不见调制解调器。

(2) 目的系统：一般包括接收器和终点。

① 接收器：接收传输系统传送过来的信号，并把它转换为能够被目的设备处理的信息(即把信号转换成相应的数据，目的设备才能读懂)。典型的接收器就是解调器，把来自传输线路上的模拟信号进行解调，提取出在发送端输入的消息，还原出发送端产生的数字比特流。

② 终点：终点设备从接收器获取传送来的数字比特流，然后把信息输出(例如，把汉字在计算机屏幕上显示出来)。终点又称为目的站或信宿。

在源系统和目的系统之间的传输系统可以是简单的传输线，也可以是连接在源系统和目的系统之间的复杂网络系统。

下面先介绍一些基本概念。

1. 数据、信息、信号

通信的目的是为了交换信息。信息的载体可以是数字、文字、语音、图形和图像，常称它们为数据。

数据由数字、字符和符号等组成，是运送信息的实体。在各种数字、符号和字符没有被定义之前，数据是没有实际含义的，是独立的、抽象的。信息是数据的具体内容和解释，有具体含义。

信息是经过加工处理的数据，即信息是按一定要求以一定格式组织起来的、具有一定意义的数据。信息的形式可以是数值、文字、图形、声音、图像及动画等。这种信息的表示可用计算机或其他机器(或人)处理或产生。

信号是数据的具体物理表示，也就是说在数据通信过程中，需要通过传输媒体(传输介质)将数据从某一端传输到另一端。而为了实现数据在介质中的传输，必须把数据变化成某种光或电信号的形式，这是数据的电气或电磁表现。根据信号中代表信息的参数取值方式的不同，信号又分为模拟信号和数字信号，如图 2-4 所示。

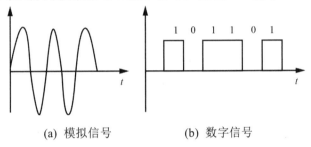

(a) 模拟信号　　　　　(b) 数字信号

图 2-4　模拟信号与数字信号的波形示意图

(1) 模拟信号

模拟信号是随时间连续变化的信号，即代表信息的参数的取值是连续的。这种信号的某种参量，如幅度、频率或相位等可以表示要传送的信息。如电话机送话器输出的语音信号，模拟电视摄像机产生的图像信号等都是模拟信号。

(2) 数字信号

数字信号是离散信号，即代表信息的参数的取值是离散的。如计算机通信所用的二进制代码 0 和 1 组成的信号。

数据、信息、信号实例：例如，A 发了一条信息："你好"。"你好"对于 A 来说是一条信息，但对计算机来说是一条数据。信息必须转换成电或光信号才能在相应的传输媒体上传输。

在许多情况下，要使用"信道"这一名词。信道即信号的通道，和电路并不等同。信道一般都是用来表示向某一个方向传送信息的媒体。因此，一条通信线路往往包含一条发送信道和一条接收信道。

同信号的这种分类相似，信道也可以分成传送模拟信号的模拟信道和传送数字信号的数字信道两大类。但要注意，数字信号在经过数／模变换后就可以在模拟信道上传送，模拟信号在经过模／数变换后也可以在数字信道上传送。

2. 数据传输方式

数据有模拟传输和数字传输两种传输方式。

(1) 模拟传输

模拟传输指信道中传输的为模拟信号。当传输的是模拟信号时,可以直接进行传输。当传输的是数字信号时,进入信道前要经过调制解调器调制,变换为模拟信号。如图 2-5 所示,(a)所示为当信源为模拟数据时的模拟传输,(b)所示为当信源为数字数据时的模拟传输。模拟传输的主要优点在于信道的利用率较高,但是在传输过程中信号会衰减,会受到噪声干扰,且信号放大时噪声也会放大。

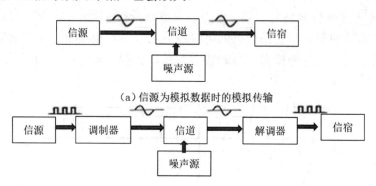

（a）信源为模拟数据时的模拟传输

（b）信源为数字数据时的模拟传输

图 2-5   模拟信号传输

(2) 数字传输

数字传输指信道中传输的是数字信号。当传输的信号是数字信号时,可以直接进行传输。当传输的是模拟信号时,进入信道前要经过编码器编码,变换为数字信号。如图 2-6 所示,(a)为当信源为数字数据时的数字传输,(b)为当信源为模拟数据时的数字传输。数字传输的主要优点在于数字信号只取有限个离散值,在传输过程中即使受到噪声的干扰,只要没有畸变到不可辨识的程度,均可用信号再生的方法进行恢复,即信号传输不失真,误码率低,能被复用和有效地利用设备,但是传输数字信号比传输模拟信号所需要的频带要宽得多,因此数字传输的信道利用率较低。

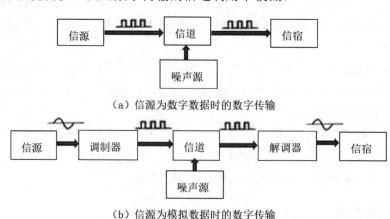

（a）信源为数字数据时的数字传输

（b）信源为模拟数据时的数字传输

图 2-6   数字信号传输

3. 串行通信与并行通信

串行通信指数据流一位一位地传送，从发送端到接收端只要一个信道即可，易于实现。并行通信是指一次同时传送一个字节(字符)，即 8 个码元。并行传送数据速率高，但传输信道要增加 7 倍，一般用于近距离范围要求快速传送的地方。如计算机与输出设备打印机的通信一般采用并行传送。串行传送虽然速率低，但节省设备，是目前主要采用的一种传输方式，特别是在远程通信中一般采用串行通信方式。

在串行通信中，收、发双方存在着如何保持比特(b)与字符同步的问题，而在并行传输中，一次传送一个字符，因此收、发双方不存在字符同步问题。串行通信的发送端要将计算机中的字符进行并 / 串变换，在接收端再通过串 / 并变换，还原成计算机的字符结构。特别应指出的是，近年使用的通用串行总线(USB)是一种新型的接口技术，它是新协议下的串行通信，其标准插头简单，传输速度快，是一般串行通信接口的 100 倍，比并行通信接口也要快 10 多倍，因此目前在计算机与外部设备上普遍采用，广泛应用于计算机与输出设备的近距离传输。

4. 数据通信方式

数据通信除了按信道上传输的信号分类之外，还可以按数据传输的方向及同步方式等进行分类。按传输方向可分为单工通信、半双工通信及全双工通信；按同步方式可分为异步传输和同步传输。

(1) 单工通信、半双工通信、全双工通信

① 单工通信。单工通信只能有一个方向的通信而没有反方向的交互，即发送方不能接收，接收方不能发送。通常用于无线电广播和有线电视广播。

② 半双工通信。半双工通信又称为双向交替通信。通信的双方可以交替发送和接收信息，即通信的双方都可以发送信息，但不能双方同时发送(也不能同时接收)。这种通信方式是一方发送另一方接收，过一段时间后可以再反过来。航空和航海无线电台以及对讲机等都是以这种方式通信的。

③ 全双工通信。全双工通信又称为双向同时通信，通信的双方可以同时发送和接收信息。现代的电话通信都是采用这种方式。

单工通信只需要一条信道，半双工通信需要一条或两条信道，全双工通信则都需要两条信道(每个方向各一条)。因此，全双工通信的传输效率最高。

(2) 异步传输、同步传输

在通信过程中，发送方和接收方必须在时间上保持步调一致(即同步)，才能准确地传送信息。什么是时钟同步？假设发送方发送脉冲信号，当发送方发送第 3 号脉冲的时候，接收方也能同时接收第 3 号脉冲，这称为时钟同步。

时钟同步解决的方法是，要求接收端根据发送数据的起止时间和时钟频率，来校正自己的时间基准与时钟频率，这个过程叫位同步或码元同步。在传送由多个码元组成的字符以及由多个字符组成的数据块时，也要求通信双方就数据的起止时间取得一致，这

种同步作用有两种不同的方式,因而也就对应了两种不同的传输方式。

① 异步传输。异步传输是把各个字符分开传输,字符与字符之间插入同步信息。这种方式也叫起止式,即在组成一个字符的所有位前后分别插入起止位,如图2-7所示。起始位对接收方的时钟起置位作用。接收方时钟置位后只要在8~11位的传送时间内准确,就能正确地接收该字符。最后的终止位(1位)告诉接收者该字符传送结束,然后接收方就能识别后续字符的起始位。当没有字符传送时,连续传送终止位。加入校验位的目的是检查传输中的错误,一般使用奇偶校验。

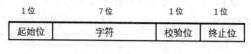

图2-7 异步传输

② 同步传输。异步传输不适于传送大的数据块,如磁盘文件。同步传输在传送连续的数据块时比异步传输更有效。按这种方式,发送方在发送数据之前先发送一串同步字符SYN(编码为0010110),接收方只要检测到两个或两个以上的SYN字符就确认已进入同步状态,准备接收数据,随后双方以同一频率工作(数字数据信号编码的定时作用也表现在这里),直到传送完指示数据结束的控制字符,如图2-8所示。这种方式仅在数据块前加入控制字符SYN,所以效率更高,但实现起来较复杂。在短距离高速数据传输中,多采用同步传输方式。

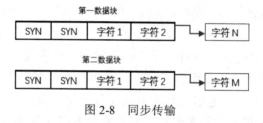

图2-8 同步传输

2.2.2 数字信号与编码技术

数据从信源发送出来,经信道传送到信宿,这是数据传送的基本模式。信道是复杂多样的,数据为了能在不同的信道上尽可能不失真传输,必须被转换成不同的信号。

1. 周期矩形脉冲信号的频谱

任何周期信号都是由一个基波信号和各种高次谐波信号合成的。根据傅立叶分析法,可以把一个周期为T的复杂函数g(t)表示为无限个正弦和余弦函数之和,即

$$g(t) = \frac{a_0}{2} + \sum_{n=1}^{\infty} a_n \sin(2\pi nft) + \sum_{n=1}^{\infty} b_n \cos(2\pi nft)$$

式中,a_0是常数,代表直流分量 $a_0 = \frac{2}{T} \int_0^T g(t)\mathrm{d}t$, $f = \frac{1}{T}$,且为基频,a_n, b_n 分别是 n 次谐波振幅的正弦和余弦分量,即

$$\begin{cases} a_n = \dfrac{2}{T}\int_0^T g(t)\sin(2\pi ft)\mathrm{d}t \\[3mm] b_n = \dfrac{2}{T}\int_0^T g(t)\cos(2\pi ft)\mathrm{d}t \end{cases}$$

周期性矩形脉冲如图 2-9 所示，这是一种最简单的周期函数，实际数据传输中的脉冲信号比这要复杂得多。该脉冲信号按傅立叶级数可以分解为图 2-10 所示。

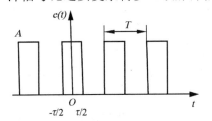

图 2-9　周期性矩形脉冲信号

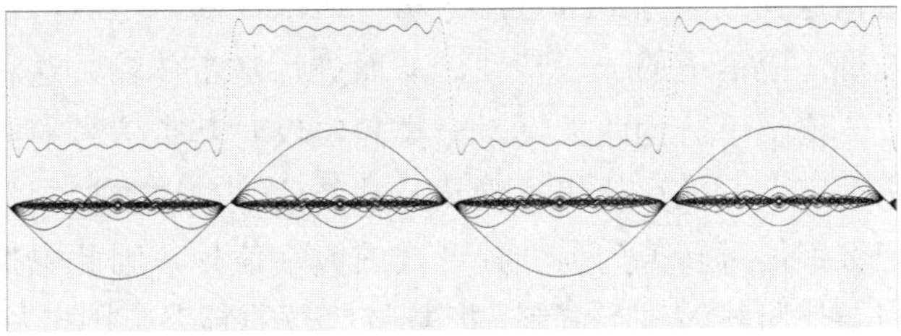

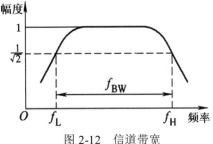

图 2-10　周期性矩形脉冲信号傅立叶级数分解

从上图可知，谐波分量的频率越高，其幅值越小。可以认为信号的绝大部分能量集中在低频部分，特别是直流分量。

频谱指组成周期信号各次谐波的振幅按频率的分布图。这种频谱图以 f 为横坐标，相应的各次谐波分量的振幅为纵坐标，如图 2-11 所示。该图中，谐波的最高频率 f_h 与最低频率 f_i 之差 $(f_h\text{-}f_i)$ 称为信号的频带宽度，简称信号带宽或带宽，它由信号的特性所决定，表示传输信号的频率范围。而信道带宽是指某个信道能够不失真地传送信号的频率范围，由传输媒体和有关附加设备以及电路的频率特性综合决定。简言之，信道带宽是由信道的特性决定的。例如，一路电话话频线路的信道带宽为 4kHz。一个低通信道，若对于从 0 到某个截止频率 f_c 的信号通过时，振幅衰减得很小，而超过截止频率的信号通过时就会大大衰减，则此信道的带宽为 f_c。

通常，信道的带宽指信道频率响应曲线上幅度取其频带中心处值的 $1/\sqrt{2}$ 倍的两个频率之间的区间宽度，如图 2-12 所示。为了使信号在传输中的失真小些，则信道要有足够的带宽，即应使信道带宽大于信号带宽。

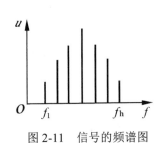

图 2-11　信号的频谱图

图 2-12　信道带宽

2. 基带传输

计算机中用二进制代码表示字符、图形、音频与视频数据。一般二进制序列相对应的电脉冲信号通常呈矩形波形式，它所占据的电磁波频率范围通常从直流或低频开始，因此这种电脉冲信号被称为基带信号。基带信号属于数字信号，基带信号所占有的电磁波的频率范围称为基本频带，简称基带。在信道中直接传输这种基带信号的传输方式就是基带传输，将占用线路的全部带宽，即在基带传输中，整个信道只能传输一种基带信号(频带较宽)。基带传输是一种最简单、最基本的传输方式，它适合近距离的传输。但是计算机产生的基带电脉冲信号由于包括了很多低频和直流的成分，因此许多信道不能传输这种低频分量或直流分量。所以，基带电脉冲信号并不适合直接传输，它必须改变波形适应信道的一些特性，从而进行基带传输，这种方法称为调制。

调制可分为两大类。一类是仅仅对基带信号的波形进行变换，使它能够与信道特性相适应。变换后的信号仍然是基带信号。这类调制称为基带调制。由于这种基带调制是把数字信号转换为另一种形式的数字信号，因此也把这种过程称为编码。另一类调制则需要使用载波进行调制，把基带信号的频率范围搬移到较高的频段，并转换为模拟信号，这样就能够更好地在模拟信道中传输。经过载波调制后的信号称为带通信号(即仅在一段频率范围内能够通过信道)，而使用载波的调制称为带通调制。

3. 编码技术

传输数字信号前，必须进行编码，即用不同极性的电平值来代表数字 0 和 1。网络适配器，俗称"网卡"，是工作在物理层和数据链路层的硬件设备。在物理层中，主要完成编码、解码工作。

二进制序列编码成数字脉冲信号，里面每一个脉冲代表一个信号单元，这个信号单元称为码元。码元携带的信息量由码元取的离散值个数决定。最简单的、最普遍的编码方法就是用两种码元分别表示二进制数字 0 和 1(用低电平表示 0，用高电平表示 1)，则一个码元携带 1b(比特)的信息量。若码元取 4 个离散值(00、01、10、11)，则一个码元携带 2b 的信息量。一般地，一个码元携带的信息量 n b 与码元取的离散值个数 N 具有如下关系：$n=\log_2 N$。

在基带传输中，数字信号的编码方式主要有以下几种。

(1) 不归零编码：在每一个码元的时间间隔内，有电流发出表示二进制数 1，无电流表示二进制数 0，如图 2-13 所示。

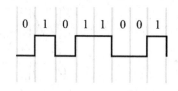

图 2-13　不归零编码

不归零编码没有自带时钟同步，则不能从高低电平的矩形波中读出正确的比特串。如表示 01001011 的矩形波，若把发送比特持续时间缩短一半的话，就会读成 0011000011001111。为保证收发正确，必须在发送不归零编码的同时，用另一个信道同时传送时钟同步信号,如图 2-14 所示。此外,如果发送连续 0 或 1 序列信号,则存在直流分量,增大了损耗。

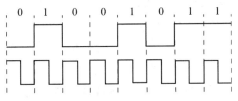

图 2-14　带同步信号的不归零编码

怎样才能实现时钟自带同步?利用跳变。可以简单地理解为当一个脉冲里存在跳变时,发送方和接收方就可以实现时钟同步,而且自带时钟同步,即信号里既包含数据还包含时钟同步。

(2) 归零制编码(以双极性归零码为例):每个脉冲前沿以 0 发起,跳变到正或负,再跳变归 0。一个脉冲里两次的跳变相当于告诉接收方开始点与结束点,同时实现了收发时钟同步,如图 2-15 所示。

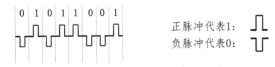

图 2-15　双极性归零编码

(3) 曼彻斯特编码:是一种自带同步时钟的编码。常用于局域网,如以太网。在曼彻斯特编码中,每个比特持续时间分为两半,比特的中间有一跳变,这个跳变既作为时钟信号,又作为数据信号,如图 2-16 所示。此外,曼彻斯特编码不含直流分量,但编码效率较低。

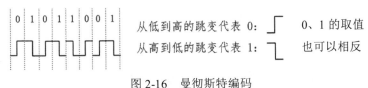

图 2-16　曼彻斯特编码

(4) 差分曼彻斯特编码:是对曼彻斯特编码的改进,每比特的中间跳变仅做同步用,每比特的值根据其开始边界是否发生跳变决定,每个码元开始时有跳变为 0,无跳变为 1。它比曼彻斯特编码的变化少,更多地用于频带或宽带传输,如图 2-17 所示。

图 2-17　差分曼彻斯特编码

识别差分曼彻斯特编码的方法:主要看两个相邻的波形,如果后一个波形和前一个的波形相同,则后一个波形表示 0,如果波形不同,则表示 1。

4．频带传输

当计算机产生的数字信号(或称基带信号)需要远距离传输的时候，就无法使用基带传输了(现有的通信网如电话网，带宽较窄)。一般远距离通信多使用模拟信道，需要将带宽很宽的数字信号(基带信号)变换为带宽符合通信网要求的模拟信号进行传输，这种模拟信号通常由某一频率或某几个频率组成，它占用了一个固有频带，所以称为频带传输。模拟信号所占据的电磁波频率范围通常频率比较高。

计算机中的数字脉冲信号只能先被转换成模拟信号，才可以在模拟信道(即频带信道)上进行远距离传输，如图 2-18 所示。

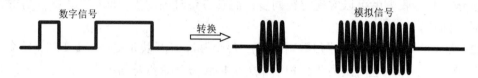

图 2-18　数模信号转换

注意，频带传输与传统的模拟传输有一定的区别，传统的模拟传输使用的是模拟信号波形，波形中的频率、电压与时间的函数关系比较复杂，如声音波形。而频带传输的波形比较单一，即频率分量为很有限的一个或几个，电压幅度也为有限的几个，其作用是用不同幅度或不同频率表示 0 或 1 电平。所以传统的模拟传输对传输过程中的保真度要求较高，而频带传输则要求较低，故适合于模拟传输的信道一般都适合于频带传输。过去，大部分通信网都是为模拟传输而设计的，所以通常把频带传输和传统的模拟传输都称为模拟传输。

频带传输有两个作用：第一是为了适应公用通信网的信道要求；第二是为了频分多路复用，即在同一条物理线路中传输多路数据信号。

5．调制解调技术

调制解调器，又叫 Modem，俗称"猫"，可以把数字信号调制成模拟信号，同时也可把模拟信号解调成数字信号。其工作原理是，设备通电后产生称为载波的电磁波(载波自身没什么意义，只是它的频率适合长距离信道传输)，然后加载低频的数字信号。加载方法常用的有以下三种，如图 2-19 所示。

(1) 幅度调制(AM)：又称为幅移键控(ASK)，简称调幅。是指载波的振幅随计算机送出的基带数字信号变化而变化。在调制信号里用一种波的幅度表示脉冲信号1，用另一种幅度表示脉冲信号 0。例如数字信号 0 对应于无载波输出，1 对应于有载波输出。

(2) 频率调制(FM)：又称为频移键控(FSK)，简称调频。是指载波的频率随计算机送出的基带数字信号变化而变化。在调制信号里用一种波的频率表示脉冲信号1，用另一种频率表示脉冲信号 0。例如数字信号 0 对应于频率 f_1，1 对应于频率 f_2。

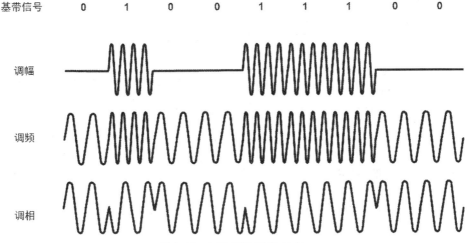

基带信号　0　1　0　0　1　1　1　0　0

调幅

调频

调相

图 2-19　3 种模拟调制方式

(3) 相位调制(PM)：又称为相移键控(PSK)，简称调相。是指载波的初始相位随计算机送出的基带数字信号变化而变化。在调制信号里，用两个不同的载波信号的初相位来代表二进制数字 0 和 1。例如数字信号 0 对应于 0°，1 对应用 180°。

相位调制又分为绝对相位调制和相对相位调制。

① 绝对相位调制原理：基带脉冲 1 和 0 的两个起始相位差为 180°。把载波放在坐标轴上来看，以载波的一个周期表示 1，相位差 180°，就是取反相，表示 0，如图 2-20 所示。

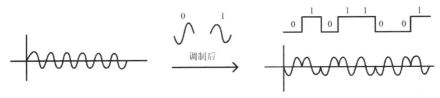

图 2-20　绝对相位调制原理

② 相对相位调制原理：只要遇到基带脉冲 1，就与前面的信号相位变化 180°，遇到基带脉冲 0 则不变，如图 2-21 所示。

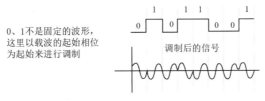

图 2-21　相对相位调制原理

这种只有两种相位(如 0°或 180°)的调制方式称为两相调制。为了提高信息的传输速率，还经常采用四相调制和八相调制方式，这两种调制方式的数字信息的相位分配情况如图 2-22 所示。

数字信息	00	01	10	11
相位	0°（或45°）	90°（或135°）	180°（或225°）	270°（或315°）

（a）四相调制方式的相位分配

数字信息	000	001	010	011	100	101	110	111
相位	0°	45°	90°	135°	180°	225°	270°	315°

（b）八相调制方式的相位分配

图 2-22　四相位、八相位调制方式的数字信息的相位分配

2.2.3　信道的极限容量

几十年来，通信领域的研究者一直在努力寻找提高数据传输速率的途径。这个问题很复杂，因为任何实际的信道都不是理想的，都不可能以任意高的速率进行传送。信号在长距离传输过程中，或因为噪声干扰大，传输媒体质量差等问题，在接收端接收到的码元对应的波形可能会失真。我们知道，数字通信的优点是：虽然信号在信道上传输时会不可避免地产生失真，但是在接收端只要我们从失真的波形中能够识别出原来的信号，那么这种失真对通信质量就没有影响。如图 2-23(a)表示信号通过实际的信道传输后虽然有失真，但在接收端还可识别并恢复出原来的码元。但图 2-23(b)就不同了，这时信号的失真已很严重，在接收端无法识别码元是 1 还是 0。

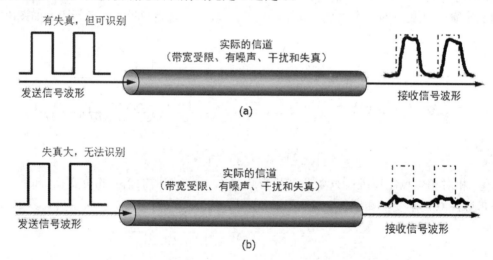

图 2-23　数字信号通过实际的信道

码元速率表示单位时间内信道传输的码元个数，单位叫波特(Baud)，这是为了纪念电报码的发明者法国人波特(Baudot)，故码元速率也称波特率。

码元速率越高，信号传输的距离越远，噪声干扰越大，传输媒体质量越差，在接收端的波形的失真就越严重。

从概念上讲，限制码元在信道上的传输速率的因素有以下两个。

1. 信道能够通过的频率范围

具体的信道所能通过的频率范围总是有限的(信道带宽)。信号中的许多高频分量往往不能通过信道。如图 2-23 所示的发送信号是一种典型的矩形脉冲信号，它包含很丰富的高频分量。如果信号中的高频分量在传输时受到衰减，那么在接收端收到的波形前沿和后沿就变得不那么陡峭了，波形就失去了码元之间的清晰界限，这种现象叫做波形失真。严重的波形失真会使本来分得很清楚的一串码元变得模糊而无法识别。早在 1924 年，奈奎斯特(Nyquist)就推导出了著名的奈氏准则。他给出了在假定无噪声信道的理想条件下，为了避免波形失真，码元的传输速率的上限值。

奈奎斯特定律(奈氏准则)：码元速率等于信道带宽的 2 倍(理论状态)。若信道带宽为 W，则奈氏准则的最大码元速率为 $B=2W$(Baud)。也就是说，当信道带宽被确定后，码元的最高传输速率也被确定。奈氏准则限制了码元传输速率的上限，传输速率超过此上限，信号波形会失真。实际使用值还会比奈奎斯特上限值更低，上限值是一个理想值。因此要进一步提高波特率，就必须改善信道的带宽。

奈氏准则虽然限制了码元速率，但没有限制数据传输速率。

数据速率，也称通信速率，是指单位时间内信道上传送的信息量(比特数)，单位为"比特/秒"(b/s)。

为了提高数据速率，在一定波特率下是用一个码元表示更多的比特数。有公式 $R=B\log_2 N=2W\log_2 N$(b/s)。若让每一码元携带 m 比特，这样码元速率不用提高，但信息传输速率提高了 m 倍。

举例：有一个信道带宽为 3kHz 的理想低通信道，其码元传输速率为 6000baud。若一个码元能携带 2b 的信息量，则最高的数据速率为 12 000b/s。这些都是不考虑噪声的理想情况下的极限值。至于有噪声影响的实际信道，则远远达不到这个极限值。

举例：假设现有的基带信号是 110001010011001100…，如果直接传送，则每一个码元所携带的信息量为 1b。但可以让每一个码元携带 3b，即 110，001，010，011，001，100，…，3 位的比特有 8 种不同的排列($2^3=8$)，即 000，001，010，…，这样就可以用调频、调幅、调相等不同的调制方法调制出新的信号。假设用调频的调制方法调制新信号：$f_0=000$，$f_1=001$，$f_2=010$，$f_3=011$，$f_4=100$，$f_5=101$，$f_6=110$，$f_7=111$，原来的基带信号 110001010011001100…就被调制成新信号 $f_6f_1f_2f_3f_1f_4$…，若以相同的速率发送码元，则同一时间内所传送的信息量是原来的 3 倍。

需要指出，通常模拟传输时，以赫兹(Hz)作为带宽的单位，但在数字传输时，习惯上用 b/s 作为带宽的单位，因为带宽也即信道容量。数据速率"比特/秒"与码元的传输速率"波特"是两个不同的概念。两者在数量上有上述公式所描述的关系。

2. 信噪比

噪声存在于所有的电子设备和通信信道中。由于噪声是随机产生的，它的瞬时值有时会很大，因此噪声会使接收端对码元的判决产生错误(1 误判为 0 或 0 误判为 1)。但噪声的影响是相对的。如果信号相对较强，那么噪声的影响就相对较小。因此，信噪比就很重要。所谓信噪比就是信号的平均功率和噪声的平均功率之比，常记为 *S/N*，并用分贝(dB)作为度量单位，信噪比(dB)=10lg(*S/N*)。即 *S/N* 越大，噪声对信号的影响就越小。

香农(Shannon)提出有噪声信道的极限数据速率公式，即香农定理：$C=W\log_2(1+S/N)$。式中，*C* 为信息传输速率，*W* 为信道带宽，*S* 为信号的平均功率，*N* 为噪声平均功率，*S/N* 为信噪比。这个公式与信号取的离散值个数无关，也即无论用什么方式调制，只要给定了信号和噪声的平均功率，则单位时间内最大的信息传输量就确定了。

例如，信道带宽为 3000Hz，信噪比为 30dB，则最大数据速率 *C*=3000 log₂(1+1000)=3000×9.97≈30 000b/s。这是极限值，只有理论上的意义。实际上在 3000Hz 带宽的电话线上，数据速率能达到 9600b/s 就很不错了。

从香农定理中可以得到很多的信息，比如若要得到更大的信息传输速率，要么增大传输带宽，要么使信号的信噪比增大(即减少噪声)，或使用更大的发送功率，但是这些都是无法极限放大的。所以当信道的带宽确定后，信噪比也无法再提高了，信道的传输速率就达到了最大值。香农公式还有另一层意义：当信道的传输速率低于 *C* 这个极限值时，就一定有办法实现无差错传输。

注意，在有噪声的信道中，数据速率的增加意味着传输中出错的概率增加。

奈奎斯特定律和香农定理在传输中的关系如图 2-24 所示。

图 2-24 奈奎斯特定律和香农定理在传输中的关系

2.3 物理层的传输媒体

传输媒体也称为传输介质或传输媒介，是通信中实际传输信息的载体，是通信网络中发送方和接收方之间的物理通路。通常传输媒体分为两大类：导引型传输媒体和非导引型传输媒体。

导引型传输媒体，通俗地说就是有线传输。有线传输是指传输媒体是看得见的，比特转换成电磁波后被导引沿着固体介质进行传播，例如双绞线、同轴电缆和光缆等。

非导引型传输媒体即无线传输媒体，例如无线电波、微波、红外线和卫星通信等。电磁波通过发射、中继、接收等方式实现在自由空间中的传播。

2.3.1 导引型传输媒体

1. 双绞线

(1) 双绞线的结构与特性

双绞线是综合布线工程中最常用的一种传输媒体。双绞线由两根相互绝缘的铜导线按一定节距互相绞在一起，如图 2-25 所示。将两根绝缘的铜导线按一定规则互相绞在一起，可降低信号的干扰程度，每一根导线在传输中辐射的电磁波会被另一根线上发出的电磁波抵消。电话系统中使用双绞线较多。通常将一对或多对双绞线捆在一起，并将其放在一个绝缘套管中便成了双绞线电缆。

图 2-25　双绞线

双绞线用于模拟传输或数字传输，特别适用于较短距离的信息传输，其通信距离一般为数千米到十几千米。在短距离传输中，数据传输速率可达 1000Mb/s。对于模拟传输，当传输距离太长时要加放大器，以将衰减了的信号放大到合适的数值。对于数字传输则要加中继器，以将失真了的数字信号进行整形和放大。无论哪一种类别的双绞线，衰减都随频率的升高而增大。使用更粗的导线可以降低衰减，但却增加了导线的重量和价格。信号应当有足够大的功率，以便在噪声干扰下能够被接收端正确地检测出来。

双绞线主要用于点对点的连接，如星型拓扑结构的局域网中，计算机与集线器之间常用双绞线来连接，但其长度不超过100m。双绞线也可用于多点连接，双绞线的抗干扰性取决于一束线中相邻线对的扭曲长度及适当的屏蔽。在低频传输时，其抗干扰能力相当于同轴电缆。在 10～100kHz 时，其抗干扰能力低于同轴电缆。作为一种多点传输媒体，它比同轴电缆的价格低，但性能要差一些。

(2) 双绞线的分类

1) 双绞线按其是否有屏蔽，可分为屏蔽双绞线(STP)和非屏蔽双绞线(UTP)，如图 2-26 所示。

① 非屏蔽双绞线(UTP)：无金属屏蔽材料，只有一层绝缘胶皮包裹。非屏蔽双绞线少了屏蔽层，直径比较小，重量也会相对较轻，弹性大、易弯曲，因其价格便宜而且安装方便，非常适合结构化综合布局，故广泛用于电话系统和局域网中，但抗干扰能力较差。该类双绞线又分为多个类别。

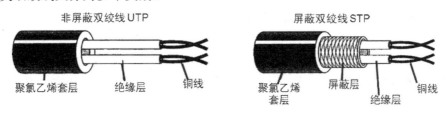

图 2-26　双绞线分类

② 屏蔽双绞线：根据屏蔽层的结构又分为两类。STP(Shielded Twisted Pair)：每对线都有各自的屏蔽层。FTP(Foil Twisted Pair)：所有线对采用整体屏蔽方式。

屏蔽双绞线的屏蔽层由金属材料构成，加入屏蔽层的优点是屏蔽层上通过的噪声电流与双绞线上的噪声电流相反，将两种电流相互抵消，从而减少电缆信号传输中的电磁干扰。与非屏蔽双绞线相比，其误码率明显下降，但价格较高。屏蔽双绞线一般用在整个系统都是屏蔽器件的情况下，并且要求两端正确接地，有良好的接地系统。因此，屏蔽双绞线只用在一些对传输质量要求较高或受到电磁辐射较严重的系统中。

2) 双绞线还可按其电气特性进行分级和分类。电气工业协会／电信工业协会(EIA/TIA)将其定义为 8 种型号。局域网中常用第 5 类和第 6 类双绞线。

① 第 5 类非屏蔽双绞线：此类双绞线增加了绕线密度，外层是一种高质量的绝缘材料，数据速率为 100Mb/s，主要用于 100Base-T 和 10Base-T 的数据传输或语音传输等。

② 超 5 类非屏蔽双绞线：超 5 类与 5 类 UTP 相比，具有衰减小、串扰少的特点，并且具有更高的衰减串扰比和信噪比、更小的时延误差，性能得到很大提高。超 5 类线主要用于千兆以太网。

③ 第 6 类非屏蔽双绞线：传输频率为 1～250MHz，带宽是超 5 类非屏蔽双绞线的 2 倍。6 类布线的传输性能远远高于超 5 类标准，最适用于传输速率高于 1Gb/s 的应用，也可用于 100Base-T、1000Base-T 等局域网中。第 6 类与超 5 类的一个重要的不同点在于改善了在串扰以及回波损耗方面的性能。对于新一代全双工的高速网络而言，优良的回波损耗性能是非常重要的。

④ 第 7 类屏蔽双绞线：有屏蔽的双绞线，最高带宽是 600MHz，有效带宽则是 450MHz，可用于 1000Base-T、千兆以太网中。

(3) 双绞线的连接器及接法

非屏蔽双绞线连接器即水晶头，主要用于双绞线与网络设备的连接，为模块式插孔结构，如图 2-27 所示为 RJ-45 连接器。

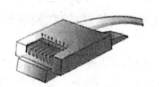

图 2-27　RJ-45 连接器

EIA/TIA 的布线标准中规定了两种双绞线的线序 EIA/TIA568A 和 EIA/TIA568B，对双绞线的色标和排列方式做了严格的规定。

EIA/TIA568A 描述的线序从左至右依次为：绿白、绿色、橙白、蓝色、蓝白、橙色、棕白、棕色。

EIA/TIA568B 描述的线序从左至右依次为：橙白、橙色、绿白、蓝色、蓝白、绿色、棕白、棕色。

双绞线在实际制作过程中，也可以只使用其中的 4 根针和 4 根线，其中 1 和 2 针用于发送数据，3 和 6 针用于接收数据。

双绞线与网络设备连接时，根据不同的需要可分为直通线、交叉线和全反线 3 种连接方式。

① 直通线又叫正线或标准线，一般用来连接两个不同性质的接口，如主机和交换机 / 集线器，路由器和交换机 / 集线器。直通线两端的水晶头应遵循 EIA/TIA568A 或 EIA/TIA 568B 标准，双绞线的每组线在两端是一一对应的，即两端水晶头的线序应保持一致。

② 交叉线也叫反线，一般用来连接两个性质相同的端口，如交换机和交换机、交换机和集线器、集线器和集线器、主机和主机、主机和路由器。交叉线两端的水晶头一端采用 EIA/TIA 568A 标准，而另一端采用 EIA/TIA 568B 标准，即本端水晶头的 1、2 与另一端水晶头的 3、6 相连，而本端水晶头的 3、6 与另一端水晶头的 1、2 相连。

③ 全反线不用于以太网的连接，主要用于主机的串口和路由器(或交换机)的控制端口之间的连接。全反线两端的水晶头一端的线序是针编号从 1 到 8，另一端则是从 8 到 1。

虽然直通线和交叉线都有各自不同的应用场合，但现在许多路由器、交换机或 ADSL Modem 都采用了线序自动识别技术 Auto-MDI/MDI-X 和 MDI(Media Dependence Interface Crossover)。因此，凡是具备了线序自动识别技术的设备，在相互连接时可以随意使用交叉线或者直通线。

2. 同轴电缆

(1) 同轴电缆的结构

同轴电缆由内导体铜质芯线(单股实心线或多股绞合线)、绝缘层、网状编织的外导体屏蔽层(也可以是单股的)以及保护塑料外层组成，外导体和内导体的圆心在同一个轴心上，如图 2-28 所示。该结构中的金属屏蔽层可防止中心导体向外辐射电磁场，也可用来防止外界电磁场干扰中心导体的信号，因而屏蔽性能好，具有良好的抗干扰特性，被广泛用于较高速率的数据传输。

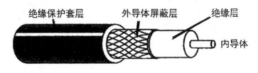

图 2-28 同轴电缆

同轴电缆常用于设备与设备之间的连接，或应用在总线型网络拓扑中，也是局域网常见的传输介质之一。但目前，随着以双绞线和光纤为基础的标准化布线的推广，同轴电缆已逐渐退出布线市场。

(2) 同轴电缆的分类

按特性阻抗不同，常用的同轴电缆一般分为两类：细缆和粗缆。

① 细缆(50Ω 的同轴电缆)：主要用于基带信号传输(数字信号)。最大传输距离为 185m，超过则信号严重衰减。使用时与 50Ω 终端电阻、T 型连接器、BNC 接头和网卡相连，各器件的成本都较低，适合于小型以太网。

② 粗缆(75Ω 的同轴电缆)：用于传输模拟信号，常用于有线电视网，故称为 CATV 电缆，传输带宽可达 1GHz，可采用频分多路复用技术来实现数字信号、语音信号、视频图像等综合信息的同时传输。最大传输距离可达 500m，由于直径大，不容易弯曲，不适合室内布线。连接头制作方式相对复杂且需要通过转接器转成 AUI 接头后才可以连接计算机，故粗缆主要用于网络主干线。

3. 光纤与光缆

光纤通信就是利用光纤传递光脉冲信号(光即光波，指某一频段的电磁波；脉冲是一种像脉搏似的短暂起伏的电冲击)进行通信，是网络传输媒体中性能最好、应用最广泛的一种。有光脉冲时相当于 1，没有光脉冲时相当于 0，因此传输时信号损耗小且不受外界电磁波的干扰，可进行长距离传输。由于可见光的频率非常高，约有 108MHz 的级别，所以光纤系统的传输带宽是目前传输媒体中最大的。

光缆是由多根光纤单体制成的，具有抗干扰性好、保密性好、使用安全、重量轻以及便于铺设等特点。光缆分为光纤、缓冲层及披覆，即多数光纤在使用前必须由几层保护结构包覆，包覆后的缆线就称为光缆，光纤外层的保护结构可以防止外界环境如闪电、水火等对光的伤害。光缆结构如图 2-29 所示。

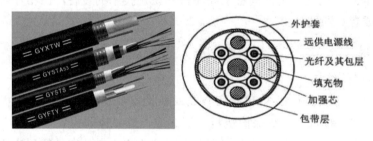

图 2-29　光缆结构

(1) 光纤传输原理

在发送端采用发光二极管(LED)或半导体激光器，让它们在电脉冲的作用下产生光脉冲，光脉冲产生的光线在光纤中是通过全反射实现光的传输的。假设一束光线射入一根光纤的一端，当光纤的芯径可以与光波波长相比拟时，光就可以沿着光纤直线传播(其余的高次模全部截止)，这种光纤称为单模光纤。当光纤直径大于光波波长时，光在光纤中产生反射。如果光入射光纤的角度过小，光线会穿透光纤而消失。入射角大于某个临界角度时，光可以产生全反射传播光线，而且一条光纤可以传输多条全反射光线，这种光纤称为多模光纤。当光线传送到接收端时，再利用光检测器检测光脉冲，可以还原出电脉冲。光在光纤中的传播路径如图 2-30 所示。

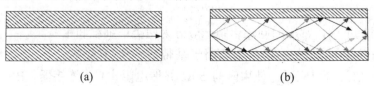

(a)　　　　　　　　　　　　　　　(b)

图 2-30　单模光纤(a)和多模光纤(b)的传播路径

光纤通信系统是以光纤为传输媒体，光波为载波的通信系统。典型的光纤传输系统结构如图 2-31 所示。

图 2-31 典型的光纤传输系统结构示意图

光纤最普遍的连接方法是点对点方式，在某些实验系统中也采用多点连接方式。

(2) 光纤的分类

光纤按传播模式，一般可分为多模光纤和单模光纤。

单模光纤的纤芯很细，制作成本较高，光源也采用比较昂贵的半导体激光器。由于单模光纤只传输一种模式的光，因而传输过程衰减小，传输频带宽、容量大，有效传输距离长，适用于长距离传输的场合，有线电视网络中通常只能用单模光纤。单模光纤并不是表示它只能传输一束光，而是只传播一个模式的光。单模光纤的扩容技术采用的是波分复用技术(WDM)，实现在一条单模光纤中同步传输多个不同波长的光波。

多模光纤纤芯直径大，远大于传输的光信号波长，光纤内对给定工作波长能传播许多个模式的光，它是光通信初期最先开发应用的光纤，价格相对更低廉，光源也可以采用较为便宜的发光二极管。不同模式的光线在光纤中全反射向前传播，但这种传输方式下的多种模式光会互相影响而衰减、失真，有时中间需要加入光中继器放大光信号，因此多模光纤只适合短距离传输。光线经过无数次不断全反射曲折传播，不同模式的光传输的路径不同，所以即使波长相同也不至于混淆，可以在终端用专门的设备将它们分开，从而分别解调出调制在各种模式光中的数字信号。因此多模光纤仅适用于较小容量的光纤通信。

(3) 光纤的特点

光纤不仅具有通信容量非常大的优点，而且还具有其他的一些特点：

① 传输损耗小，中继距离长，对远距离传输特别经济。

② 抗雷电和电磁干扰性能好。这在有大电流脉冲干扰的环境下尤为重要。

③ 无串音干扰，保密性好，也不易被窃听或截取数据。

④ 体积小，重量轻。这在现有电缆管道已拥塞不堪的情况下特别有利。例如，1km 的 1000 对双绞线电缆约重 8000kg,而同样长度但容量大得多的一对两芯光缆仅重 100kg。但要把两根光纤精确地连接起来，需要使用专用设备。

由于光纤具有一系列优点，因此是一种最有前途的传输介质，已被广泛用于各种广域网和局域网中。

2.3.2 非导引型传输媒体

无线传输媒体是指利用大气和外层空间作为传播电磁波的通路。电磁波是一个统称，根据信号频率的顺序和传输媒体技术的不同，电磁波主要分为无线电、微波、卫星通信、红外线以及射频等。各种通信媒体对应的电磁波谱范围如图 2-32 所示。频率越高，波长越短。

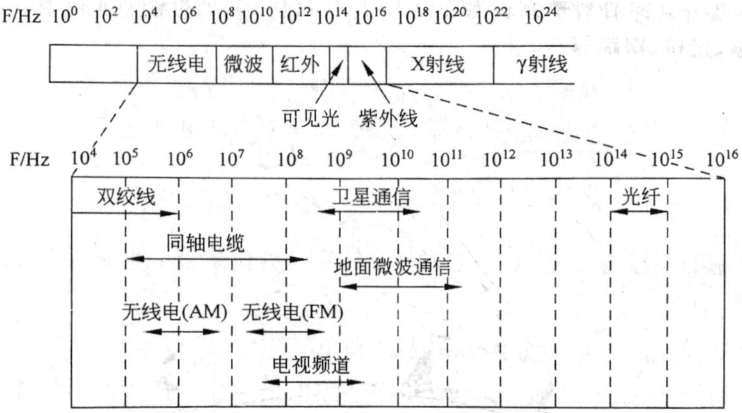

F/Hz 10^0 10^2 10^4 10^6 10^8 10^{10} 10^{12} 10^{14} 10^{16} 10^{18} 10^{20} 10^{22} 10^{24}

| | 无线电 | 微波 | 红外 | | | X射线 | γ射线 |

可见光   紫外线

F/Hz 10^4 10^5 10^6 10^7 10^8 10^9 10^{10} 10^{11} 10^{12} 10^{13} $10^{14} \sim 10^{15}$ 10^{16}

双绞线   卫星通信   光纤

同轴电缆   地面微波通信

无线电(AM)   无线电(FM)

电视频道

图 2-32 各种通信介质对应的电磁波谱范围

非导引型传输媒体实际上是指自由的空间,包括接近地球地面的大气层、电离层、宇宙空间等。它常用于一些特殊的地理环境,如不便铺设导引型的传输媒体,就利用电磁波可以在自由空间传播的性质建立无线通信系统。无线通信常用的电磁波段是无线电波。

无线电波分为短波、微波等,其传播方式如图 2-33 所示。

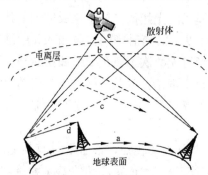

图 2-33 无线电波的传播方式

1. 短波通信(又称为高频通信)

短波有两种传输方式。

(1) 地波:无需中继系统,用长波、中波,即低频波(LF 波)和中频波(MF 波)的方式靠地面进行短距离传输,如图 2-33 中 a 所示。地波可以以绕射方式到达视线范围以外,一般长度可达十几千米,但容易因为建筑物的遮挡而中断。

(2) 天波(频率范围为 3~30MHz):主要靠电离层(受太阳高能辐射以及宇宙线的激励而电离的大气高层)的反射进行长距离的通信,如图 2-33 中 b 所示。天波传输长度可达几千千米而无须转发,发射的是高频波和 HF 波,电离层充当天然中断系统。

由于电离层容易受昼夜、季节、气候等影响,所以用电离层作为中继的短波通信存在稳定性差、噪音大等问题。电离层反射产生多径效应:同一个信号经过不同的反射路径到达同一个接收点,但各反射路径的衰减和时延都不相同,使最后得到的合成信号失真很大。短波通信还存在信道拥挤和信道间容易相互干扰等问题，而且现有的短波通信无法抵御窃听和各种有意的干扰。

但短波通信有一个最不能被替代的优点：电离层是天然的中继系统，不易被人为破坏，一旦发生战争或灾害，各种通信网络，甚至卫星都可能受到破坏或攻击，唯独电离层不会受到破坏，即使人为造成"中断"，时间也是短暂的。短波通信还有其他优点，比如山区、戈壁、海洋等地区超短波覆盖不到，必须依靠短波通信。因此，短波通信在国际通信、自然灾害救援、海事、航天中都发挥了重要作用。

无线电波能够穿过墙壁和其他建筑物，因此不需要在发射端和接收端之间清除障碍。无线电发射器和接收器的价格较低，安装简便，在任何方向都可以接收到无线电波的信号。传输距离可以根据发射器功率的大小进行调节，信号接收方的移动性较强。

2. 微波通信

微波是指波长在 1mm～1m，频率为 300MHz～300GHz(主要使用 2～40GHz 的频率)的一种无线电通信技术。

当两点间直线距离内无障碍时就可以使用微波传送，如图 2-33 中 d 所示，微波既可传输模拟信号又可传输数字信号。但在实际的微波通信系统中，由于传输信号是以空间辐射的方式传输的，因此必须考虑发送/接收传输信号天线的接收能力。由于地球表面是个曲面，因此其传播距离受到限制，一般只有50km左右。为实现远距离通信，必须在一条微波通信信道的两个终端之间建立若干个中继站。中继站把前一站送来的信号经过放大后再发送到下一站，这就称为地面微波接力。但接力站之间有个要求，两站之间必须可以直视，不能有障碍物，一般视距大约在 50km。假设采用 100m 高的传送塔，则视距可增加到 100km。

地面微波接力通信具有频带宽、信道容量大、初建费用低、建设速度快、不受地形限制、抗灾害性强，能满足各种电信业务(电话、广播、传真、电视、电报、数据)的传输质量要求，是通信网的重要组成部分。但其保密性能和抗干扰性能差，易被窃听和干扰，且两微波站的天线塔之间不能被建筑物遮挡。

3. 卫星通信

由于微波会穿透电离层进入宇宙空间，因此可以利用微波进行卫星通信。常用的卫星通信方法是在地球站之间利用人造同步地球卫星作为中继器进行微波接力通信，如图 2-33 中 e 所示。卫星在空中起中继站的作用，即把地球站发来的电磁波放大后再反送回另一地球站。

人造同步地球卫星在赤道上空 36 000km，它绕地球一周的时间恰好与地球自转一周一致，从地面看上去如同静止不动一样。3 颗相距 120°的卫星就能覆盖整个赤道圆周，基本能实现全球通信，所以卫星通信易于实现越洋和洲际通信。当卫星的离地高度高于或低于 36 000km 时，其运行轨道统称为非同步轨道。低轨道卫星绕地球运行一周所需时间短，一般为 2~4h；中高度卫星运行周期为 4~12h。位置高于 36 000km 的卫星，其运行周期都超过 24h。由于低轨道卫星离地球很近，因此通常用于移动通信。

卫星通信属于广播式通信，通信距离远，且通信费用与通信距离无关，这是卫星通信的最大特点。

2.4 信道复用技术

在网络工程中，用于通信线路架设的费用相当高；另外无论在广域网还是局域网中，传输介质的传输容量往往都超过单一信号传输的通信量。研究者为了尽量提高信道利用率和让信道传输更多的信息量，各种技术不断革新，其中包括信道的多路复用技术。

在一条物理线路上建立多条通信信道，在发送端把多个用户的信息合起来传输，但又不混淆各自的内容；同时到达接收方时，可以拆分出各自的信息分路接收。这个技术称为**多路复用技术**。

随着传输介质的不断更新以及配合传输介质的多样性，常用的多路复用技术也分为频分多路复用、时分多路复用、波分多路复用和码分多路复用等。

2.4.1 频分多路复用

当物理信道能提供比单个原始信号宽得多的带宽情况下，可以将该物理信道的总带宽分割成若干个和单个信号带宽相同(或略微宽一点)的子信道，每一个子信道传输一路信号，这即是频分多路复用(FDM)，如图 2-34(a)所示。多路的原始信号在频分复用前，首先要采用不同的载波，通过频率调制技术，将各路信号调制成频谱不重叠的信号，而且每路信号还留有一定的空白频带，保护信号互不干扰，如图 2-34(b)所示。因此可以抽象地想象为使用频分多路复用技术，在这个共享信道中又分为若干子信道，供每路信号传输。FDM 多用于模拟传输。

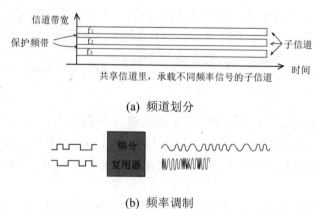

(a) 频道划分

(b) 频率调制

图 2-34 频分多路复用

例如三路话频原始信号(300～3100Hz)，使用带宽从 60～72kHz 共 12kHz 的线路，就可采用频分多路复用技术，即第一路话频采用 60～64kHz 调制，第二路采用 64～68kHz 调制，第三路采用 68～72kHz 调制。

除电话系统中使用频分多路复用技术外，在无线电广播系统中早已使用了该技术，即不同的电台使用不同的频率，如中央台用 560kHz，东方台则用 792kHz 等。在有线电视系统(CATV)中也如此，一根 CATV 电缆的带宽大约是 500MHz，可传送 80 个频道的彩色电视节目，每个频道 6MHz 的带宽中又进一步划分为声音子通道、视频子通道和彩色子通道。每个频道两边都留有一定的警戒频带，防止相互干扰。宽带局域网中也使用频分多路复用技术，所使用的电缆带宽至少要划分为不同方向上的两个子频带，甚至还可分出一定带宽用于某些工作站之间的专用连接。

2.4.2　时分多路复用与统计时分多路复用

1. 时分多路复用原理

时分多路复用(TDM)是将信道的传输时间分成若干个时间片，每个时间片称为一帧(Frame)，每帧长 125μs，再分为若干个时隙，轮换地为多个信号所使用。每一个时隙由一个信号(也即一个用户)占用，即在占有的时隙内，该信号使用通信线路的全部带宽，而不像 FDM 那样，同一时间同时发送多路信号。时隙的大小可以按一次传送一位、一个字节或一个固定大小的数据块所需的时间来确定。从本质上来说，时分多路复用特别适合于传输数字信号的场合。通过时分多路复用，多路低速数字信号可复用一条高速信道。例如，数据速率为 48Kb/s 的信道可为 5 条 9600b/s 数据速率的信号时分多路复用，也可为 20 条速率为 2400b/s 的信号时分多路复用。

2. 同步时分多路复用和异步时分多路复用

时分多路复用按照同步方式的不同又可分为同步时分多路复用(STDM)和异步时分多路复用(ATDM)。

(1) 同步时分多路复用

同步时分多路复用是指时分方案中的时隙是预先分配好的，时隙与数据源一一对应，不管某一个数据源有无数据要发送，对应的时间片都是属于它的。在接收端，根据时隙的序号来分辨是哪一路数据，以确定各时隙上的数据应当送往哪一台主机。如图 2-35 所示，数据源 A、B、C、D 按时间先后顺序分别占用被时分多路复用的信道。

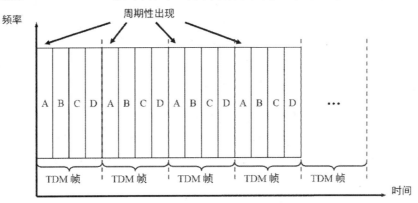

图 2-35　同步时分多路复用

由于在同步时分多路复用技术中，时隙预先分配且固定不变，无论时隙拥有者是否传输数据都占有一定时隙，例如图 2-35 中 B 不传输数据，但还是占有时隙，因而造成了时隙浪费，其时隙的利用率就较低。为了克服同步时分多路复用技术的缺点，引入了异步时分多路复用技术。

(2) 异步时分多路复用

异步时分多路复用又称为统计时分多路复用，是指各时隙与数据源无对应关系，系统可以按照需要动态地为各路信号分配时隙。为使数据传输顺利进行，所传送的数据中需要携带供接收端辨认的地址信息，因此异步时分多路复用也称为标记时分多路复用技术。如图 2-36 所示，数据源 A、B、C、D 被分别标记了相应的地址信息。高速交换中的异步传输模式(ATM)就是采用这种技术来提高信道利用率的。

采用异步时分多路复用技术时，当某一路用户有数据要发送时才把时隙分配给它，当用户暂停发送数据时不给它分配时隙，这样空闲的时隙就可用于其他用户的数据传输，所以每个用户的传输速率可以高于平均速率，最高可达线路总的传输能力(即占有所有的时隙)。如线路的传输速率为 28.8Kb/s，3 个用户公用此线路，在同步时分复用方式中，每个用户的最高速率为 96 000b/s，而在异步时分复用方式中，每个用户的最高速率可达 28.8Kb/s。

异步时分多路复用使用复用器帧传送复用的数据，但每一个复用器帧中的时隙数小于复用用户数(如有三个复用用户，复用器帧可能只有两个时隙)。各复用用户的数据随时发送到复用器中的缓存器，复用器将缓存中的数据放入复用器帧中，当一个帧的数据放满后就发送出去。

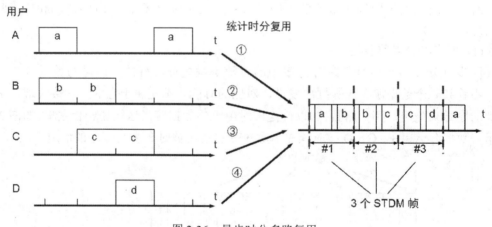

图 2-36　异步时分多路复用

同步、异步时分多路复用技术的所有用户是在不同的时间中占用同样的频带宽度的；频分多路复用技术的所有用户则是在同样的时间占用不同的带宽资源的。因此时分多路复用技术更适合于数字信号的传输,而频分多路复用技术则更适合模拟信号的传输。

2.4.3 波分多路复用

1．基本原理

波分多路复用(WDM)技术是在一根光纤(纤芯)中能同时传播多个光波信号的技术。首先把引入的光信号分配给特定频带内的指定频率，即把光调制成指定波长，然后在一条光纤上传输光信号，而不同波长的光波彼此互不干扰。这样，一条光纤就变成了几条、几十条甚至上百条光纤的信道。光波分多路复用单纤传输原理如图 2-37 所示，在发送端将不同波长的光信号组合起来，复用到一根光纤上，在接收端又将组合的光信号分开(解复用)，并送入不同的终端。例如，图 2-37 表示 8 路传输率均为 2.5Gb/s 的光波，光波经过调制成 8 个波长很接近的光载波，再经过复用器后，就可以在一根光纤上传输，那么一根光纤上的总数据传输率也增加到 8×2.5Gb/s=20Gb/s。

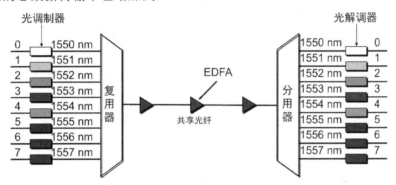

图 2-37　光波分多路复用单纤传输原理

2．分类及其特点

按照波长之间间隔的不同，WDM 可以分为稀疏波分多路复用(CWDM)和密集波分多路复用(DWDM)。CWDM 的信道间隔为 20nm，而 DWDM 的信道间隔为 0.2~1.2nm。CWDM 与 DWDM 的原理相同，但 DWDM 中波长间的间隔更小、更紧密，而且几乎所有 DWDM 系统都工作在 1550nm 低耗波长区，其传输损耗更小，传输距离更长，可以在没有中继器的情况下传输500~600km。DWDM 系统一般用于传输距离远、波长数多的网络干线上，如陆地与海底干线、市内通信网，也可用于全光通信网。它是当前速率较高的传输网络，可以处理数据速率高达 80Gb/s 的业务，并将传输速率提高到 800Gb/s 甚至更高。

以 DWDM 技术为核心的 DWDM 系统可以更充分地利用光纤的巨大带宽资源,增加光纤的传输容量。DWDM 系统又有两种基本结构：单纤双向 DWDM 系统和双纤单向DWDM 系统。单纤双向 DWDM 系统是用一根光纤实现两个方向的信号同时传输，因而也称为单纤全双工通信系统。双纤单向 DWDM 系统是一根光纤只传输一个方向的光信号，因此需要两根光纤完成双向传输。

光信号传输一段距离后就会衰减，因此，光放大器是关键技术。光放大器运行在特定光谱频带之上并根据现有的光纤进行了优化，这样就可以使光放大器有可能放大光波信号，从而在无须将其转换为电信号的情况下扩大其传输范围。使用光放大器的网络可以非常轻松地处理太比特级的信息，并以这个速率传输。

3. 频分多路复用、时分多路复用和波分多路复用的比较

多路复用的实质是将一个区域的多个用户信息通过多路复用器进行汇集，然后将汇集后的信息群通过一条物理线路传送到接收设备。接收设备通过多路复用器将信息分离成各个独立的信息，再分配到多个用户。而它的 3 种实现方式的主要区别在于分割的方式不同。

(1) 频分多路复用：按频率分割，在同一时刻能同时存在并传输多路信号，每路信号的频带不同。

(2) 时分多路复用：按时间分割，每一时隙内只有一路信号存在，多路信号分时轮换地在信道内传输。

(3) 光波分多路复用：按波长分割，在同一时刻能同时存在并传输多路信号，每路信号的波长不同，其实质也是频分多路复用。

2.4.4　码分多路复用

码分多路复用(CDM)是一种移动通信系统的新技术，手机、平板电脑等移动型计算机的联网通信大量使用了这一技术。实际上，人们通常把它称为码分多址，即 CDMA 技术。

每一个用户可以在同样的时间使用同样的频带进行通信。由于各用户使用经过特殊挑选的不同码型，因此各用户之间不会造成干扰。码分多路复用最初用于军事通信，因为这种系统发送的信号有很强的抗干扰能力，其频谱类似于白噪声，不易被敌人发现。随着技术的进步，CDMA 设备的价格和体积都逐渐下降，现在已广泛使用在民用移动通信中，特别是在无线局域网中。CDMA、Wi-Fi 等实际上是一种从扩频通信技术发展起来的一种无线通信技术。扩频通信技术的最早发明者是海蒂拉玛。

采用 CDMA 可提高通信的话音质量和数据传输的可靠性，减少干扰对通信的影响，增大通信系统的容量，降低手机的平均发射功率等等。

在 CDMA 中，每一个码元(一般是一个比特)时间再划分为 m 个短的时间片，称为码片(chip)。一般 m 的值是 64 或 128。为了简单起见，设 m 为 8。使用 CDMA 技术进行通信时，每一个站点都要被指派一个唯一的 m bit 码片序列，该码片序列是特殊挑选的，与其他站点各不相同(也具有自带加密的功能，收发双方都要知道这个唯一码片序列)。一个站点如果要发送比特 1，则发送它自己的 m bit 码片序列。如果要发送比特 0，则发送该码片序列的二进制反码。如指派给 A 站的 8 bit 码片序列是 00011011，当 A 站发送比特 1 时，就发送序列 00011011，而当 A 站发送比特 0 时，就发送 11100100。为了方便，按惯例将码片中的 0 写为−1，将 1 写为＋1，因此 A 站的码片序列是(−1−1−1＋1＋1−1＋1＋1)。

现假定 A 站要发送信息的数据传输速率为 b b/s。由于每一个比特要转换成 m 个比特的码片，因此 A 站实际上发送的数据传输速率提高到 mb b/s，同时 A 站所占用的频带宽度也提高到原来数值的 m 倍。该通信方式是扩频通信中的一种，即直接序列扩频 DSSS。另一种扩频通信是跳频扩频 FHSS。因此，原来用电话线这种窄带技术可以传输的数据，使用扩频技术后就要用光纤这种宽带技术才能传输。

根据香农定理 $C=W\log_2(1+S/N)$，式中 C 为信息的传输速率，W 为频带宽度，S 为有用信号功率，N 为噪声功率，S/N 为信噪比，当信号的传输速率 C 一定时，信号带宽 W 和信噪比 S/N 是可以互换的，即增加信号带宽则可以降低对信噪比的要求，当带宽增加到一定程度时，允许信噪比进一步降低，有用信号功率接近噪声功率，甚至淹没在噪声之下也是可能的。也就是说把有用信号变成像噪声一样，并混在噪声中一起传输。扩频通信就是用宽带传输技术换取信噪比上的好处，这是扩频通信的基本思想和理论依据。

这样处理的原因是 CDMA 技术(或扩频技术)原本是用于军事上的无线通信技术。无线通信历史上最大的弱点就是容易受到敌方利用信号加以干扰，或容易被截获，保密性差。扩频技术是以牺牲带宽而换取移动无线通信的强抗干扰能力和强保密能力。因为有用的信号也变成了噪声，通信规则也自带加密功能。

CDMA 系统一些技术规则如下。

规则 1：CDMA 系统给每一个站点分配的码片序列必须各不相同，并且还必须互相正交。在实用的系统中是使用伪随机码序列。用数学公式可以清楚地表示码片序列的这种正交关系。令向量 A 表示站 A 的码片向量，再令向量 B 表示其他任何站的码片向量。两个不同站的码片序列正交，就是向量 A 和 B 的内积为 0，同时向量 A 和 B 的规格化内积也是 0(两个向量的内积是它们对应分量的乘积之和，参考《线性代数》)。

$$A \cdot B = \frac{1}{m}\sum_{i=1}^{m}A_i B_i$$

假设 A 站码片为 00011011，B 站码片为 00101110，则向量 A 为 $(-1-1-1+1+1-1+1+1)$，向量 B 为 $(-1-1+1-1+1+1+1-1)$。代入上式得 $(-1-1-1+1+1-1+1+1)\cdot(-1-1+1-1+1+1+1-1)/8=0$

从规则 1 中可以衍生出另外三个规则。

规则 2：向量 A 与同一 CDMA 系统中的其他各站码片反码的向量的规格化内积也是 0(表示发送端没有发送数据)。

规则 3：任何一个码片向量与该码片向量自己的规格化内积都是 1(表示发送端发了码元 1)。

$$A \cdot A = \frac{1}{m}\sum_{i=1}^{m}A_i A_i = \frac{1}{m}\sum_{i=1}^{m}A_i^2 = \frac{1}{m}\sum_{i=1}^{m}(\pm1)^2 = 1$$

规则 4：任何一个码片向量与该码片向量自己的反码的向量规格化内积为−1(表示发送端发了码元 0)。

下面了解一下 CDMA 通信系统是如何工作的。

假定在一个 CDMA 系统中有 5 个站都在相互通信，如图 2-38 所示。A 站码片序列为 00011011，B 站码片序列为 00101110，C 站码片序列为 01011100，D 站码片序列为 01000010。ABCD 四个站点可能同时向 X 站点发信息，即 X 站应同时拥有 A、B、C、D 四个站点的码片序列。

A (−1−1−1+1+1−1+1+1)

B (−1−1+1−1+1+1+1−1)

C (−1+1−1+1+1+1−1−1)

D (−1+1−1−1−1−1+1+1−1)

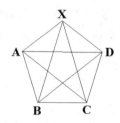

图 2-38　CDMA 通信系统

因所有站都使用相同的频率通信，所以 X 站收到的信号其实是一个叠加的信号，即如果四个站同时发送信号，则 X 站收到的信号是四个信号的叠加；若只有两个站发送信号，则 X 站收到的信号是两个信号的叠加。叠加从数学上看即是各站发送的码片序列之和。

假设 X 站在某一时刻收到叠加的码片序列为(0 0−2+2 0−2 0+2)，则 X 站可以拿这个叠加的码片序列分别与四个站点的序列求内积，其结果为：

A：(0 0−2+2 0−2 0+2)·(−1−1−1+1+1−1+1+1)/ 8 =+1

B：(0 0−2+2 0−2 0+2)·(−1−1+1−1+1+1+1−1)/ 8 =−1

C：(0 0−2+2 0−2 0+2)·(−1+1−1+1+1+1−1−1)/ 8 =0

D：(0 0−2+2 0−2 0+2)·(−1+1−1−1−1−1+1+1−1)/ 8 =0

从结果可知，A 站点发送了比特 1，B 站点发送了比特 0，C 站、D 站未发送数据。

2.5　宽带接入技术

用户计算机和用户网络接入 Internet 所采用的技术和接入方式的结构，统称为 Internet 接入技术，其发生在连接网络与用户的最后一段路程，是网络中技术最复杂、实施最困难、影响面最广的一部分，它涉及 Internet 接入网和接入技术。

接入网(AN)也称为用户环路，是指交换局到用户终端之间的所有机线设备，主要用来完成用户接入核心网(骨干网)的任务。接入网负责将用户的局域网或计算机连接到骨干网，它是用户与 Internet 连接的最后一步，因此又称为"最后一千米技术"。它的范围和结构如图 2-39 所示。一般情况下，接入网根据使用的通信媒体可以分为有线接入网和无线接入网两大类，其中有线接入网又可分为铜线接入网、光纤接入网和光纤同轴电缆混合接入网等，无线接入网又可分为固定接入网和移动接入网。

图 2-39　核心网与用户接入网示意图

Internet 接入技术很多，按通信速率可划分为宽带接入技术和窄带接入技术。宽带是一个相对于窄带而言的电信术语，为动态指标，用于度量用户享用的业务带宽，目前国际上还无统一的定义。一般而言，宽带是指用户接入数据速率达到 2Mb/s 及以上、可提供 24 小时在线的网络基础设备和服务。宽带接入技术主要有 ADSL 接入技术、以太网接入技术、光纤同轴电缆混合接入技术、光纤 FTTx 接入技术、卫星接入技术。窄带接入技术的速率不大于 2Mb/s，主要有电话交换机接入技术、ISDN 接入技术、帧中继接入技术等。下面主要介绍 ADSL 接入技术和光纤 FTTx 接入技术。

2.5.1　ADSL 技术

数字用户线路(DSL)是以铜线为传输媒体的点对点传输技术。由于铜线上实际可通过的信号频率超过 1MHz，因此 DSL 可以在一根铜线上分别传送语音信号(标准模拟电话信号的频带被限制在 300~3400 Hz 的范围内)和数据(高端频谱)，其中数据信号并不通过电话交换设备，且不需要拨号，不影响通话。其最大的优势在于利用现有的电话网络架构，不需要对现有接入系统进行改造，就可方便地开通宽带业务，被认为是解决"最后一千米"问题的最佳选择之一。

由于用户在上网时主要是从互联网下载各种文档，而向互联网发送的信息量一般都不太大，因此非对称数字用户线路 ADSL 是在无中继的用户环路上，使用由现有电话线提供高速数字接入的传输技术，下行(从 ISP 到用户)带宽远远大于上行(从用户到 ISP)带宽，是非对称 DSL 技术的一种，其误码率较低。

1. ADSL 基本原理

如果在电话线两端分别放置了 ADSL Modem，在这段电话线上便产生了三个信息通道，如图 2-40 所示。一个速率为 1.5~9Mb/s 的高速下行通道，用于用户下载信息；一个速率为 16Kb/s~1Mb/s 的中速双工通道；一个是传统电话服务通道；且这三个通道可以同时工作。这意味着可以在下载文件的同时在网上观看点播的影片，并且通过电话和朋友对影片进行一番评论。这一切都是在一根电话线上同时进行的。这是因为 ADSL 的内部采用了先进的数字信号处理技术和新的算法压缩数据,使大量的信息得以高速传输。所以 ADSL 才在长距离传输中减小信号的衰减,以及保持低噪声干扰。

图 2-40　ADSL 信道

2. ADSL 的接入模型

一个基本的 ADSL 系统由局端收发机和用户端收发机两部分组成,收发机实际上是一种高速调制解调器(ADSL Modem),由其产生上下行的不同数据速率。这种调制解调器的实现方案有许多种。我国目前采用的方案是离散多音调 DMT 调制技术(频分复用),即把 40kHz 以上一直到 1.1MHz 的高端频谱划分为许多子信道,其中 25 个子信道用于上行信道,而 249 个子信道用于下行信道,并使用不同的载波(即不同的音调)进行数字调制。DTM 技术频谱分布图如图 2-41 所示。

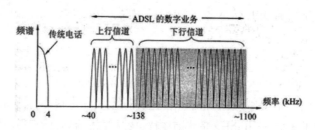

图 2-41　DMT 技术的频谱分布

ADSL 的接入模型主要由中央交换局端模块和远端用户模块组成,如图 2-42 所示。

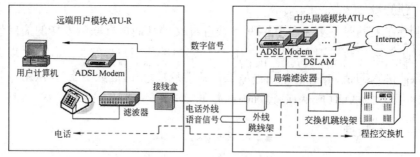

图 2-42　ADSL 的接入模型

中央交换局端模块包括在中心位置的 ADSL Modem、局端滤波器和 ADSL 接入多路复用系统 DSLAM,其中处于中心位置的 ADSL Modem 被称为 ADSL 中心传送单元(ATU-C),而接入多路复用系统中心的 Modem 通常被组合成一个接入节点,也被称为

ADSL 接入复用器(DSLAM)，它为接入用户提供网络接入接口，把用户端 ADSL 传来的数据进行集中和分解，并提供网络服务供应商访问的接口，实现与Internet 或其他网络的连接。远端模块由用户 ADSL Modem 和滤波器组成。其中用户端 ADSL Modem 通常被称为 ADSL 远端传送单元(ATU-R)，用户计算机、电话等通过它们接入公用电话交换网 PSTN。两个模块中的滤波器用于分离承载音频信号的 4kHz 以下低频带和调制用的高频带。这样 ADSL 可以同时提供电话和高速数据传输的服务，两者互不干涉。

由于用户线的具体条件往往相差很大(距离、线径、受到相邻用户线的干扰程度等都不同)，因此 ADSL 采用自适应调制技术使用户线能够传送尽可能高的数据传输速率。当 ADSL 启动时，用户线两端的 ADSL 调制解调器就测试可用的频率、各子信道受到的干扰情况，以及在每一个频率上测试信号的传输质量。这样就使 ADSL 能够选择合适的调制方案以获得尽可能高的数据传输速率，可见 ADSL 不能保证固定的数据传输速率，对于质量很差的用户线甚至无法开通 ADSL。因此电信局需要定期检查用户线的质量，以保证能够提供向用户承诺的最高的 ADSL 数据传输速率。

ADSL 的传输距离与数据传输速率和用户线的线径有关。数据传输速率越大，传输距离就越短；用户线越细，信号传输时的衰减就越大。另外，ADSL 所能得到的最高数据传输速率还与实际的用户线上的信噪比密切相关。

ADSL 调制解调器有两个插口，如图 2-43 左图所示。较大的一个是 RJ-45 插口，用来和计算机相连；较小的是 RJ-11 插口，用来和电话分离器相连。电话分离器则更小巧，如图 2-43 右图所示，用户只需要用三个带有 RJ-11 插头的连线就可以连接好，使用起来非常方便。

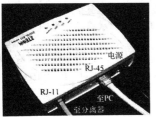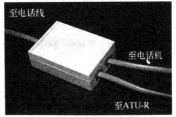

图 2-43　ADSL 调制解调器和电话分离器

在用户端除安装好硬件外，用户还需为 ADSL Modem 或 ADSL 路由器选择一种通信连接方式。目前主要有静态 IP、PPPoA、PPPoE 三种。普通用户多数选择 PPPoA 或 PPPoE 方式，对于企业用户更多选择静态 IP 地址(由电信部门分配)的专线方式。

ADSL 用途十分广泛，对于商业用户来说，可组建局域网共享 ADSL 上网，还可以实现远程办公、家庭办公等高速数据应用，获取高速低价的极高性价比。对于公益事业来说，ADSL 可以实现高速远程医疗、教学、视频会议的即时传送，达到以前所不能及的效果。

ADSL 技术也在发展，已有 ADSL2 和 ADSL2+，它们都称为第二代 ADSL。

3. xDSL 技术简介

(1) 单线路数字用户线 SDSL，把带宽平均分配到下行和上行两个方向，适合企业使用，每个方向的传输速率分别为 384 Kb/s 或 1.5 Mb/s，传输距离分别为 5.5km 或 3km。

(2) 高速率数字用户线 HDSL，能够在现有电话双绞铜线上(2 对或者 3 对)提供准同步数字序列一次群速率(T1 或者 E1)的全双工数字连接，数据传输速率可达 768 Kb/s 或 1.5 Mb/s，无中继传输距离可达 3～5km。

(3) 甚高速数字用户线 VDSL，其技术原理是复用上传和下载通道以获取更高的传输速率，并使用内置纠错功能以弥补噪声等干扰，主要用于短距离传送(300～1800 m)，其下行速率达 50～55 Mb/s，上行速率是 1.5～2.5 Mb/s。

2.5.2　FTTx 技术

光纤由于无限带宽、远距离传输能力强、保密性好、抗干扰能力强等诸多优点，正在得到迅速发展和应用。光纤接入技术实际就是在接入网中全部或部分采用光纤传输媒体，构成光纤用户环路(FITL)，实现用户高性能宽带接入的一种方案。近年来光纤在接入网中的广泛应用也呈现出一种必然趋势。其实，现在信号在陆地上长距离的传输，基本上都已经实现了光纤化。在前面所介绍的 ADSL 等宽带接入方式中，用于远距离的传输媒体也早都使用了光缆。只是到了临近用户家庭的地方，才转为铜缆(电话的用户线和同轴电缆)。从总的趋势来看，光纤越来越靠近用户家庭，也就有了"光进铜退"的说法。

光纤接入网(OAN)是指在接入网中用光纤作为主要传输媒体来实现信息传输的网络形式，它不是传统意义上的光纤传输系统，而是针对接入网环境所专门设计的光纤传输网络。

1. 光纤接入网的结构

光纤接入网的基本结构包括用户、交换局、光纤、电／光交换模块(E/O)和光／电交换模块(O/E)，如图 2-44 所示。由于交换局交换的和用户接收的均为电信号，而在主要传输介质光纤中传输的是光信号，因此两端必须进行电／光和光／电转换。

图 2-44　光纤接入网基本结构示意图

光纤接入网的拓扑结构有总线型、环型、星型和树型结构。

2. 光纤接入网的分类

从光纤接入网的网络结构看，按接入网室外传输设施中是否含有源设备，光纤接入网可以划分为有源光网络(AON)和无源光网络(PON)。前者采用电复用器分路，后者采用光分路器分路。

AON 指从局端设备到用户分配单元之间均采用有源光纤传输设备，如光电转换设备、有源光电器件、光纤等连接成的光网络。采用有源光节点可降低对光器件的要求，

58

可应用性能低、价格便宜的光器件，但是初期投资较大，有源设备存在电磁信号干扰、雷击以及固有的维护问题，因而有源光纤接入网不是接入网长远的发展方向。

PON 指从局端设备到用户分配单元之间不含有任何电子器件及电子电源，全部由光分路器等无源器件连接而成的光网络。由于它初期投资少、维护简单、易于扩展、结构灵活，大量的费用将在宽带业务开展后支出，因而目前光纤接入网几乎都采用这种结构，它也是光纤接入网的长远解决方案，其连接示意图如图 2-45 所示。光配线网采用波分复用，上行和下行分别使用不同的波长。

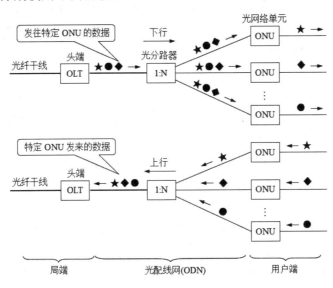

图 2-45 无源光配线网的组成

3. 光纤接入方式

根据光网络单元(ONU)所在位置，光纤接入网的接入方式分为光纤到路边(FTTC)、光纤到大楼(FTTB)、光纤到办公室(FTTO)、光纤到楼层(FTTF)、光纤到小区(FTTZ)、光纤到户(FTTH)等几种类型，如图 2-46 所示。这些宽带光纤接入方式称为 FTTx(表示 Fiber to The...这里字母 x 可代表不同的光纤接入地点)。实际上，FTTx 就是光电转换的地方。

其中 FTTH 将是未来宽带接入网发展的最终形式。

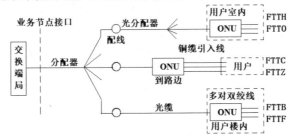

图 2-46 光纤接入方式

根据用户侧光网络单元位置不同,可以分为3种主要的光纤接入网。

(1) 光纤到路边(FTTC)。FTTC结构主要适用于点到点或点到多点的树状分支拓扑,多为居民住宅用户和小型企事业用户使用,典型用户数在128户以下,经济用户数正逐渐降低至8～32户乃至4户左右。FTTC结构是一种光缆/铜缆混合系统,其主要特点是易于维护、传输距离长、带宽大,初始投资和年维护运行费用低,并且可以在将来扩展成光纤到户,但铜缆和室外有源设备需要维护,增加了工作量。

(2) 光纤到楼(FTTB)。FTTB可以看作是FTTC的一种变型,最后一段接到用户终端的部分要用多对双绞线。FTTB是一种点到多点结构,通常不用于点到点结构。FTTB的光纤化程度比FTTC更进一步,光纤已敷设到楼,因而更适于高密度用户区,也更接近于长远发展目标,会获得越来越广泛的应用,特别是那些新建工业区或居民楼以及与宽带传输系统共处一地的场合。光纤到楼层(FTTF)与它类似。

(3) 光纤到户(FTTH)和光纤到办公室(FTTO)。光纤到户就是把光纤一直铺设到用户家庭。只有在光纤进入用户的家门后,才把光信号转换为电信号。如果ONU放在企业、事业单位用户终端设备处并能提供一定范围的灵活业务,则构成光纤到办公室(FTTO)结构。FTTH和FTTO都是一种全光纤连接网络,即从本地交换机一直到用户全部为光连接,中间没有任何铜缆,也没有有源电子设备,是真正全透明的光网络,这样做就可以使用户获得较高的上网速率。FTTO适于点到点或环状结构,而FTTH通常采用点到多点方式。FTTH主要特点是:可以采用低成本元器件,ONU可以本地供电,因而故障率大大减少,维护安装测试工作也得以简化。此外由于它是全透明光网络,对传输制式、带宽、波长和传输技术没有任何限制,适于引入新业务,是一种最理想的业务透明网络,也是用户接入网发展的长远目标。

4. FTTx+LAN 接入

近年发展起来的建立在5类双绞线基础上的以太网技术,已成为目前使用最为广泛的局域网技术,其最大特点是扩展性强、投资成本低,用户终端带宽可达10Mb/s～10Gb/s,入户成本相对较低,具有强大的性能价格比优势。另一方面,干线采用光纤已逐渐成为一种趋势,因而将光纤接入结合以太网技术可以构成高速以太网接入,即FTTx+LAN,通过这种方式可实现"万兆到大楼,千兆到层面,百兆到桌面",为实现最终光纤到户提供了一种过渡。

FTTx+LAN接入比较简单,在用户端通过一般的网络设备,如交换机、集线器等将同一幢楼内的用户连成一个局域网,用户室内只需要以太网RJ-45信息插座和配置以太网接口卡(即网卡),在另一端通过交换机与外界光纤干线相连即可。

习 题

2-1 简述数据、信息、信号的概念。

2-2 什么是数字信号？什么是模拟信号？两者的区别是什么？

2-3 什么是信道？信道可以分为哪两类？

2-4 什么是基带传输？什么是频带传输，有何特点？

2-5 什么是码元？和比特有什么关系？

2-6 数字信号的编码方式有哪几种？各有何特点？

2-7 数字信号的调制技术分为哪几种？各有何特点？

2-8 解释奈奎斯特定律和香农定理。

2-9 试说明双绞线、同轴电缆和光纤 3 种常用传输媒体的特点。

2-10 常用的非导引型传输媒体有哪几种？各有何特点？

2-11 简述频分多路复用、时分多路复用、波分多路复用技术的工作原理和特点。

2-12 码分多址 CDMA 为什么可以使所有用户在同样的时间使用同样的频带进行通信而不会互相干扰？这种复用方法有何特点？

2-13 简述 ADSL 工作原理及其特点。

2-14 简述常用光纤接入方式及其特点。

第 3 章

数据链路层

本章重点介绍以下内容：

- 点对点信道数据链路层的三个基本问题；
- 点对点信道中的 PPP 协议；
- 广播信道中的 CSMA/CD 协议；
- 扩展以太网。

3.1 数据链路层信道分类

数据链路层是计算机网络的低层，传送的数据单位是帧。该层的最基本功能是把高层交付下来的数据封装成帧发送到链路上。如图 3-1 所示为把接收到的帧解封装后的数据取出并交给高层的示意图。

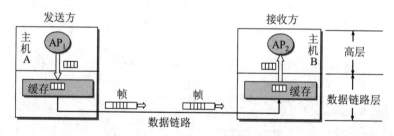

图 3-1　帧的传输过程

数据链路层使用的信道主要有以下两种类型：

(1) 点对点信道。这种信道使用一对一的点到点通信方式，通信过程比较简单。

(2) 广播信道。这种信道使用一对多的广播通信方式，通信过程比较复杂。每一条广播信道上可以连接多个主机，因此必须使用专用的共享信道协议(比如 CSMA/CD 协议)来协调所有主机发送数据。

3.2　点对点信道数据链路层的三个基本问题

数据链路层的协议有很多种，比如 HDLC 协议、PPP 协议等，但不管是哪种协议都有三个基本问题需要解决。这三个基本问题是：封装成帧、透明传输和差错检测。下面分别讨论这三个基本问题。

3.2.1　封装成帧

封装成帧就是在网络层交付下来的数据前后分别添加首部和尾部，然后构成一个帧，如图 3-2 所示。在网络通信过程中，为了提高帧的传输效率，应当使帧的数据部分长度尽可能地大于首部和尾部的长度，但是数据部分的长度也不能无限增大，每一种数据链路层协议都规定了数据部分长度的上限，这个上限叫做最大传送单元(Maximum Transfer Unit，MTU)。一个帧的帧长等于帧的数据部分长度加上帧首部和帧尾部的长度。帧首部和帧尾部中包括了很多帧在传输过程中所需的控制信息，以保证帧能够顺利地从发送方到达接收方。帧的首部和尾部除了包含控制信息外，还起到了以下一些重要作用。

(1) 帧定界：帧首部即表示帧的开始，帧尾部即表示帧的结束。

(2) 差错检测：当数据在传输中出现差错时，帧首部和帧尾部可以起到一定的差错检测作用。假定发送端在发送帧时突然出现故障，导致接收端只收到了帧首部和数据部分，没有收到帧尾部，因此接收端收到的帧不完整，可认为出现了差错，必须丢弃。

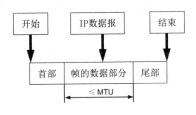

图 3-2　封装成帧

ASCII 码中共包含 128 个字符，可打印的字符有 95 个，不可打印的字符有 33 个，当数据都是由可打印的 ASCII 码组成的文本文件时，可以使用特殊的帧定界符来定界一个帧。将控制字符 SOH 放在帧的最前面，作为帧的首部开始部分，将控制字符 EOT 放在帧的最后面，作为帧尾的一部分，表示帧的结束，如图 3-3 所示。

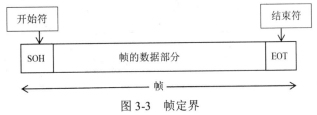

图 3-3　帧定界

3.2.2 透明传输

透明是指实际存在的事物看起来好像不存在一样，透明传输就是要实现无论什么比特组成的数据都能通过数据链路层，让数据在数据链路层进行无障碍传输。因此，数据链路层对这些数据来说就是透明的，好像不存在一样。

数据由可打印的 ASCII 字符组成时，可通过在数据前面加帧头 SOH 和在数据后面加帧尾 EOT 来实现透明传输。但当数据部分出现非打印 ASCII 字符 SOH 和 EOT 时，用上述方法定界帧就会出现错误，会导致数据链路层误认为收到了完整的帧，而丢弃有效数据，如图 3-4 所示。

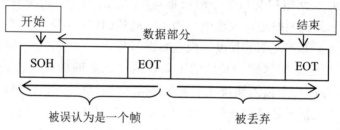

图 3-4 帧定界引起数据丢失

为了实现数据的透明传输就必须解决这个问题，使数据部分可能出现的非打印字符 SOH 和 EOT 不与帧的开始符和结束符混淆。目前惯用的实现方法是字符填充法。具体做法是：发送端的数据链路层在数据中出现控制字符 SOH 或 EOT 的前面插入一个转义字符 ESC，接收端的数据链路层在将数据送往网络层之前删除插入的转义字符。如果转义字符 ESC 也出现在数据当中，那么应在数据部分转义字符 ESC 前面再插入一个转义字符 ESC，当接收端收到连续的两个转义字符时，就会删除前面的一个。事实证明用该方法很好地实现了透明传输，如图 3-5 所示。

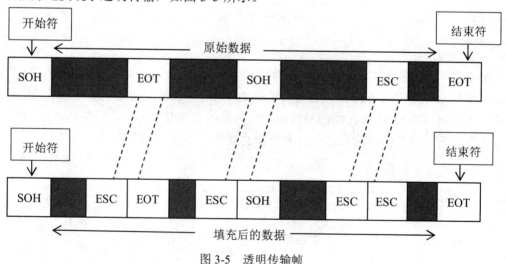

图 3-5 透明传输帧

3.2.3　差错检测

通信过程中，通信双方都希望能准确无误地传输数据，但实际的通信链路都不是理想的。比特在传输过程中会因为很多原因产生差错，1 可能变成 0，0 也可能变成 1，这称为比特差错。在一段时间内，出错比特占所传输比特总数的比率称为误码率(BER，Bit Error Rate)。实际的通信过程中，任何链路的误码率都不可能为 0，因此，为了保证数据传输的可靠性，就必须采用各种差错检测方法来解决比特差错的问题，进而降低误码率。差错检测的方法很多，比如早期网络中的奇偶校验法。目前网络中数据链路层广泛使用了循环冗余检验(Cyclic Redundancy Check，CRC)方法。下面我们将详细介绍循环冗余检验的原理。

1. 发送端

待发送的数据分为若干组，每组有 k 位(k=10)。假设待传送的数据 M=1010001101 (k=10)，我们在 M 的后面再添加供差错检测用的 n 位冗余码一起发送。在所要发送的数据后面增加一些冗余码，虽然增大了数据传输的开销，但却可以进行差错检测。在传输可能出现差错时，付出这种代价还是值得的。

这 n 位冗余码是这样得出的。用二进制的模 2 运算进行 2^n 乘 M 的运算，这相当于在 M 后面添加 n 个 0。得到的 $(k+n)$ 位的数除以事先选定好的长度为 $(n+1)$ 位的数 P，得出商是 Q 而余数是 R，余数 R 比除数 P 少 1 个比特。至于 P 是怎样选定的，下面还要详细介绍。在图 3-6 所示的例子中，n=5，P=110101，模 2 运算的结果是：商 Q=1101010110，而余数 R=01110(注意：余数 R 只比 P 少一位)。现在将得到的余数 R 就作为冗余码添加在数据 M 的后面发送出去，因此发送的数据是 101000110101110(即 $2^n M+R$)。为检测差错而在数据后面添加的冗余码常被称为帧检验序列(FCS，Frame Check Sequence)。帧检验序列就是要保证收到的数据和发送的数据完全相同。这里应当注意，循环冗余检验(CRC)和帧检验序列(FCS)并不等同。CRC 是一种常用的检错方法，而 FCS 是添加在数据后面的冗余码。

图 3-6　冗余码的计算

2. 接收端

如果数据在传输过程中不产生差错，则用接收端收到数除以 P(模 2 运算)后，得出的余数 R 显然应当是 0(假设被除数现在是 101000110101110，除数是 P=110101，则余数肯定是 0)。若数据在传输过程中出现差错，则在接收端进行以上的运算后，一般就不会得出余数 R 为 0 的结果。所以接收端对收到的数据经过 CRC 检测，会有两种处理结果：

(1) 余数 R=0，则认为该帧无差错，接受该帧。

(2) 余数 $R \neq 0$，则认为该帧有差错，直接丢弃。

只要得出的余数 $R \neq 0$，就表示检测到了差错(注意：这种检测方法并不能确定究竟是哪一个或哪几个比特出现了差错)，然后就丢弃这个出现差错的帧。其实并不能认为只要得出的余数 R=0，就一定没有出现差错。因为在某种非常特殊的比特差错组合下，也可能非常碰巧地使得余数 R=0。但只要经过严格的挑选，并使用位数足够多的除数 P，那么出现检测不到差错的概率就非常小。

除数 P 在实际应用中是由发送方和接收方协商得到。一种较方便的方法是用多项式表示除数 P。例如，可以用多项式 $P(X)=X^5+X^4+X^2+1$ 中的逐项系数来表示上面的除数 P，即 $P(X)=1 \times X^5+1 \times X^4+0 \times X^3+1 \times X^2+0 \times X^1+1 \times X^0$，进而得到 P=110101，多项式 $P(X)$ 称为生成多项式。现在广泛使用的 $P(X)$ 有以下几种：

(1) CRC-16=$X^{16}+X^{15}+X^2+1$

(2) CRC-CCITT=$X^{16}+X^{12}+X^5+1$

(3) CRC-32=$X^{32}+X^{26}+X^{23}+X^{22}+X^{16}+X^{12}+X^{11}+X^{10}+X^8+X^7+X^5+X^4+X^2+X+1$

应当注意，用循环冗余检验(CRC)差错检测方法只能做到无差错接受(accept)。所谓无差错接受，就是指"凡是被接收端接受的帧(不包括丢弃的帧)，我们都能以非常接近于 1 的概率认为这些帧在传输过程中没有产生差错"。因此可得到循环冗余检验(CRC)这种方法存在的主要不足主要表现在以下几个方面：

(1) 该方法存在误检、漏检可能，可能性取决于除数 P 的位数。

(2) 该方法只能对收到的数据帧做差错检测，因此不能保证所收到的帧即发送端所发的全部帧。

(3) 该方法能够实现无比特差错的传输，但并不是可靠传输，真正的可靠传输还需考虑确认和重传机制，确认和重传机制将在第 5 章中详细讨论。

3.3 点对点协议

早期的网络，由于通信线路质量差，在数据链路层使用了一种可靠传输协议高级数据链路控制(High-level Data Link Control，HDLC)来保障数据的可靠传输。随着网络通信介质的发展，数据链路层出现数据差错的可能性越来越低，因此不再需要通过协议来保障数据的可靠，一个简单的协议即可。HDLC 协议过于复杂，现在很少再用。在点对点链路中，目前使用最广泛的是点对点协议(PPP，Point-to-Point Protocol)。

3.3.1　PPP 协议的特点

PPP 协议是 IETF 在 1992 年制定的一个简单的数据链路层协议，主要用于点对点网络，经过 1993 年和 1994 年的两次修订，现在已经是互联网的标准协议，主要用于互联网用户接入到互联网时与 ISP 的通信。点对点链路如图 3-7 所示。

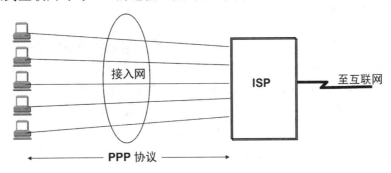

图 3-7　点对点链路

1. PPP 协议应满足的基本需求

(1) 简单　IETF 在设计网络体系结构时把保证可靠的服务放在 TCP 协议中，因此在传输层以下都不需要保证可靠，所以 IP 协议和 PPP 协议都没有必要提供可靠的数据服务，设计比较简单，不需要纠错，不需要序号，不需要流量控制等。协议越简单，数据转发的速度也会越快，因此把 PPP 协议设计得很简单就很有必要，设计简单也就成为了 PPP 协议的首要需求。

(2) 封装成帧　PPP 协议必须提供封装帧和解封装帧的方法，以便接收方能从收到的比特流中准确找到帧的开始和结束位置。

(3) 透明传输　PPP 协议必须保证数据的透明传输，要提供有效的方法来解决帧定界符和数据部分一样的比特组合，避免接收端收到的数据被丢弃或者不完整。

(4) 差错检测　PPP 协议必须能够对接收端收到的帧进行检测，发现有差错的帧并立即丢弃。如果数据链路层不进行差错检测，那么出现差错的帧将交付给网络层继续在网络中传输，导致接收端可能收到错误的数据，并且浪费了网络资源。

2. PPP 协议的组成

PPP 协议有三个组成部分：

(1) 将 IP 数据报封装到串行链路的方法。PPP 既支持异步链路(无奇偶检验的 8 比特数据)，也支持面向比特的同步链路。IP 数据报在 PPP 帧中就是其信息部分，这个信息部分的长度受最大传送单元(MTU)的限制。

(2) 用来建立、配置和测试数据链路连接的链路控制协议(Link Control Protocol，LCP)。通信的双方可协商一些选项，在 RFC1661 中定义了 11 种类型的 LCP 分组。

(3) 网络控制协议(Network Control Protocol，NCP)，其中的每一个协议支持不同的网络层协议，如 IP、OSI 的网络层、DECnet 及 AppleTalk 等。

3.3.2　PPP 协议的帧结构

1. 帧中各字段的意义

PPP 帧的首部和尾部分别为四个字段和两个字段。首部的第一个字段和尾部的第二个字段都是标志字段 F(Flag)，规定为 0x7E(0x 表示它后面的字符是用十六进制表示的)。标志字段表示一个帧的开始或结束，因此标志字段就是 PPP 帧的定界符。连续两帧之间只需要用一个标志字段，如果出现连续两个标志字段，就表示这是一个空帧，应当丢弃。

首部中的地址字段 A 规定为 0xFF(即 11111111)，控制字段 C 规定为 0x03(即 00000011)。最初曾考虑以后再对这两个字段的值进行其他定义，但至今也没有给出，可见这两个字段实际上并没有携带 PPP 帧的信息。

PPP 首部的第四个字段是 2 字节的协议字段。当协议字段为 0x0021 时，PPP 帧的信息字段就是 IP 数据报。若为 0xC021，则信息字段是 PPP 链路控制协议(LCP)的数据，而 0x8021 表示这是网络层的控制数据。

信息字段的长度是可变的，不超过 1500 字节。

尾部中的第一个字段(2 字节)是使用 CRC 的帧检验序列(FCS)。

2. 透明传输：字节填充法

异步传输网络中，PPP 协议使用字节填充法完成透明传输。当信息字段中出现和标志字段一样的比特(0x7E)组合时，就必须采取一些措施使这种形式上和标志字段一样的比特组合不出现在信息字段中。

当 PPP 使用异步传输时，它把转义符定义为 0x7D(即 01111101)，并使用字节填充，RFC1662 规定了如下所述的填充方法：

(1) 把信息字段中出现的每一个 0x7E 字节转变成 2 字节序列(0x7D，0x5E)。

(2) 若信息字段中出现一个 0x7D 的字节(即出现了和转义字符一样的比特组合)，则把 0x7D 转变成为 2 字节序列(0x7D,0x5D)。

(3) 若信息字段中出现 ASCII 码的控制字符(即数值小于 0x20 的字符)，则在该字符前面要加入一个 0x7D 字节，同时将该字符的编码加以改变。例如，出现 0x03(在控制字符中是传输结束 ETX)，就要把它转变为 2 字节序列(0x7D,0x23)。

由于在发送端进行了字节填充，因此在链路上传送的信息字节数超过了原来的信息字节数。但接收端在收到数据后再进行与发送端字节填充相反的变换，就可以正确地恢复出原来的信息。

3. 透明传输：零比特填充法

同步传输网络中，PPP 协议使用零比特填充法完成透明传输。在发送端，先扫描整个信息字段，只要发现有 5 个连续的 1，就立即在这 5 个 1 的后面加一个 0，这样就可以保证在信息字段中不会出现 6 个连续的 1，从而可以和标志字段 F(01111110)区分开。接收端在收到一个帧时，先找到标志字段 F 以确定一个帧的边界，接着再用硬件对其中的比特流进行扫描。每当发现 5 个连续的 1 时，就把这 5 个连续 1 后的那个 0 删除，以还原成原来的信息比特流，如图 3-8 所示。这样就保证了透明传输，在所传送的数据比特流中可以传送任意组合的比特流，而不会引起对帧边界的错误判断。

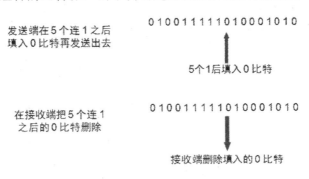

图 3-8　零比特填充法

4. 差错检测

PPP 协议中仍然使用(CRC)循环冗余校验方法进行差错检测，前面已经详细介绍过，这里不再重复。

3.3.3　PPP 协议的工作过程

上一节我们通过 PPP 帧的格式讨论了 PP 帧是怎样组成的。但 PPP 链路一开始是怎样被初始化的？当用户拨号接入 ISP 后，就建立了一条从用户个人电脑到 ISP 的物理连接。这时，用户个人电脑向 ISP 发送一系列的链路控制协议(LCP)分组(封装成多个 PPP 帧)，以便建立 LCP 连接。这些分组及其响应选择了将要使用的一些 PPP 参数。接着还要进行网络层配置，网络控制协议(NCP)给新接入的用户个人电脑分配一个临时的 IP 地址。这样，用户个人电脑就成为互联网上的一个有 IP 地址的主机了。

当用户通信完毕时，NCP 释放网络层连接，收回原来分配出去的 IP 地址。接着，LCP 释放数据链路层连接，最后释放的是物理层的连接。上述过程可用图 3-9 来描述。PPP 链路的起始和终止状态永远是图 3-9 中的链路静止(Link Dead)状态，这时在用户个人电脑和 ISP 的路由器之间并不存在物理层的连接。

当用户个人电脑通过调制解调器呼叫路由器时(通常是在屏幕上用鼠标点击一个连接按钮)，路由器就能够检测到调制解调器发出的载波信号。在双方建立物理层连接后，PPP 就进入链路建立(Link Established)状态，其目的是建立链路层的 LCP 连接。

这时 LCP 开始协商一些配置选项，即发送 LCP 的配置请求帧(Configure-Request)。这是个 PPP 帧，其协议字段置为 LCP 对应的代码，而信息字段包含特定的配置请求。链路的另一端可以发送以下几种响应中的一种：

(1) 配置确认帧(Configure-Ack)所有选项都接受。

(2) 配置否认帧(Configure-Nak)所有选项都理解但不能接受。

(3) 配置拒绝帧(Configure-Reject)选项有的无法识别或不能接受，需要协商。

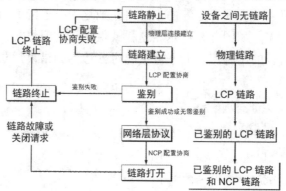

图 3-9　PPP 协议的状态

　　LCP 配置选项包括链路上的最大帧长、所使用的鉴别协议(Authentication Protocol)的规约(如果有的话)，以及不使用 PPP 帧中的地址和控制字段(因为这两个字段的值是固定的，没有任何信息量，可以在 PPP 帧的首部中省略这两个字节)。

　　协商结束后双方就建立了 LCP 链路，接着就进入鉴别(Authenticate)状态。在这一状态，只允许传送 LCP 协议的分组、鉴别协议的分组以及监测链路质量的分组。若使用口令鉴别协议(Password Authentication Protocol，PAP)，则需要发起通信的一方发送身份标识符和口令。系统可允许用户重试若干次。如果需要有更好的安全性，则可使用更加复杂的口令握手鉴别协议(Challenge-Handshake Authentication Protocol，CHAP)。若鉴别身份失败，则转到链路终止(Link Terminate)状态。若鉴别成功，则进入网络层协议(Network-Layer Protocol)状态，如图 3-9 所示。

　　在网络层协议状态，PPP 链路的两端的网络控制协议(NCP)根据网络层的不同协议互相交换网络层特定的网络控制分组。这个步骤很重要，因为现在的路由器都能够同时支持多种网络层协议。总之，PPP 协议两端的网络层可以运行不同的网络层协议，但仍然可使用同一个 PPP 协议进行通信。

　　如果在 PPP 链路上运行的是 IP 协议,则对 PPP 链路的每一端配置 IP 协议模块(如分配 IP 地址)时就要使用 NCP 中支持 IP 的协议——IP 控制协议(IP Control Protocol，IPCP)。PCP 分组也封装成 PPP 帧(其中的协议字段为 0x8021)在 PPP 链路上传送。在低速链路上运行时，双方还可以协商使用压缩的 TCP 和 IP 首部，以减少在链路上发送的比特数。当网络层配置完毕后，链路就进入可进行数据通信的链路打开 (Link Open)状态。链路的两个 PPP 端点可以彼此向对方发送分组。两个 PPP 端点还可发送回送请求 LCP 分组(Echo-Request)和回送回答 LCP 分组(Echo-Reply)，以检查链路的状态。

　　数据传输结束后，可以由链路的一端发出终止请求 LCP 分组(Terminate-Request)请求终止链路连接，在收到对方发来的终止确认 LCP 分组(Terminate-Ack)后，转到链路终止状态。如果链路出现故障，也会从"链路打开"状态转到"链路终止"状态。当调制解调器的载波停止后，则回到"链路静止"状态。

　　图 3-9 中右方的方框给出了对 PPP 协议的几个状态的说明。从设备之间无链路开始，到先建立物理链路，再建立链路控制协议 LCP 链路。经过鉴别后再建立网络控制协议 NCP 链路，然后才能交换数据。由此可见，PPP 协议已不是纯粹的数据链路层的协议，它还包含了物理层和网络层的内容。

3.4　使用广播信道的数据链路层

3.4.1　局域网标准

　　以太网是局域网应用最成功且具有垄断性的实例。因此，局域网标准以以太网标准为代表。

　　1975 年，美国施乐(Xerox)公司的 Palo Alto 研究中心(PARC)研制了以太网，它是基带总线局域网，当时的数据率为 2.94Mb/s。

　　1980 年，DCE 公司、英特尔(Intel)公司和施乐公司联合提出了 DIX VI-10Mb/s 以太网规约。

　　1982 年修改为第 2 版规约 DIX Ethernet V2，成为世界上第一个局域网产品的规约。

　　1983 年，IEEE 802 委员会制定了第一个 IEEE 以太网标准 IEEE 802.3，数据率为 10Mb/s。IEEE 802.3 标准与 DIX Ethernet V2 标准差别很小，IEEE 802 委员会为了让数据链路层更好地适应多种局域网标准，把局域网的数据链路层拆成两个子层，即逻辑链路控制子层(Logical Link Control，LLC)和媒体接入控制子层(Medium Access Control，MAC)，把与接入传输媒体有关的内容都放在 MAC 子层，与传输媒体无关的内容放于 LLC 子层，如图 3-10 所示。

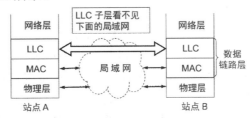

图 3-10　数据链路层的两个子层

　　然而 20 世纪 90 年代后，激烈竞争的局域网市场逐渐明朗。以太网在局域网市场中已取得了垄断地位，并且几乎成为了局域网的代名词。由于互联网发展很快而 TCP/IP 经常使用的局域网只剩下 DIX Ethernet V2，而不是 IEEE 802.3 标准中的局域网，因此现在 IEEE 802 委员会制定的逻辑链路控制子层 LLC(即 IEEE 802.2 标准)的作用已经消失，很多厂商生产的适配器上就仅装有 MAC 协议而没有 LLC 协议。

　　计算机与外界局域网的连接是通过通信适配器(adapter)。适配器本来是在主机箱内插入的一块网络接口板(或者是在笔记本电脑中插入一块的 PCMCIA 卡——个人计算机存储器卡接口适配器)。这种接口板又称为网络接口卡(Network Interface Card，NIC)或简称为网卡。在适配器上面装有处理器和存储器(包括 RAM 和 ROM)。适配器和局域网之间的通信是通过电缆或双绞线以串行传输方式进行的，而适配器和计算机之间的通信则通过计算机主板上的 I/O 总线以并行传输方式进行。因此，适配器的一个重要功能就是要进行数据串行传输和并行传输的转换。由于网络上的数据率和计算机总线上的数据率并不相同，因此在适配器中必须装有对数据进行缓存的存储芯片。若在主板上插入适配器时，还必须把管理该适配器的设备驱动程序安装在计算机的操作系统中。这个驱动程序以后就会告诉适配器，应当从存储器的什么位置上把多长的数据块发送到局域网，或者应当在存储器的什么位置上把局域网传送过来的数据块存储下来。适配器还要能够实现以太网协议。适配器的内容虽然是放在数据链路层中讲授，但适配器所实现的功能却包含了数据链路层及物理层这两个层次的功能。

适配器的重要功能如下：

(1) 进行串/并行转换。

(2) 对数据进行缓存。

(3) 在计算机的操作系统安装设备驱动程序。

(4) 实现以太网协议。

3.4.2 广播信道的共享

共享信道要着重考虑的一个问题就是如何使众多用户能够合理而方便地共享通信媒体资源。共享信道有两种方法：

(1) 静态划分信道，如在第 2 章中已经介绍过的频分复用、时分复用、波分复用和码分复用等。用户只要分配到了信道就不会和其他用户发生冲突，这种划分信道的方法代价较高，不适合局域网使用。

(2) 动态媒体接入控制，又称为多点接入(Multiple Access)，其特点是信道并非在用户通信时固定分配给用户。动态媒体接入控制又可以分为以下两类：

① 随机接入。随机接入的特点是所有的用户可随机地发送信息。但如果恰巧有两个或更多的用户在同一时刻发送信息，那么在共享媒体上就要产生碰撞(即发生了冲突)，得这些用户的发送都失败。因此，必须有解决碰撞的网络协议。随机接入在目前的局域网中使用较多。

② 受控接入。受控接入的特点是用户不能随机地发送信息而必须服从一定的控制。这类的典型代表有分散控制的令牌环局域网和集中控制的多点线路探询，或称为轮询。受控接入在目前的局域网中使用较少。

3.4.3 CSMA/CD 协议

在广播型信道(如总线型网中的总线)中，信道(或介质)是各站点的共享资源，所有站点都可以访问这个共享资源。但为了防止多个站点同时访问造成的冲突或信道被某一站点长期占用，必须有一种所有站点都要遵守的规则(或称访问控制方法)，以便使它们安全、公平地使用信道。CSMA/CD(Carrier Sense Multiple Access/Collision Detection)就是一种在局域网中使用最广泛的介质访问控制方法。CSMA/CD 主要解决两个问题：一是各站点如何访问可共享介质，二是如何解决同时访问造成的冲突。

CSMA/CD 是一种采用随机访问技术的竞争型(有冲突的)介质访问控制方法。根据 CSMA/CD 的规定，网络中的站点都必须具有判断信道忙(闲)的能力，判断的方法是利用站点上的接收器接收信道上传输的信号。如果信号有变化(即有载波)，说明信道正在被其他站点使用(称为信道忙)；如果信道上没有信号变化，信道就处于空闲状态。

1. 基本的 CSMA 介质访问方法的算法

具体有以下几种：

(1) 一个站要发送信息时，首先需监听总线，以确定介质上是否有其他站发送的信号。

(2) 如果介质是空闲的(没有其他站点发送)，则可以发送。

(3) 如果介质非空闲(其他站点正在发送)，则等待一定的间隔时间后重试。

对于基本的 CSMA 介质访问方法，在没有冲突的情况下，其介质的最大利用率取决于帧的长度和传播时间。帧越长或传播时间越短，则介质利用率越高。在上述第三步中"等待一定的间隔时间"称为坚持退避，对间隔时间的确定有不同的坚持退避算法。

2. 带有冲突检测的载波监听多路访问方法(CSMA/CD)

由于信道的传播延迟，当总线上的两个站点监听到总线上空闲而同时发送帧时，采用 CSMA 算法，仍会产生冲突，如图 3-11 所示。如果站点 A 已发送了一帧，在该帧的传播时延期间内，如果站点 B 也发送帧，则站点 B 发送的帧就会和站点 A 发送的帧冲突。由于 CSMA 算法没有检测冲突的功能，所以即使冲突已发生，站点 A 和站点 B 都仍然要将已破坏的帧发送完，从而使总线的利用率降低，如图 3-11 所示。

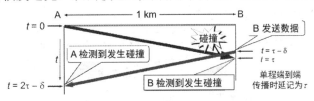

图 3-11　CSMA 方法中的数据碰撞

对于 CSMA 算法的一种改进方案是可以提高总线的利用率，它被称为带有冲突检测的载波监听多路访问协议，简写为 CSMA/CD。这种协议已被广泛应用于局域网中。CSMA/CD 协议的规则是：

(1) 如果介质空闲，则发送；

(2) 如果介质非空闲，则继续监听，一旦发现介质空闲，就立即发送。

(3) 站点在发送帧的同时需要继续监听是否发生冲突(碰撞)，若在帧发送期间检测到冲突，就立即停止发送，并向介质发送一串阻塞信号，以强化冲突(发送阻塞信号的目的是保证让总线上的其他站点都知道已发生了碰撞)。

(4) 随机延迟后重发。

注意，规则中重发的次数不是任意的，具体将在后续内容中予以说明。

从以上 CSMA/CD 协议规则可知，如果发送时产生冲突，所有站点都将停止数据发送，然后再按竞争规则来竞争总线的使用权，这样就提高了总线的利用率，使得通道的容量不致因白白传送已损坏的帧而浪费掉。

既然每一个站在发送数据之前已经监听到信道为"空闲"，那么为什么还会出现数据在总线上的碰撞呢？这是因为电磁波在总线上总是以有限的速率传播。这和我们开讨论会时相似。一听见会场安静，我们就立即发言，但偶尔也会发生几个人同时抢着发言而产生冲突的情况。图 3-12 所示的例子可以说明这种情况。设图中的局域网两端的站 A 和 B 相距 1km，用同轴电缆相连。电磁波在 1km 电缆的传播时延约为 5μs(这个数字应当记住)。因此，A 向 B 发出的数据，在约 5μs 后才能传送到 B。换言之，B 若在 A 发送的数据到达 B 之前发送自己的帧(因为这时 B 的载波监听检测不到 A 所发送的信息)，则必然要在某个时间和 A 发送的帧发生碰撞。碰撞的结果是两个帧都变得无用。在局域网的分析中，常把总线上的单程端到端传播时延记为 τ。发送数据的站希望尽早知道是否发生了碰撞。那么，A 发送数据后，最迟要经过多长时间才能知道自己发送的数据和其他站发送的数据有没有发生碰撞？从图 3-12 不难看出，这个时间最多是两倍的总线端到端的传播时延(2τ)，或总线的端到端往返传播时延。由于局域网上任意两个站之间的传播时延有长有短，因此局域网必须按最坏情况设计，即取总线两端的两个站之间的传播时延(这两个站之间的距离最大)为端到端传播时延。

显然，在使用 CSMA/CD 协议时，一个站不可能同时进行发送和接收(但必须边发送边监听信道)，因此使用 CSMA/CD 协议的局域网不可能进行全双工通信而只能进行双向交替通信(半双工通信)。

下面是图 3-12 中的一些重要的时刻。

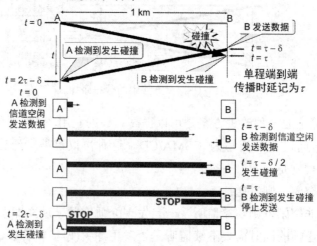

图 3-12　CSMA/CD 方法中的数据发送

在 $t=0$ 时，A 发送数据，B 检测到信道为空闲。

在 $t=\tau-\delta$ 时，A 发送的数据还没有到达 B 时，由于 B 检测到信道是空闲的，因此 B 发送数据。

在 $t=\tau-\delta/2$ 时，A 发送的数据和 B 发送的数据发生了碰撞，但这时 A 和 B 都不知道发生了碰撞。

在 $t=\tau$ 时，B 检测到发生了碰撞，于是停止数据发送。

在 $t=2\tau-\delta$ 时，A 也检测到发生了碰撞，因而也停止发送数据。A 和 B 发送数据均失败，它们都要推迟一段时间再重新发送。

由此可见，每一个站在自己发送数据之后的一小段时间内，存在着遭遇碰撞的可能性。这一小段时间是不确定的，它取决于另一个发送数据的站到本站的距离。因此，以太网不能保证某一时间之内一定能够把自己的数据帧成功地发送出去(因为存在产生碰撞的可能)。以太网的这一特点称为发送的不确定性。如果希望在以太网上发生碰撞的机会很小，必须使整个以太网的平均通信量远小于以太网的最高数据率。

从图 3-12 可看出，最先发送数据帧的 A 站，在发送数据帧后至多经过时间 2τ 就可知道所发送的数据帧是否遭受了碰撞。这就是 $\delta\to0$ 的情况。因此以太网的端到端往返时间 2τ 称为争用期(Contention Period)，它是一个很重要的参数。争用期又称为碰撞窗口(Collision Window)。这是因为一个站在发送完数据后，只有通过争用期的"考验"，即经过争用期这段时间还没有检测到碰撞，才能肯定这次发送不会发生碰撞。这时，就可以放心地把这一帧数据顺利发送完毕。

以太网使用截断二进制指数退避(Truncated Binary Exponential Backoff)算法来确定碰撞后重传的时机。截断二进制指数退避算法并不复杂。这种算法让发生碰撞的站在停止发送数据后，不是等待信道变为空闲后就立即再发送数据，而是推迟(这叫做退避)一个随机的时间。这点很容易理解，因为如果几个发生碰撞的都在监听信道，那么都会同时发现信道变成了空闲。如果大家都同时再重新发送，肯定又会发生碰撞。为了使各站进行重传时再次发生冲突的概率减小。具体的退避算法如下：

(1) 协议规定了基本退避时间为争用期 2τ,具体的争用期时间是 $51.2\mu s$。对于 10Mb/s 以太网，在争用期内可发送 512 位，即 64 字节。也可以说争用期是 512 比特时间。1 比特时间就是发送 1 比特所需的时间，所以这种时间单位与数据率密切相关。

(2) 从离散的整数集合 $\{0,1,\ldots,(2^k-1)\}$ 随机取出一个数，记为 r。重传应推迟的时间就是 r 倍的争用期。上面的参数 k 按下面的公式计算：

$$k=\mathrm{Min}\{\text{重传次数，10}\}$$

可见当重传次数不超过 10 时，参数 k 等于重传次数：但当重传次数超过 10 时，k 就不再增大而一直等于 10。

(3) 当重传达 16 次仍不能成功时(这表明同时打算发送数据的站太多，以致连续发生冲突)，则丢弃该帧，并向高层报告。

例如，在第 1 次重传时，$k=1$，随机数 r 从整数 $\{0,1\}$ 中选一个数。因此重传的站可选择的重传推迟时间是 0 或 2τ，在这两个时间中随机选择一个。

若再发生碰撞，则在第 2 次重传时，$k=2$，随机数 r 就从整数 {0,1,2,3} 中选一个数。因此重传推迟的时间是在 0，2τ，4τ 和 6τ 这 4 个时间中随机地选取一个。

同样，若再发生碰撞，则重传时 $k=3$，随机数 r 就从整数 {0,1,2,3,4,5,6,7} 中选一个数。以此类推。

若连续多次发生冲突，就表明可能有较多的站参与争用信道。但使用上述退避算法可使重传需要推迟的平均时间随重传次数而增大(这也称为动态退避)，因而减小发生碰撞的概率，有利于整个系统的稳定。

我们还应注意到，适配器每发送一个新的帧，就要执行一次 CSMA/CD 算法。适配器对过去发生过的碰撞并无记忆功能。因此，当好几个适配器正在执行指数退避算法时，很可能有某一个适配器发送的新帧能够碰巧立即成功地插入到信道中，得到发送权，而已经推迟好几次发送的站，有可能很不巧，还要继续执行退避算法，继续等待。

现在考虑一种情况。某个站发送了一个很短的帧，但发生了碰撞，不过在这个帧发送完毕后发送站才检测到发生了碰撞。已经没有办法中止帧的发送，因为这个帧早已发送完了。这样，在发送完毕之前没有检测出碰撞，这显然是我们所不希望的。为了避免发生这种情况，以太网规定了一个最短帧长 64 字节，即 512 位。如果要发送的数据非常少，那么必须加入一些填充字节，使帧长不小于 64 字节。对于 10Mb/s 以太网，发送 512 位的时间需要 51.2μs，也就是上面提到的争用期。

由此可见，以太网在发送数据时，如果在争用期(共发送了 64 字节)没有发生碰撞，那么后续发送的数据就一定不会发生冲突。换句话说，如果发生碰撞，就一定是在发送的前 64 字节之内。由于检测到冲突就立即终止发送，这时已经发送出去的数据一定小于 64 字节，因此凡长度小于 64 字节的帧都是由于冲突而异常中止的无效帧。只要收到了这种无效帧，就应当立即将其丢弃。

3.4.4 以太网的 MAC 层

1. MAC 层的硬件地址

MAC 地址又称为网络设备物理地址(或更简单地称为物理地址)，也可以叫做硬件地址，它是网络上用于识别一个网络硬件设备的标识符。IEEE802.3 标准规定 MAC 地址的长度可以是 6B(48 位)，也可以是 2B(16 位)，但通常情况下都是采用 6B 的地址。当采用 6B 地址时，地址的个数为 2^{46} 个(MAC 地址中有 2 位作为特殊用途，所以真正用于标识地址的位只有 46 位)，约 70 万亿个，这个数量完全可以使全世界所有局域网上的站点都具有不同的地址。

MAC 地址字段的前三个字节(高 24 位)称为机构唯一标识符(Organization Unique Identifier，OUI)，用以标识设备生产厂商。例如，3Com 公司生产的网络接口卡(Network Interface Card，NIC)的 MAC 地址的前三个字节是 02608C。地址字段中的后 3 个字节(低 24 比特)称为扩展标识符(Extended Identifier，EI)，用以标识生产出来的每个联网设备。扩展标识符由厂家自行指派，只要保证不重复即可。由于厂商在生产时通常已将 MAC 地址固化在网络设备的硬件中，因此 MAC 地址也常被称为硬件地址。我们最常见的具有 MAC 地址的联网设备就是网络接口卡(简称网卡)。当一块网卡插入到某台计算机后，网卡的 MAC 地址就成为这台计算机的 MAC 地址。如果一台计算机插入了两块网卡，那么这台计算机就有两个 MAC 地址。路由器就是具有多个 MAC 地址的典型例子。

IEEE 规定 MAC 地址的第一字节的最低位为 I/G 位。当 I/G 位为 0 时，MAC 地址表示单个站地址(Individual Address)；当 I/G 位为 1 时，则表示组地址(Group Address)，用来进行组播。第一字节的次低位为 G/L 位，当 G/L 位为 0 时，表示 MAC 地址是全局管理地址，MAC 地址的前 24 位由 ISO 或 IEEE 这类机构进行全球管理。当 G/L 位为 1 时，表示 MAC 地址是本地管理地址，这时用户可任意分配网络上的地址。应当指出的是，以太网几乎不使用这个 G/L 位，通常 G/L 位始终设置为 0。

MAC 地址在书写成二进制数时有一些微妙的变化。MAC 地址的二进制记法有两种。一种记法是将每一个字节的高位写在最左边，如第一字节 02 就变为 00000010。这种记法和平常习惯的二进制数字的记法一致，即每一个字节的高位写在最左边。这种记法也与 IEEE 802.5(令牌环)和 FDDI 中的发送顺序相同，即每一个字节的高位先发送，低位后发送。另一种记法是将每一个字节的高位写在最右边，如第一字节 02 就变成为 01000000。这种记法的好处是和 IEEE802.3 以太网中位的发送顺序一致，即每一个字节中，低位先发送，高位后发送。

但要注意，不管哪种局域网，字节发送顺序总是按第一个字节最先发送的规则操作。

MAC 地址有三种类型：

(1) 单播(Unicast)地址(一对一)。拥有单播地址的帧将发送给网络中唯一一个由单播地址指定的站点。当 MAC 地址中的 I/G 位为 0 时，就表示该 MAC 地址是单播地址。

(2) 广播(Broadcast)地址(一对全体)。当目的地址为广播地址时，表示该帧将发送给所有站点。广播地址是所有位都为 1(写成十六进制就是 FF-FF-FF-FF-FF-FF)的 MAC 地址。

(3) 多播(Multicast)地址(一对多)。当目的地址为多播地址时，表示该帧将发送给网络中一部分(一组)站点。多播地址是 I/G 位为 1 的 MAC 地址。

显然，只有目的地址(DA)才能使用广播地址和多播地址，而源地址则没有单播、广播和多播地址之分。

2. MAC 帧的格式

常用的以太网 MAC 帧格式有两种标准，一种是 DIX Ethernet V2 标准(即以太网 V2 标准)，另一种是 IEEE 的 802.3 标准。这里只介绍使用得最多的以太网 V2 的 MAC 帧格式，如图 3-13 所示。图中假定网络层使用的是 IP 协议，使用其他协议也是可以的。

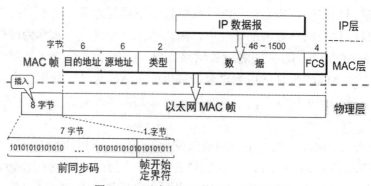

图 3-13　以太网 V2 的 MAC 帧格式

以太网 V2 的 MAC 帧比较简单，由 5 个字段组成。前两个字段分别为 6 字节长的目的地址和源地址字段。第三个字段是 2 字节的类型字段，用来标志上一层使用的是什么协议，以便把收到的 MAC 帧的数据上交给上一层的这个协议。例如，当类型字段的值是 0x0800 时，就表示上层使用的是 IP 数据报。若类型字段的值为 0x8137，则表示该帧是由 Novell IPX 发过来的。第四个字段是数据字段，其长度在 46 到 1500 字节之间(46字节是这样得出的：最小长度 64 字节减去 18 字节的首部和尾部)。最后一个字段是 4 字节的帧检验序列 FCS(使用 CRC 检验)。当传输媒体的误码率为 1×10^{-8} 时，MAC 子层可使未检测到的差错小于 1×10^{-14}。

这里我们要指出，在以太网 V2 的 MAC 帧格式中，其首部并没有一个帧长度(或数据长度)字段。那么，MAC 子层又怎样知道从接收到的以太网帧中取出多少字节的数据交付上一层协议呢？我们在前面讲述曼彻斯特编码时已经讲过，这种曼彻斯特编码的一个重要特点就是：在曼彻斯特编码的每一个码元(不管码元是 1 或 0)的正中间一定有一次电压的转换(从高到低或从低到高)。当发送方把一个以太网帧发送完毕后，就不再发送其他码元了(既不发送 1，也不发送 0)。因此，发送方网络适配器的接口上的电压也就不再变化了。这样，接收方就可以很容易地找到以太网帧的结束位置。在这个位置往前数4 字节(FCS 字段长度是 4 字节)，就能确定数据字段的结束位置。

当数据字段的长度小于 46 字节时，MAC 子层就会在数据字段的后面加入一个整数字节的填充字段，以保证以太网的 MAC 帧长不小于 64 字节。我们应当注意到，MAC帧的首部并没有指出数据字段的长度是多少。在有填充字段的情况下，接收端的 MAC子层在剥去首部和尾部后就把数据字段和填充字段一起交给上层协议。现在的问题是：上层协议如何知道填充字段的长度(IP 层应当丢弃没有用处的填充字段)？可见，上层协议必须具有识别有效的数据字段长度的功能。我们知道，当上层使用 IP 协议时，其首部就有一个"总长度"字段。因此，"总长度"加上填充字段的长度，应当等于 MAC 帧数据字段的长度。例如，当 IP 数据报的总长度为 42 字节时，填充字段共有 4 字节。当MAC 帧把 46 字节的数据上交给 IP 层后，IP 层就把最后 4 字节的填充字段丢弃。

从图 3-13 可看出，在传输媒体上实际传送的要比 MAC 帧还多 8 个字节。这是因为当一个站在刚开始接收 MAC 帧时，由于适配器的时钟尚未与到达的比特流达成同步，因此 MAC 帧的最前面的若干位就无法接收，结果使整个 MAC 成为无用的帧。为了与接收端迅速实现位同步，从 MAC 子层向下传到物理层时还要在帧的前面插入 8 字节(由硬件生成),它由两个字段构成。第一个字段是 7 个字节的前同步码(1 和 0 交替码)，它的作用是使接收端的适配器在接收 MAC 帧时能够迅速调整其时钟频率，使它和发送端的时钟同步，也就是"实现位同步"(位同步就是比特同步的意思)。第二个字段是帧开始定界符，定义为 10101011。它的前六位的作用和前同步码一样，最后的两个连续的 1 就是告诉接收端适配器：MAC 帧的信息马上就要来了，让适配器注意接收。MAC 帧的 FCS 字段的检验范围不包括前同步码和帧开始定界符。顺便指出，在使用 SONET/SDH 进行同步传输时则不需要用前同步码，因为在同步传输时收发双方的位同步总是一直保持着的。

还需注意，在以太网上传送数据时是以帧为单位传送。以太网在传送帧时，各帧之间还必须有一定的间隙。因此，接收端只要找到帧开始定界符，其后面的连续到达的比特流就都属于同一个 MAC 帧。可见以太网不需要使用帧结束定界符，也不需要使用字节插入来保证透明传输。

IEEE 802.3 标准规定凡出现下列情况之一的即为无效的 MAC 帧：

(1) 帧的长度不是整数个字节；

(2) 用收到的帧检验序列 FCS 查出有差错；

(3) 收到的帧的 MAC 客户数据字段的长度不在 46~1500 字节之间。考虑到 MAC 帧首部和尾部的长度共有 18 字节，可以得出有效的 MAC 帧长度为 64~1518 字节。

对于检查出的无效 MAC 帧就简单地丢弃。以太网不负责重传丢弃的帧。

IEEE802.3 标准规定的 MAC 帧格式与上面所讲的以太网 V2 MAC 帧格式的区别就是以下两个地方。

(1) IEEE 802.3 规定的 MAC 帧的第三个字段是长度/类型。当这个字段值大于 0x0600 时(相当于十进制的 1536)，就表示"类型"，这样的帧和以太网 V2 MAC 帧完全一样。只有当这个字段值小于 0x0600 时才表示"长度"，即 MAC 帧的数据部分长度。显然，在这种情况下，若数据字段的长度与长度字段的值不一致，则该帧为无效的 MAC 帧。实际上，前面我们已经讲过，由于以太网采用了曼彻斯特编码，长度字段并无实际意义。

(2) 当"长度/类型"字段值小于 0x0600 时，数据字段必须装入上面的逻辑链路控制 LLC 子层的 LLC 帧。

3.5　扩展以太网

构建网络的目的之一就是资源共享，当资源需要在更大范围内共享时，就需要把多个网络互联起来。一般来说，局域网的互联可以在四个层次上实现：物理层、数据链路层、网络层和更高层。本节主要介绍在物理层、数据链路层上实现的局域网扩展。

3.5.1　在物理层扩展以太网

在物理层扩展局域网要使用中继器或集线器。我们已经知道，中继器或集线器的主要功能是将一段干线(或一个端口)上的信号放大、整形再发送到另一段干线上(或其他端口上)。这种转发操作只发生在物理层，不需要送到数据链路层处理，或者说中继器或集线器不会关心所传送的帧的内容。

集线器具有如下特点：

(1) 从表面上看，使用集线器的局域网在物理上是一个星状网，但由于集线器是使用电子器件来模拟实际电缆线的工作，因此整个系统仍像一个传统以太网那样运行。也就是说，使用集线器的以太网在逻辑上仍是一个总线网，各站共享逻辑上的总线，使用的还是 CSMA/CD 协议(更具体地说，是各站中的适配器执行 CSMA/CD 协议)。网络中的各站必须竞争对传输媒体的控制，并且在同一时刻至多只允许一个站发送数据。因此这种 10BASE-T 以太网又称为星状总线(Star-Shaped Bus)或盒中总线(Bus in a Box)。

(2) 一个集线器有许多接口，例如，8 至 16 个，每个接口通过 RJ-45 插头(与电话机使用的插头 RJ-11 相似，但略大一些)用两对双绞线与一个工作站上的适配器相连(这种插座可连接 4 对双绞线，实际上只用 2 对，即发送和接收各使用一对双绞线)。因此，一个集线器很像一个多接口的转发器。

(3) 集线器工作在物理层，它的每个接口仅简单地转发比特，收到 1 就转发 1，收到 0 就转发 0，不进行碰撞检测。若两个接口同时有信号输入(即发生碰撞)，那么所有的接口都将收不到正确的帧。图 3-14 是具有三个接口的集线器的示意图。

(4) 集线器采用了专门的芯片，进行自适应串音回波抵消。这样就可使接口转发出去的较强信号不致对该接口接收到的较弱信号产生干扰(这种干扰即近端串音)。每个比特在转发前还要进行再生整形并重新定时。

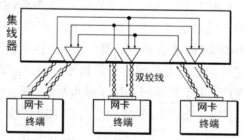

图 3-14　具有三个接口的集线器

集线器本身必须非常可靠。现在的堆叠式集线器由 4~8 个集线器堆叠起来使用。集线器一般都有少量的容错能力和网络管理功能。例如，假定在以太网中有一个适配器出了故障，不停地发送以太网帧。这时，集线器可以检测到这个问题，在内部断开与出故障的适配器的连线，使整个以太网仍然能够正常工作。模块化的机箱式智能集线器有很高的可靠性。它全部的网络功能都以模块方式实现。各模块均可进行热插拔，出故障时不断电即可更换或增加新模块。集线器上的指示灯还可显示网络上的故障情况，给网络的管理带来很大的方便。

如图 3-15 所示，三个部门分别用一个集线器连接成为独立的三个碰撞域，如果要通过物理层的扩展得到更大的一个局域网，实现多个集线器的互联，往往不再使用中继器，可以再使用一个集线器将三个集线器连接起来，得到一个更大的碰撞域，如图 3-16 所示。

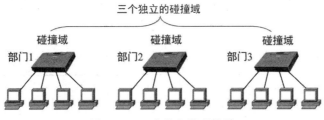

图 3-15　三个独立的碰撞域

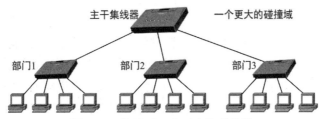

图 3-16　扩展后一个更大的碰撞域

在物理层上扩展局域网非常简单，基本上可以做到即插即用，使原来属于不同碰撞域的局域网上的计算机能够进行跨碰撞域的通信，扩大了局域网覆盖的范围。但它也存在以下严重的缺点：

(1) 随着网络的扩展，网络中站点增多，冲突变得更加严重，响应速度变慢。

(2) 不能互联不同类型(例如速度不同或介质访问控制方法不同)的局域网。

(3) 受到争用时隙限制，扩展范围有限，无法实现远距离的互联。

(4) 碰撞域增大了，但总的吞吐量并未提高。

3.5.2　在数据链路层扩展以太网

在数据链路层扩展以太网要使用网桥(Bridge)。网桥工作在数据链路层，它根据 MAC 帧的目的地址对收到的帧进行转发和过滤。当网桥收到一个帧时，并不是向所有的接口转发此帧，而是先检查此帧的目的 MAC 地址，然后再确定将该帧转发到哪一个接口，或者是把它丢弃(即过滤)。

1. 网桥的内部结构

如图 3-17 给出了一个网桥的内部结构要点。最简单的网桥有两个接口，复杂些的网桥可以有多个接口。两个以太网通过网桥连接起来后，就成为一个覆盖范围更大的以太网，而原来的每个以太网就可以称为一个网段(Segment)。图中 3-17 所示的网桥，其接口 1 和接口 2 各连接到一个网段。

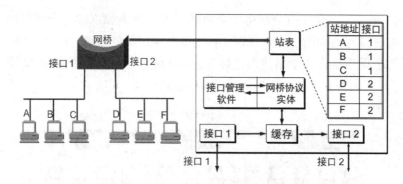

图 3-17 网桥内部结构

网桥依靠转发表来转发帧。转发表也叫做转发数据库或路由目录。至于转发表如何得出,我们将在下一节内容中讨论。在图 3-17 中,若网桥从接口 1 收到 A 发给 E 的帧,则在查找转发表后,把这个帧送到接口 2 转发到另一个网段,使 E 能够收到这个帧。若网桥从接口 1 收到 A 发给 B 的帧,就丢弃这个帧,因为转发表指出,转发给 B 的帧应当从接口 1 转发出去,而现在正是从接口 1 收到这个帧,这说明 B 和 A 处在同一个网段上,B 能够直接收到这个帧而不需要借助于网桥的转发。

网桥是通过内部的接口管理软件和网桥协议实体来完成上述操作的。使用网桥可以带来以下好处:

(1) 过滤通信量,增大吞吐量。网桥工作在数据链路层的 MAC 子层,可以使以太网各网段成为隔离开的碰撞域。如果把网桥换成工作在物理层的集线器,那就没有这种过滤通信量的功能。

(2) 扩大了物理范围,因而也增加了整个以太网上工作站的最大数目。

(3) 提高了可靠性。当网络出现故障时,一般只影响个别网段。

(4) 可互连不同物理层、不同 MAC 子层和不同速率(如 100Mb/s 和 1000Mb/s 以太网)的以太网。

同时,网桥也有一些缺点,例如:

(1) 由于网桥对接收的帧要先存储和查找转发表,然后才转发,而转发之前,还必须执行 CSMA/CD 算法(发生碰撞时要退避),这就增加了时延,具有不同 MAC 子层的网段桥接在一起时时延更大。

(2) 在 MAC 子层并没有流量控制功能。当网络上的负荷很重时,网桥中缓存的存储空间可能不够而发生溢出,以致产生帧丢失的现象。

(3) 网桥只适合于用户数不太多(不超过几百个)和通信量不太大的以太网,否则有时还会因传播过多的广播信息而产生网络拥塞即产生广播风暴。

尽管如此,网桥仍获得了很广的应用,因为它的优点相比缺点更明显。

2. 透明网桥

目前使用得最多的网桥是透明网桥(Transparent Bridge),其标准是 IEEE 802.1D。"透明"是指以太网上的站点并不知道所发送的帧将经过哪几个网桥，以太网上的站点看不见以太网上的网桥。透明网桥还是一种即插即用设备(Plug-and-Play Device)，意思是只要把网桥接入局域网，不用人工配置转发表网桥就能工作。这点很重要，因为虽然从理论上讲，网桥中的转发表可以用手工配置，但若以太网上的站点数很多，并且站点位置或网络拓扑也经常变化，则人工配置转发表既耗时又很容易出错。透明网桥的转发表采用自学习算法建立。自学习算法的原理是若从某个站 A 发出的帧从接口 X 进入某网桥，那么从这个接口出发沿相反方向一定可以把帧传送到 A。那么，网桥每收到一个帧，就会记下它的发送端的地址和进入网桥的接口作为表中的一行记录。

我们一起来看看下面这个例子：

透明网桥 1 和透明网桥 2 连接了 3 段网络，如图 3-18 所示，最开始网桥的转发表是空的，通过不断的通信慢慢建立自己的转发表。

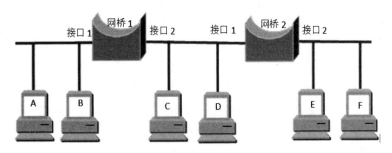

图 3-18 使用透明网桥连接网络

(1) A 节点给 C 节点发送数据。A 节点发出来的数据首先将发到网桥 1 的接口 1 处，网桥 1 收到这个数据后，立即检查自己的转发表，发现没有 A 节点的记录，于是记录下 A 节点的相关信息。由于接口 1 收到了 A 节点发来的数据，因此通过接口 1 可以把数据发给 A 节点。同时网桥 1 再检查 C 节点，发现 C 节点不在自己的转发表，因此网桥 1 转发数据。网桥 1 转发出来的数据网桥 2 也会通过接口 1 收到，于是也会去检查自己的转发表，记录下 A 节点的相关信息，同时转发收到的数据。此时网桥 1 和网桥 2 的转发表如图 3-19 所示。

发送的帧	网桥 1 的转发表		网桥 2 的转发表	
	地址	接口	地址	接口
A → C	A	1	A	1

图 3-19 网桥 1 和网桥 2 的转发表

(2) B 节点给 A 节点发送数据。B 节点发出来的数据首先将发到网桥 1 的接口 1 处，网桥 1 收到这个数据后，立即检查自己的转发表，发现没有 B 节点的记录，于是记录下 B 节点的相关信息。由于接口 1 收到了 B 节点发来的数据，因此通过接口 1 可以把数据发给 B 节点。同时网桥 1 再检查 A 节点，发现 A 节点在自己的转发表，同时又和 B 节点在同一个接口下，因此网桥 1 不转发数据，网桥 2 将收不到这条 B 发给 A 的数据。此时网桥 1 和网桥 2 的转发表如图 3-20 所示。

发送的帧	网桥 1 的转发表		网桥 2 的转发表	
	地址	接口	地址	接口
A → C	A	1	A	1
B → A	B	1		

图 3-20　网桥 1 和网桥 2 的转发表

(3) C 节点给 A 节点发送数据。C 节点发出来的数据首先将发到网桥 1 的接口 2 和网桥 2 的接口 1 处。网桥 1 收到这个数据后，立即检查自己的转发表，发现没有 C 节点的记录，于是记录下 C 节点的相关信息。由于接口 2 收到了 C 节点发来的数据，因此通过接口 2 可以把数据发给 C 节点。同时网桥 1 再检查 A 节点，发现 A 节点在自己的转发表，但和 C 节点不在同一个接口下，因此网桥 1 仍然要转发数据。网桥 2 收到这个数据后，立即检查自己的转发表，发现没有 C 节点的记录，于是记录下 C 节点的相关信息。由于接口 1 收到了 C 节点发来的数据，因此通过接口 1 可以把数据发给 C 节点。同时网桥 2 再检查 A 节点，发现 A 节点在自己的转发表，同时又和 C 节点在同一个接口下，因此网桥 2 不转发数据。此时网桥 1 和网桥 2 的转发表如图 3-21 所示。

发送的帧	网桥 1 的转发表		网桥 2 的转发表	
	地址	接口	地址	接口
A → C	A	1	A	1
B → A	B	1		
C → A	C	2	C	1

图 3-21　网桥 1 和网桥 2 的转发表

(4) D 节点给 E 节点发送数据。D 节点发出来的数据首先将发到网桥 1 的接口 2 和网桥 2 的接口 1 处。网桥 1 收到这个数据后，立即检查自己的转发表，发现没有 D 节点的记录，于是记录下 D 节点的相关信息。由于接口 2 收到了 D 节点发来的数据，因此通过接口 2 可以把数据发给 D 节点。同时网桥 1 再检查 E 节点，发现 E 节点不在自己的转发表，因此网桥 1 转发数据。网桥 2 收到这个数据后，立即检查自己的转发表，发现没有 D 节点的记录，于是记录下 D 节点的相关信息。由于接口 1 收到了 D 节点发来的数据，因此通过接口 1 可以把数据发给 D 节点。同时网桥 2 再检查 E 节点，发现 E 节点不在自己的转发表，因此网桥 2 转发数据。此时网桥 1 和网桥 2 的转发表如图 3-22 所示。

发送的帧	网桥 1 的转发表		网桥 2 的转发表	
	地址	接口	地址	接口
A → C	A	1	A	1
B → A	B	1		
C → A	C	2	C	1
D → E	D	2	D	1

图 3-22 网桥 1 和网桥 2 的转发表

经过若干次通信后，网桥的转发表就会完全建立起来，包含网络中的所有节点信息。在网桥的转发表中写入的信息除了地址和接口外，还有帧进入该网桥的时间。这是因为以太网的拓扑可能经常会发生变化，站点也可能会更换适配器(这就改变了站点的地址)。另外，以太网上的工作站并非总是接通电源的。把每个帧到达网桥的时间登记下来，就可以在转发表中只保留网络拓扑的最新状态信息，这样就使得网桥中的转发表能反映当前网络的最新拓扑状态。

3. 源路由网桥

透明网桥的最大优点就是容易安装，接上就能马上工作。但对网络资源的利用还不够充分。因此，另一种由发送帧的源站负责路由选择的网桥就问世了，这就是源路由(Source Route)网桥。

源路由网桥是在发送帧时，把详细的路由信息放在帧的首部中。这里的关键是源站用什么方法才能知道应当选择什么样的路由。

为了发现合适的路由，源站以广播方式向欲通信的目的站发送一个发现帧(Discovery Frame)作为探测之用。发现帧将在整个扩展的以太网中沿着所有可能的路由传送。在传送过程中，每个发现帧都记录所经过的路由。当这些发现帧到达目的站时，就沿着各自的路由返回源站。源站在得知这些路由后，从所有可能的路由中选择出一个最佳路由。以后，凡从这个源站向该目的站发送的帧的首部，都必须携带源站所确定的这一路由信息。发现帧还有另一个作用，就是帮助源站确定整个网络可以通过的帧的最大长度。

源路由网桥对主机不是透明的，主机必须知道网桥的标识以及连接到哪一个网段上。使用源路由网桥可以利用最佳路由。若在两个以太网之间使用并联的源路由网桥，则可使通信量较平均地分配给每一个网桥。用透明网桥则只能使用生成树，而使用生成树一般并不能保证所使用的路由是最佳的，也不能在不同的链路中进行负载均衡。

4. 多接口网桥——交换机

1990 年问世的交换式集线器(Switching Hub)，可明显地提高以太网的性能。交换式集线器常称为以太网交换机或第二层交换机，表明这种交换机工作在数据链路层。"交换机"并无准确的定义和明确的概念，而现在的很多交换机已混杂了网桥和路由器的功能。下面简单地介绍其特点。

从技术上讲，网桥的接口数很少，一般只有 2~4 个，而以太网交换机通常都有十几个接口。因此，以太网交换机实质上就是一个多接口的网桥，和工作在物理层的转发器、集线器有很大的差别。此外，以太网交换机的每个接口都直接与一个单个主机或另一个集线器相连(注意：普通网桥的接口往往是连接到以太网的一个网段)，并且一般都工作在全双工方式。当主机需要通信时，交换机能同时连通许多对接口，使每一对相互通信的主机都能像独占传输媒体那样，无碰撞地传输数据。以太网交换机和透明网桥一样，也是一种即插即用设备，其内部的帧转发表也是通过自学习算法自动地逐渐建立起来的。当两个站通信完成后就断开连接。以太网交换机由于使用了专用的交换结构芯片，其交换速率就较高。

对于普通 100Mb/s 的共享式以太网，若共有 N 个用户，则每个用户占有的平均带宽只有总带宽(100Mb/s)的 N 分之一。在使用以太网交换机时，虽然在每个接口到主机的带宽还是 100Mb/s，但由于一个用户在通信时是独占而不是和其他网络用户共享传输媒体的带宽，因此对于拥有 N 对接口的交换机的总容量为 $N×100$Mb/s。这正是交换机的最大优点，所以交换机是在数据链路层用到扩展局域网的很重要的设备，如图 3-23 所示。

以太网交换机一般都具有多种速率的接口，例如，可以具有 100Mb/s 和 1000Mb/s 的接口的各种组合，这就大大方便了各种不同情况的用户。

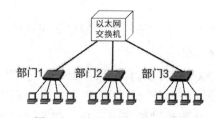

图 3-23　交换机扩展以太网

3.5.3　虚拟局域网

虚拟局域网其实只是局域网给用户提供的一种服务，而并不是一种新型局域网。虚拟局域网(VLAN)是由一些局域网网段(具有某些共同需求的网段)构成的与物理位置无关的逻辑组，每一个 VLAN 的帧都有一个明确的标识符，指明发送这个帧的工作站是属于哪一个 VLAN，如图 3-24 所示。

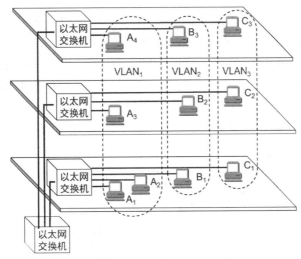

图 3-24 划分 VLAN

IEEE 于 1999 年颁布了用于标准化 VLAN 实现方案的 802.1Q 协议标准草案。VLAN 技术的出现，使得管理员根据实际应用需求，把同一物理局域网内的不同用户逻辑地划分成不同的广播域，每一个 VLAN 都包含一组有着相同需求的计算机工作站，与物理上形成的 LAN 有着相同的属性。由于它是从逻辑上划分，而不是从物理上划分，所以同一个 VLAN 内的各个工作站没有限制在同一个物理范围中，即这些工作站可以在不同物理 LAN 网段。由 VLAN 的特点可知，一个 VLAN 内部的广播和单播流量都不会转发到其他 VLAN 中，从而有助于控制流量、减少设备投资、简化网络管理、提高网络的安全性。

VLAN 的划分方法主要有以下几种：

1. 按端口划分 VLAN

以交换机端口来划分 VLAN 成员，其配置过程简单明了，同时还允许跨越多个交换机的多个不同端口划分 VLAN，不同交换机上的若干个端口可以组成同一个 VLAN。因此，从目前来看，这种根据端口来划分 VLAN 的方式仍然是最常用的一种方式。

2. 按 MAC 地址划分 VLAN

这种划分 VLAN 的方法是根据每个主机的 MAC 地址来划分，即对每个 MAC 地址的主机都配置它属于哪个组。这种划分 VLAN 方法的最大优点就是当用户的物理位置移动时，即从一个交换机换到其他交换机时，VLAN 不用重新配置，所以，可以认为这种根据 MAC 地址的划分方法是基于用户的 VLAN。这种方式在网络初始化时，配置工作量较大。

3. 按网络层协议划分 VLAN

这种划分 VLAN 的方法是根据每个主机的网络层地址或协议类型(如果支持多协议)

划分，这种方法的优点是用户的物理位置改变了，不需要重新配置所属的 VLAN，而且可以根据协议类型来划分 VLAN，这对网络管理者来说很重要。同时，这种方法不需要附加的帧标签来识别 VLAN，这样可以减少网络的通信量。这种方法的缺点是效率低，因为检查每一个数据包的网络层地址是需要消耗处理时间的(相对于前面两种方法)，一般的交换机芯片都可以自动检查网络上数据包的以太网帧头，但要让芯片能检查 IP 帧头，需要更高的技术，同时也更费时。

虚拟局域网的帧格式如图 3-25 所示。

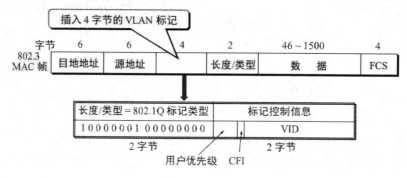

图 3-25　虚拟局域网的帧格式

习 题

3-1　数据链路层要解决哪三个基本问题？为什么必须解决这三个基本问题？

3-2　要发送的数据为 101110，采用 CRC 方法做差错检测，生成多项式是 $P(X)=X^3+X+1$。请计算发送方最终发送出去的数据。

3-3　一个 PPP 帧的数据部分(十六进制)是 7D 5E CC 25 7D 5D 7D 5D 60 7D 5E，请问真正的数据(十六进制)是什么？

3-4　PPP 协议使用同步数据传输技术传送比特串 101101111111111100。请问经过零比特填充后会变成怎样的比特串？如果接收端收到 PPP 帧的数据部分是 1110111110001011111010，请问发送端发送的真实数据是什么？

3-5　在图 3-18 中，如果节点 E 给节点 B 发了数据，节点 F 给节点 C 发了数据，请问网桥 1 和网桥 2 的转发表将如何变化？

3-6　有 20 个站点连接到局域网中，请计算以下两种情况下每一个站点所能获得的带宽。

(1) 20 个站点都连接到一个背板带宽 100Mb/s 的集线器上；

(2) 20 个站点都连接到一个背板带宽 100Mb/s 的交换机上。

3-7　利用 CRC 差错检测方法得到的结果一定没有差错吗？数据链路层的传输是否变成了可靠传输？

第 4 章

网络层

本章重点介绍以下内容：

- 虚电路服务与数据包服务
- IP 地址
- 子网划分与 CIDR
- 数据封装和解封装的过程
- 路由选择协议
- VPN 与 NAT 技术

4.1 网络层提供的两种服务

从前面讲解的网络体系结构与参考模型，我们已经知道，网络层在整个网络体系结构中具有非常重要的作用，网络层的主要任务是通过路由选择算法，为分组通过通信子网选择适当的路径。网络层实现了路由选择、拥塞控制与网络互联等基本功能，使用了数据链路层提供的服务，同时向传输层的端到端传输连接提供服务。

网络层提供两种服务：面向连接的虚电路服务、无连接的数据报服务。其中，虚电路服务如图 4-1 所示。

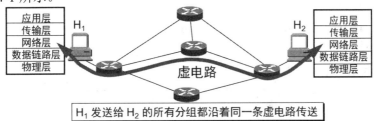

图 4-1　虚电路服务

面向连接的虚电路服务的主要特征：

(1) 通信前预先建立一条逻辑连接——虚电路，以保证双方通信所需的一切网络资源。

(2) 需要三个过程：建立——数据传输——拆除。

(3) 虚电路的路由在建立时确定，传输数据时则不再需要。

(4) 提供的是"面向连接"的服务。

这种通信方式如果再使用可靠传输的网络协议，就可使所发送的分组最终正确到达接收方(无差错按序到达、不丢失、不重复)。

网络层提供的另外一种服务是无连接的数据报服务，如图 4-2 所示。

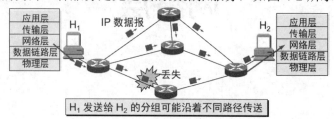

图 4-2　数据报服务

无连接的数据报服务的主要特征：

(1) 各分组独立地确定路由，分组可能通过多个路径穿越网络。

(2) 不能保证分组按序到达，所以目的站点需要按分组编号重新排序和组装。

4.2　IP 协议

IP 是 TCP/IP 协议族中最为核心的协议。所有的 TCP、UDP 等数据都以 IP 数据包格式传输。IP 协议提供不可靠、无连接的数据包传送服务。与 IP 协议配套使用的还有四个协议：

(1) ARP (Address Resolution Protocol)，地址解析协议，为已知的 IP 地址确定相应的MAC 地址。

(2) RARP (Reverse Address Resolution Protocol)，反向地址解析协议，根据 MAC 地址确定相应的 IP 地址。

(3) ICMP (Internet Control Message Protocol)，Internet 控制报文协议，即网际控制报文协议，提供控制和传递消息的功能。

(4) IGMP (Internet Group Management Protocol)，Internet 组管理协议，即网际组管理协议。

如图 4-3 展示了 IP 协议与上述 4 个协议的关系。

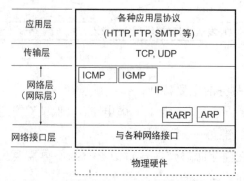

图 4-3　网络层的 IP 协议及配套协议

4.2.1　虚拟互联网

所谓虚拟互联网络也就是逻辑互联网络，它的意思就是互联起来的各种物理网络的异构性本来是客观存在的，但是我们利用 IP 协议就可以使这些性能各异的网络从用户看起来好像是一个统一的网络。

网络层的 IP 协议组为上层提供了一个虚拟互联网络的功能，为上层屏蔽了下两层的异构性。即不管什么类型的网络，通过网络层的 IP 协议连接后，对传输层及其上层而言，网络层之下都是一个相同的网络，这个网络实际并不存在，它还是由很多不同的网络设备互联而成。因此，我们说网络层向上提供"虚拟"的互联网络，如图 4-4 所示。

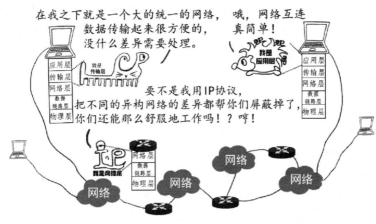

图 4-4　虚拟互联网

4.2.2　分类 IP 地址

1. IP 地址的含义与组成

为了使计算机之间能够进行通信，每台计算机都必须有一个唯一的标识。由 IP 协议为 Internet 的每一台主机分配的一个唯一地址，称为 IP 协议地址(简称 IP 地址)。IP 地址对网上的某个节点来说是一个逻辑地址。它独立于任何特定的网络硬件和网络配置，不管物理网络的类型如何，它都有相同的格式。IP 地址在集中管理下进行分配，确保每一台上网的计算机对应一个 IP 地址。

Internet 覆盖了世界各地的多个不同的网络，而一个网络又包括多台主机，因此，Internet 是具有层次结构的，故 Internet 使用的 IP 地址也采用了层次结构。IP 地址的分层方案类似于常用的电话号码。电话号码也是全球唯一的。例如对于电话号码 010-88888888，前面的字段 010 代表北京的区号，后面的字段 88888888 代表北京地区的一部电话。IP 地址也是一样，前面的网络部分代表一个网段，后面的主机部分代表这个网段的一台设备。

32 位的 IP 地址由网络 ID 和主机 ID 两个部分组成，如图 4-5 所示。

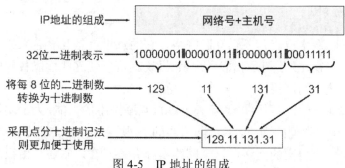

图 4-5　IP 地址的组成

在图 4-5 中，网络号(又称为网络标识、网络地址或网络 ID)主要用于标志该主机所在的 Internet 中的一个特定的网络；而主机号(又称为主机标识、主机地址或主机 ID)则用来标志该网络中的一个特定连接。在一个网段内部，主机 ID 必须是唯一的。

2. IP 地址的表示

在计算机内部，IP 地址通常使用 4 个字节的二进制数表示，其总长度共 32 位(IPv4 协议所规定的)，如下所示：

11000000　10101000　00000001　00000001

为了表示方便，国际上采用一种"点分十进制表示法"，如图 4-5 所示，即将 32 位的 IP 地址按字节分为 4 段，高字节在前，每个字节再转换成十进制数表示，并且各字节之间用圆点"."隔开，表示成 w.x.y.z。这样 IP 地址表示成了一个用点号隔开的 4 组数字，每组数字的取值范围只能是 0～255。

3. IP 地址的分类

为适应不同规模的网络，可将 IP 地址进行分类。每个 32 位的 IP 地址的最高位或起始几位标志地址的类别。IP 地址中的网络号用于标明不同的网络，而主机号用于标明每一个网络中的主机地址。Internet 将 IP 地址主要分为 A、B、C、D 和 E 这五类，如图 4-6 所示。

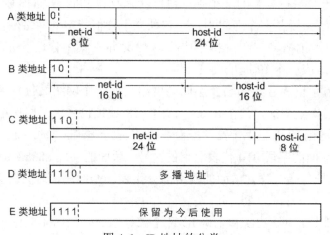

图 4-6　IP 地址的分类

图 4-6 中 A、B、C 类被作为普通的主机地址，D 类用于提供网络组播服务，E 类保留给未来扩充使用，每类地址中定义了它们的网络 ID 和主机 ID 各占用 32 位地址中的多少位，就是说每一类中，规定了可以容纳多少个网络，以及这样的网络中可以容纳多少台主机。

(1) A 类地址

A 类地址用来支持超大型网络。这类地址仅使用第一个 8 位组标志地址的网络部分，其余三个 8 位组用来标志地址的主机部分。用二进制表示时，A 类地址的第 1 位(即最左边的那 1 位)总是 0。因此，第 1 个 8 位组的最小值为 00000000(十进制数为 0)，最大值为 01111111(对应十进制数为 127)，但是 0 和 127 这两个数保留，不能作网络地址。任何 IP 地址第 1 个 8 位组的取值范围从 1～126 都是 A 类地址。

(2) B 类地址

B 类地址用来支持中、大型网络，这类 IP 地址使用四个 8 位组的前两个 8 位组标志地址的网络部分，其余两个 8 位组用来标志地址的主机部分。用二进制表示时，B 类地址的前 2 位(最左边)总是 10。因此，第一个 8 位组的最小值为 10000000(对应的十进制值为 128)，最大值为 10111111(对应的十进制值为 191)，任何 IP 地址第一个 8 位组的取值范围从 128～191 都是 B 类地址。

(3) C 类地址

C 类地址用来支持小型网络。C 类 IP 地址使用四个 8 位组的前三个 8 位组标志地址的网络部分，其余的一个 8 位组用来标志地址的主机部分。用二进制表示时，C 类地址的前 3 位(最左边)总是 110。因此，第一个 8 位组的最小值为 11000000(对应的十进制数为 192)，最大值为 11011111(十进制数为 223)，任何 IP 地址第 1 个 8 位组的取值范围从 192～223 都是 C 类地址。

(4) D 类地址

D 类地址用来支持组播，组播地址是唯一的网络地址，用来转发目的地址为预先定义的一组 IP 地址的分组。因此，一台工作站可以将单一的数据流传送给多个接收者、用二进制表示时，D 类地址的前 4 位(最左边)总是 1110。D 类 IP 地址的第一个 8 位组的范围是从 11100000～11101111，即从 224～239。任何 IP 地址第 1 个 8 位组的取值范围从 224～239 都是 D 类地址。

(5) E 类地址

Internet 工程任务组保留 E 类地址作为科学研究使用。因此 Internet 上没有发布 E 类地址使用。用二进制表示时，E 类地址的前 4 位(最左边)总是 1111。E 类 IP 地址的第一个 8 位组的范围是从 11110000～11111111，即从 240～255。任何 IP 地址第一个 8 位组的取值范围从 240～255 都是 E 类地址。

4．特殊 IP 地址

IP 地址用于唯一地标识一台网络设备，但并不是每一个 IP 地址都是可用的，有些 IP 地址是被保留作为特殊用途的，不能用于标识网络设备，这些保留地址如图 4-7 所示。

网络部分	主机部分	地址类型	用途
Any	全"0"	网络地址	代表一个网段
Any	全"1"	广播地址	特定网段的所有节点
127	Any	环回地址	环回测试
全"0"		所有网络	华为VRP路由器用于指定默认路由
全"1"		广播地址	本网段所有节点

图 4-7　几类特殊 IP 地址

在上图中，对于主机部分全为"0"的 IP 地址，称为网络地址，网络地址用来标识一个网段。

对于主机部分全为"1"的 IP 地址，称为网段广播地址，广播地址用于标识一个网络的所有主机。广播地址用于向本网段的所有节点发送数据包。

对于网络部分为 127 的 IP 地址，例如 127.0.0.1 往往用于环路测试目的。

全"0"的 IP 地址 0.0.0.0 代表所有的主机，华为 VRP 系列路由器用 0.0.0.0 地址指定默认路由。

全"1"的 IP 地址 255.255.255.255，也是广播地址，但 255.255.255.255 代表所有主机，用于向网络的所有节点发送数据包。这样的广播不能被路由器转发。

5．公用地址和私有地址

公用 IP 地址是唯一的，因为公用 IP 地址是全局的和标准的，所以没有任何两台连到公共网络的主机拥有相同的 IP 地址，所有连接 Internet 的主机都遵循此规则，公用 IP 地址是从 Internet 服务供应商(ISP)或地址注册处获得的。

另外，在 IP 地址资源中，还保留了一部分被称为私有地址的地址资源供内部实现 IP 网络时使用。根据规定，所有以私有地址为目标地址的 IP 数据包都不能被路由至 Internet 上，这些以私有地址作为逻辑标志的主机若要访问 Internet，必须采用网络地址翻译 (Network Address Translation，NAT)或应用代理方式。Inter NIC 预留了以下网段作为私有 IP 地址：

A 类地址：10.0.0.0～10.255.255.255；

B 类地址：172.16.0.0～172.31.255.255；

C 类地址：192.168.0.0～192.168.255.255 等。

4.2.3　IP 地址与物理地址

IPv4 的地址管理主要用于给一个物理设备分配一个逻辑地址。一个以太网上的两个设备之所以能够交换信息就是因为在物理以太网上，每个设备都有一块网卡，并拥有唯一的以太网地址(硬件地址或 MAC 地址)。如果设备 A 向设备 B 传送信息，设备 A 需要知道设备 B 的以太网地址。

在学习 IP 地址时，重要的一点就是要弄懂主机的 IP 地址与硬件地址的区别。为了说明这两种地址的区别，如图 4-8 所示，从层次的角度看，物理地址是数据链路层和物理层使用的地址，IP 地址是网络层使用的地址。

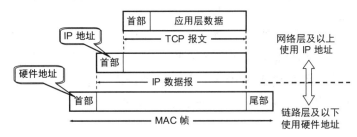

图 4-8　IP 地址与硬件地址的区别

在发送数据时，数据从高层到低层，然后才到传输介质上传输。使用 IP 地址的 IP 数据报一旦交给数据链路层，就被封装成 MAC 帧。MAC 帧在传送时使用的源地址和目的地址都是硬件地址，这两个硬件地址都写在 MAC 帧的首部中。

在接收 MAC 帧时，其根据的是 MAC 帧首部中的硬件地址。在数据链路层看不见隐藏在 MAC 帧中的 IP 地址。只有在剥离 MAC 帧的首部和尾部后将 MAC 层的数据上交给网络层后，网络层才能在 IP 数据报的首部中找到源 IP 地址和目的 IP 地址。

总之，IP 地址放在 IP 数据报的首部，而硬件地址则放在 MAC 帧的首部。在网络层和网络层以上使用的是 IP 地址，而数据链路层及以下使用的是硬件地址。在图 4-8 中当 IP 数据报放入数据链路层的 MAC 帧以后，整个的 IP 数据报就成为 MAC 帧的数据，因而在数据链路层看不见数据报的 IP 地址。

需要强调的是：

(1) 在 IP 层抽象的互联网上只能看到 IP 数据报。

(2) 在 IP 数据报首部有源站 IP 地址，但路由器只根据目的站的 IP 地址的网络号进行路由选择。

(3) 在具体的物理网络的数据链路层，只能看见 MAC 帧，IP 数据报被封装在 MAC 帧中。MAC 帧在不同网络上传送时，其首部中的源地址和目的地址要发生变化。MAC 帧的首部的这种变化，在上面的 IP 层上是看不见的。

(4) 虽然互联在一起的网络的硬件地址体系不同，但 IP 层抽象的互联网屏蔽了下层的复杂细节。只要我们在网络层上来讨论问题，就能够使用统一的、抽象的 IP 地址来研究主机和主机或路由器之间的通信。

4.2.4　地址解析协议

地址转换协议(Address Resolution Protocol，ARP)，就是用来将 IP 地址翻译成物理网络地址的。ARP 是 TCP/IP 协议的一部分，它一般由 TCP/IP 内核来完成，用户和应用程序不直接与 ARP 打交道。

在一个物理网络中，网络中的任何两台主机之间进行通信时，都必须获得对方的物理地址，而 IP 地址是一个逻辑地址，IP 地址的编制是与硬件无关的，不管主机是连接到以太网还是连接到其他网络上，都可以使用 IP 地址进行标识，而且可以唯一地标识某台主机。因此，使用 IP 地址的作用就在于，它提供了一种逻辑的地址，能够使不同网络之间的主机进行通信。

当 IP 协议数据从一个物理网络传输到另一个物理网络之后，就不能完全依靠 IP 地址了，而要依靠主机的物理地址。为了完成数据传输，IP 协议必须具有一种确定目标主机物理地址的方法，也就是说要在 IP 地址与物理地址之间建立一种映射关系，而这种映射关系称为"地址解析"(Address Resolution)。地址解析包括两个方面的内容：一个是从 IP 地址到物理地址的映射，由 ARP 协议完成；另外一个是从物理地址到 IP 地址的映射，由 RARP 协议完成。

地址解析协议 ARP 的工作过程：在任何时候，当一台主机需要物理网络上另外一台主机的物理地址时，它首先广播一个 ARP 请求数据包，其中包括了它的 IP 地址和物理地址以及目标主机的 IP 地址，网络中每台主机都可以接收到这个 ARP 数据包，但只有目标主机会处理这个 ARP 数据包并做出响应，将它的物理地址直接发送给源主机，如图 4-9 所示。逆向地址解析协议 RARP 的作用与 ARP 相反，源主机为了获取目标主机的 IP 地址，向网络广播一个 RARP 数据包，当目标主机接收到 RARP 数据包之后，则将自己的 IP 地址直接传送给源主机。

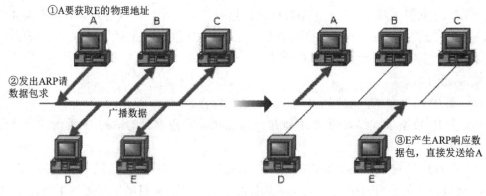

图 4-9　ARP 地址解析的过程

4.2.5　IP 数据报的格式

在 TCP/IP 协议中，使用 IP 协议传输数据的包称为 IP 数据包，每个数据包都包含 IP 协议规定的内容。IP 协议规定的这些内容称为 IP 数据报文(IP Datagram)或者 IP 数据报。

IP 数据报文由首部(称为报头)和数据两部分组成。首部的前一部分是固定长度，共 20 字节，是所有 IP 数据报必须具有的。在首部的固定部分的后面是一些可选字段，其长度是可变的。

每个 IP 数据报都以一个 IP 报头开始。源计算机构造这个 IP 报头，而目的计算机利用 IP 报头中封装的信息处理数据。IP 报头中包含大量的信息，如源 IP 地址、目的 IP 地址、数据报长度、IP 版本号等，每个信息都称为一个字段。IP 数据报头字段如图 4-10 所示。

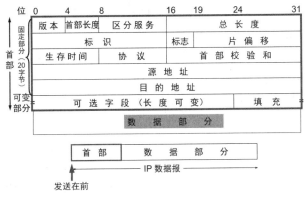

图 4-10　IP 数据报

IP 报头的最小长度为 20 字节，上图中每个字段的含义如下。

(1) 版本(Version)：占 4 位，指明 IP 的版本号(一般是 4，即 IPv4)，不同 IP 版本规定的数据格式不同。通信双方使用的 IP 协议版本必须一致。目前广泛使用的 IP 协议版本号为 4，即 IPv4。

(2) 报头长度：占 4 位，指明数据报报头的长度。以 32 位(即 4 字节)为单位，当报头中无可选项时，报头的基本长度为 5 个单位(即 20 字节)。

(3) 区分服务(Tos)：也称为服务类型，占 8 位，用来获得更好的服务。其中 3 位用于标识优先级，4 个标志位：D(延迟)、T(吞吐量)、R(可靠性)和 C(代价)。另外一位未用。

(4) 总长度(Totlen)：首部和数据之和，单位为字节。总长度字段为 16 位，包括头部和数据，因此数据报的最大长度为 $2^{16}-1=65535$ 字节。

(5) 标识(Identification)：用来标识数据报，占 16 位。IP 协议在存储器中维持一个计数器。每产生一个数据报，计数器就加 1，并将此值赋给标识字段。当数据报的长度超过网络的 MTU，而必须分片时，这个标识字段的值就被复制到所有的数据报的标识字段中。具有相同的标识字段值的分片报文会被重组成原来的数据报。

(6) 标志(Flag)：占 3 位。告诉目的主机该数据报是否已经分片，是否是最后的分片。

(7) 片偏移(Offsetfrag)：占 13 位。当报文被分片后，该字段标记该分片在原报文中的相对位置。片偏移以 8 个字节为偏移单位。所以，除了最后一个分片，其他分片的偏移值都是 8 字节(64 位)的整数倍。

(8) 生存时间(TTL)：生存时间(Time To Live，TTL)占 8 位。设计一个计数器，当计数器值为 0 时，数据报被删除，避免循环发送。

路由器在转发数据报之前，先把 TTL 值减 1。若 TTL 值减少到 0，则丢弃这个数据报，不再转发。因此，TTL 指明数据报在网络中最多可经过多少个路由器。TTL 的最大数值为 255。若把 TTL 的初始值设为 1，则表示这个数据报只能在本局域网中传送。

(9) 协议：表示该数据报文所携带的数据所使用的协议类型，占 8 位。指示传输层所采用的协议，如 TCP、UDP 等。例如，TCP 的协议号为 6，UDP 的协议号为 17，ICMP 的协议号为 1。

(10) 首部校验和(Checksum)：用于校验数据报的首部，占 16 位。只校验数据报的报头，不包括数据部分。

(11) IP 地址：各占 32 位的源 IP 地址和目的 IP 地址分别表示数据报发送者和接收者的 IP 地址，在整个数据报传输过程中，此两字段的值一直保持不变。

(12) 可选字段(选项)：主要用于控制和测试。既然是选项，用户可以使用，也可以不使用，但实现 IP 的设备必须能处理 IP 选项。

(13) 填充：在使用选项的过程中，如果造成 IP 数据报的报头不是 32 位的整数倍，这时需要使用"填充"字段凑齐。

(14) 数据部分：表示传输层的数据，如保存 TCP、UDP、ICMP 或 IGMP 的数据。数据部分的长度不固定。

4.2.6 网络层转发分组的流程

TCP/IP 协议簇和底层协议配合，保证了数据能够实现端到端的传输。数据传输过程是一个非常复杂的过程，例如数据在转发的过程中会进行一系列的封装和解封装。对于网络工程师来说，只有深入地理解了数据在各种不同设备上的转发过程，才能够对网络进行正确的分析和检测，网络层转发分组的流程理解尤为重要。

首先用一个简单的例子来说明路由器是怎样转发分组的，如图 4-11 所示。

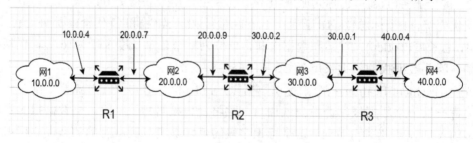

图 4-11　路由器转发分组流程

有 4 个 A 类网络通过三个路由器连接在一起，每一个网络上都可能有成千上万台主机。若路由表指出每一台主机应怎样转发，则路由表就会过于庞大(假设每一个网络有一万台主机，四个网络就有 4 万台主机，因而每一个路由表就有 4 万行)，但若路由表指出到某个网络应如何转发，则每个路由器中的路由表就只包含 4 行，一行对应一个网络。以路由器 R2 的路由表为例，由于 R2 同时连接在网络 2 和网络 3 上，因此只要目的主机在网络 2 或网络 3 上，都可通过接口 0 或 1 由路由器 R2 直接交付，如图 4-12 所示。若目的主机在网络 1 中，则下一跳路由器应为 R1，其 IP 地址为 20.0.0.7。路由器 R2 和 R1 由于同时连接在网络 2 上，因此路由器 R2 把分组转发到路由器 R1 是很容易的。同理，若目的主机在网络 4 中，则路由器 R2 应把分组转发给 IP 地址为 30.0.0.1 的路由器 R3(注意：每一个路由器都有 2 个不同的 IP 地址)。

目的主机所在的网络	下一跳地址
20.0.0.0	直接交付接口0
30.0.0.0	直接交付接口1
10.0.0.0	20.0.0.7
40.0.0.0	30.0.0.1

图 4-12　路由器 R2 的路由表

可以把整个的网络拓扑简化为图 4-13 所示。

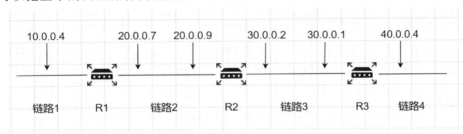

图 4-13　简化后的拓扑图

这样，网络就变成了一条链路，但每一个路由器都注明其 IP 地址。使用这样的简化图，可以使我们不必关心某个网络内部的具体拓扑以及连接在该网络上有多少台主机，这样的图强调了在互联网上转发分组时，是从一个路由器转发到下一个路由器。在路由表中，每一条路由最主要的是以下两个信息：

(1) 目的网络地址。

(2) 下一跳地址。

根据目的网络地址来确定下一跳路由器，这样做可得到以下的结果：

(1) IP 数据报最终一定可以找到目的主机所在网络上的路由器。

(2) 只有到达最后一个路由器时，才试图向目的主机进行直接交付。

在 IP 数据报的首部中，没有地方可以用来指明"下一跳路由器的 IP 地址"，在 IP 数据报的首部写上的 IP 地址是源 IP 地址和目的 IP 地址，而没有中间经过的路由器的 IP 地址。既然 IP 数据报中没有下一跳路由器的 IP 地址，那么待转发的数据报又怎样能够找到下一跳路由器呢？当路由器收到一个待转发的数据报，从路由表得出下一跳路由器的 IP 地址后，不是把这个地址填入 IP 数据报，而是送交数据链路层的网络接口软件。

网络接口软件负责把下一跳路由器的 IP 地址转换成硬件地址,并将此硬件地址放在链路层的 MAC 帧的首部,然后根据这个硬件地址找到下一跳路由器。由此可见,当发送一连串的数据报时,上述的这种查找路由表、用 ARP 得到硬件地址、把硬件地址写入 MAC 帧的首部等过程,将不断重复进行。

下面总结一下分组转发算法:

(1) 从数据报的首部提取出目的主机的 IP 地址 D,得出目的网络地址为 N。

(2) 若 N 就是与此路由器直接相连的某个网络地址,则直接交付,即不需要再经过其他的路由器,直接把数据报交付目的主机(把目的主机地址 D 转换为硬件地址,把数据报封装为 MAC 帧,再发送此帧);否则就间接交付,执行下一步。

(3) 若路由表中有目的地址为 D 的特定主机路由,则把数据报传送给路由表中所指明的下一跳路由器,否则,执行下一步。

(4) 若路由表中有到达网络 N 的路由,则把数据报传送给路由表中所指明的下一跳路由器,否则,执行下一步。

(5) 若路由表中有一个默认路由,则把数据报传送给路由表中所指明的默认路由器,否则,执行下一步。

(6) 报告转发分组错误。路由表并没有给分组指明到某个网络的完整路径,即先经过哪一个路由器,然后再经过哪一个路由器等。路由表指出,到某个网络应当先到某个路由器,在到达下一跳路由器后,继续查找路由表,知道下一步应当到哪一个路由器。这样一步一步查找下去,直到最后到达目的网络。就好比我们去某个目的地,但没有地图,只能在每个岔路口问路,路人仅指出下一段路如何走,到了下一个岔路口,我们继续问路,如此往复。即使没有地图,但最终一定可以到达目的地。

4.3 子网划分与超网

4.3.1 子网划分

1. 子网划分的意义

子网(Subnetwork)简单来说,就是把一个较大的网络分割成若干个小的网络。那么为什么要进行子网划分呢?

首先,它有利于网络结构的优化,将一个大的网络划分成若干个小的网络后,更便于管理,提高系统的可靠性。其次,可以大大减少网络的阻塞。最后,由于网络 IP 地址有限,因此,为了得到更多的网络,也需要在网络中划分子网。

2. 子网掩码与子网划分的方法

(1) 使用子网掩码区分网络位和主机位

如图 4-14 所示，子网掩码和 IP 地址都是 32 位，由一串 1 和一串 0 组成。子网掩码中的 1 对应于 IP 地址中的网络号和子网号，而子网掩码中的 0 对应于 IP 地址中的主机号。在 RFC 文档中没有规定子网掩码中的一串 1 必须是连续的，但却极力推荐大家在子网掩码中选用连续的 1 以免发生差错。

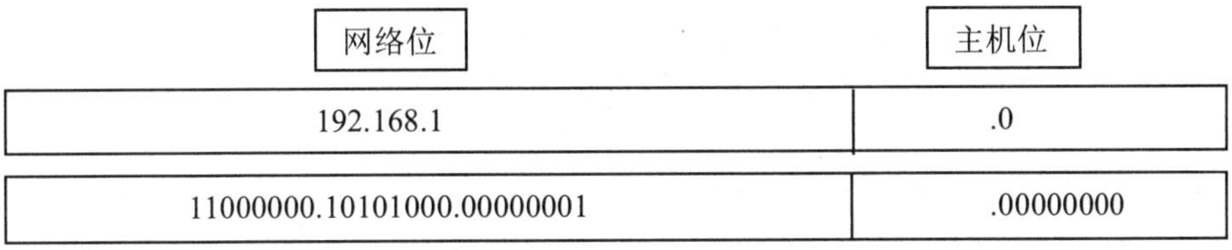

图 4-14　子网掩码区分 IP 地址中的网络位和主机位

使用子网掩码的好处就是：不管网络有没有划分子网，不管网络字段 net-id 的长度是几个字节，只要将子网掩码和 IP 地址进行逐比特的"与"运算，就立即得出网络地址来。

如果一个网络不设置子网，则掩码的制定规则为：网络号各比特全为 1，主机号的各比特全为 0，这样得到的掩码称为缺省子网掩码。A 类网络的缺省子网掩码为 255.0.0.0；B 类网络的缺省子网掩码为 255.255.0.0；C 类网络的缺省子网掩码为 255.255.255.0，如图 4-15 所示。

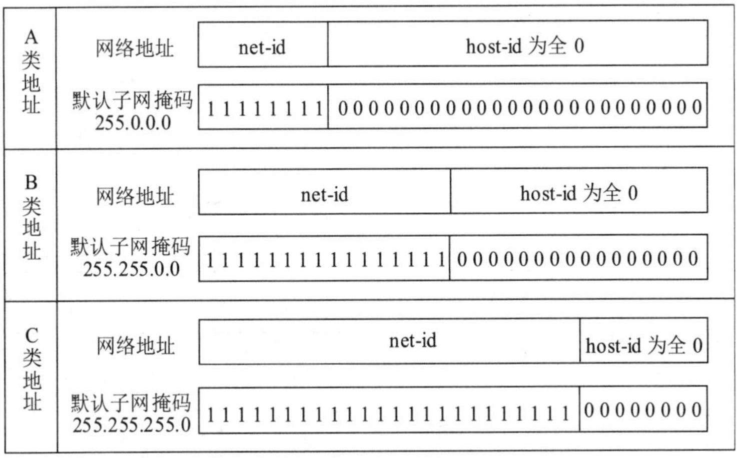

图 4-15　分类 IP 地址的默认子网掩码

(2) 子网掩码的表示方法

子网掩码的表示方法如图 4-16 所示。

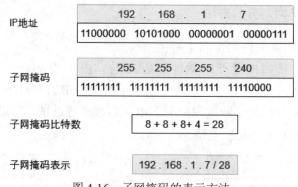

图 4-16　子网掩码的表示方法

　　掌握二进制和十进制之间的转换后,很容易明白 IP 地址和子网掩码的二进制和十进制的对应关系。图中子网掩码比特数是 8+8+8+4=28,指的是子网掩码中连续 1 的个数是 28 位 1,表示网络位有 28 位。子网掩码的另外一种表示方法是/28=255.255.255.240,称为反斜扛表示法。

　　(3) 划分子网的方法

　　划分子网的方法就是从主机号借用若干个比特作为子网号,而主机号也就相应减少了若干个比特。于是两级的 IP 地址在本单位内部就变成了三级的 IP 地址:网络号、子网号和主机号,如图 4-17 所示。

网络号	子网号	主机号

图 4-17　有子网划分的 IP 地址格式

有关两级 IP 地址与三级 IP 地址的比较如图 4-18 所示。

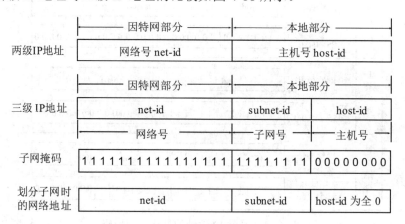

图 4-18　IP 地址的各字段和子网掩码

3. 网络地址的计算

　　网络地址的计算就是 IP 地址的二进制和子网掩码的二进制进行"与"的结果,如图 4-19 所示。

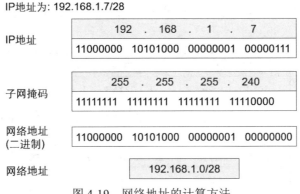

图 4-19　网络地址的计算方法

IP 地址和子网掩码的与计算为：

$$\begin{array}{r}
11000000, 10101000, 00000001, 00000111 \\
\& \ 11111111, 11111111, 11111111, 11110000 \\
\hline
11000000, 10101000, 00000001, 00000000
\end{array}$$

最后得到的就是网络地址：192.168.1.0。

4.主机数的计算

主机数的计算是通过子网掩码来计算的，首先要看子网掩码中最后有多少位是 0。如图 4-20 中，假设最后有 n 位为 0，那么总的主机数为 2^n 个，可用主机的个数要减去全 0 的网络地址和全 1 的广播地址，即 2^n-2 个。

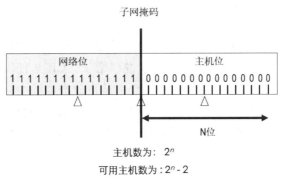

图 4-20　主机数的计算方法

子网划分实例：某公司分配到 C 类地址 201.222.5.0。假设需要 20 个子网，每个子网有 5 台主机，我们该如何划分？

解析：在这个例子中，网段地址是一个 C 类地址：201.222.5.0。假设需要 20 个子网，其中每个子网 5 台主机，就要把主机地址的最后一个八位组分成子网部分和主机部分。

子网部分的位数决定了子网的数目。在这个例子中，因为是 C 类地址，所以子网部分和主机部分总共是 8 位，因为 $2^4<20<2^5$，所以子网部分占有 5 位，最大可提供 32(即 2^5)个子网。剩余 3 位为主机部分 $2^3=8$。主机部分全是 0 的 IP 地址，是子网网络地址；

主机部分全是 1 的 IP 地址是本子网的广播地址。这样就剩余 6 个主机地址，可以满足需要，如图 4-21 所示。

子网地址	可用的主机地址
201.222.5.8/29	201.222.5.9—201.222.5.14
201.222.5.16/29	201.222.5.17—201.222.5.22
......	......
201.222.5.232/29	201.222.5.233—201.222.5.238
201.222.5.240/29	201.222.5.241—201.222.5.246

图 4-21　子网划分实例

4.3.2　无分类编址 CIDR

无分类编址 CIDR(Classless Inter Domain Routing)又称为无类域间路由，它由 RFC1817 定义。CIDR 突破了传统 IP 地址的分类边界，将路由表中的若干条路由汇聚为一条路由，减少了路由表的规模，提高了路由器的可扩展性。

现行的 IPv4(网际协议第 4 版)的地址将耗尽，这是一种为解决地址耗尽而提出的一种措施。它将好几个 IP 网络结合在一起，使用一种无类别的域际路由选择算法，可以减少由核心路由器运载的路由选择信息的数量。

CIDR 最主要的特点有三个：

(1) "无类别"的意思是现在的选路决策是基于整个 32 位 IP 地址的掩码操作，而不管其 IP 地址是 A 类、B 类或是 C 类，都没有什么区别。CIDR 消除了传统的 A 类、B 类和 C 类地址以及子网划分的概念，因此可以更加有效地分配 IPv4 的地址空间，并且可以在新的 IPv6 使用之前容许因特网的规模继续增长。CIDR 使用各种长度的"网络前缀"来代替分类地址中的网络号和子网号，而不是像分类地址中只能使用 1 字节、2 字节和 3 字节长的网络号。CIDR 不再使用"子网"的概念而是使用网络前缀，是 IP 地址从三级编址(使用了子网掩码)又回到两极编址，但这是无分类的两极编址，如图 4-22 所示。

网络前缀	主机地址

图 4-22　无分类 IP 地址格式

(2) CIDR 使用"斜线记法"，又称为 CIDR 记法，即在 IP 地址后面加上一个斜线"/"，然后写上网络前缀所占的比特数(这个值对应于三级编址中子网掩码中比特 1 的个数)。如：202.82.32.115/20，表示在这个 32 位的 IP 地址中，前 20 位表示网络前缀，后面 12 位为主机地址。

(3) CIDR 将网络前缀都相同的连续的 IP 地址组成"CIDR 地址块"。一个 CIDR 地址块是由地址块的起始地址(地址块中地址数最小的一个)和地址块中的地址数来定义的。CIDR 地址块也可以用斜线法来表示。如：202.82.32.0/20 表示的地址块共有 2^{12} 个地址(网络前缀比特数为 20 位，剩下 12 位为主机号的比特数)。在不需要指出地址块的起始地址时，可将这样的地址块简称为 "/20 地址块"。上面的地址块的最小地址和最大地址如图 4-23 所示。

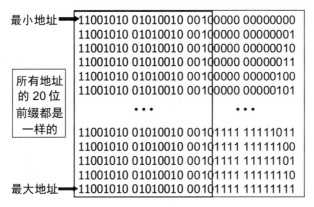

图 4-23　CIDR 地址块的最小地址和最大地址

当然，全 0 和全 1 的主机地址一般不使用。通常只使用在这两个地址之间的地址。在见到斜线表示法表示的地址时，一定要根据上下文弄清楚它是指一个单个的 IP 地址还是指一个地址块。

一个 CIDR 地址块可以表示很多地址，所以在路由表中就利用 CIDR 地址块来查找目的网络。这种地址的聚合常称为路由聚合(Route Aggregation)，它使得路由表中的一个项目可以表示很多个原来传统分类地址的路由。路由聚合也称为构成超网。"超级组网"是 "子网划分" 的派生词，可看作子网划分的逆过程。子网划分时，从地址主机部分借位，将其合并进网络部分；而在超级组网中，则是将网络部分的某些位合并进主机部分。这种无类别超级组网技术通过将一组较小的无类别网络汇聚为一个较大的单一路由表项，减少了 Internet 路由域中路由表条目的数量。如果没有采用 CIDR，则在 1994 年和 1995 年，因特网的一个路由表就会超过 7 万条项目，而使用了 CIDR 后，在 1996 年一个路由表的项目数才 3 万多条。路由聚合有利于减少路由器之间的路由选择信息的交换，从而提高整个因特网的性能。

CIDR 不使用子网了，但仍然使用 "掩码" 这个名词(但不叫子网掩码)。对于 /20 地址块，其掩码是：11111111 11111111 11110000 00000000(20 个连续的 1)。斜线标记法中的数字就是掩码中 1 的个数。

CIDR 标记法有几种等效形式，如 202.0.0.0/10 可以简写为 202/10，即将点分十进制中低位连续的 0 省略。202.0.0.0/10 相当于指出 IP 地址 202.0.0.0 的掩码是 255.0.0.0。比较清楚的标记法是直接使用二进制。如 202.0.0.0/10 可以写为：

11001010 00xxxxxx xxxxxxxx xxxxxxxx

这里的 22 个连续的 x 可以是任意值的主机号(但全 0 和全 1 的主机号一般不使用)。因此 202/10 可以表示包含有 2^{22} 个 IP 地址的地址块，这些地址都有相同的网络前缀 1100101000。

另外一种简化表示方法是在网络前缀的后面加一个星号*，如 11001010 00*，意思是在星号*之前是网络前缀，而星号*表示 IP 地址中的主机号，可以是任意值。

图 4-24 给出了常用的 CIDR 地址块。表中的 K 表示 2^{10} 即 1024。在包含地址数中，没有将全 0 和全 1 的主机号除外。网络前缀小于 13 和大于 27 都较少使用。从表中可以看出，CIDR 地址块都包含了多个 C 类地址，这就是"构成超网"这一名词的来源。

CIDR 前缀长度	点分十进制	包含的分类网络数	包含的地址数
/13	255.248.0.0	8 个 B 类或 2048 个 C 类	512K
/14	255.252.0.0	4 个 B 类或 1024 个 C 类	256K
/15	255.254.0.0	2 个 B 类或 512 个 C 类	128K
/16	255.255.0.0	1 个 B 类或 256 个 C 类	64K
/17	255.255.128.0	128 个 C 类	32K
/18	255.255.192.0	64 个 C 类	16K
/19	255.255.224.0	32 个 C 类	8K
/20	255.255.240.0	16 个 C 类	4K
/21	255.255.248.0	8 个 C 类	2K
/22	255.255.252.0	4 个 C 类	1K
/23	255.255.254.0	2 个 C 类	512
/24	255.255.255.0	1 个 C 类	256
/25	255.255.255.128	1/2 个 C 类	128
/26	255.255.255.192	1/4 个 C 类	64
/27	255.255.255.224	1/8 个 C 类	32

图 4-24　常用 CIDR 地址块

使用 CIDR 的一个好处就是可以更加有效地分配 IPv4 的地址空间。在分类地址的环境中，因特网服务提供者 ISP 向其客户分配 IP 地址时，只能以/8、/16 或 24 为单位来分配。但在 CIDR 环境中，ISP 可以根据每个客户的具体情况进行分配。例如，某 ISP 拥有地址块 202.82.0.0/18，现在某个单位需要 900 个 IP 地址。在不使用 CIDR 地址块时，ISP 可以为该单位分配一个 B 类网络地址，但是要浪费这个 B 类网络中绝大多数的 IP 地址；或者为该单位分配 4 个 C 类网络地址，但这样会在路由表中出现对应于该单位的 4 个相应的项目。这两种情况都不理想。在使用 CIDR 地址块的情况下，ISP 只需要给这个单位分配一个地址块 202.82.32.0/22，它包括 2^{10}=1024 个 IP 地址，相当于 4 个连续的 C 类网络地址，这样地址空间的利用率提高了，在路由表中对应的项目数亦不会增加。显然，用 CIDR 分配的地址块中的地址数目一定是 2 的整数次幂。

如图 4-25 所示，一个企业分配到了一段 A 类网络地址：10.24.0.0/22。该企业准备把这些 A 类网络分配给各个用户群，目前已经分配了 4 个网段给用户。如果没有实施 CIDR 技术，企业路由器的路由表中会有 4 条下连网段的路由条目，并且会把它通告给其他路由器。通过实施 CIDR 技术，我们可以在企业的路由器上把这 4 条路由 10.24.0.0/24，10.24.1.0/24，10.24.2.0/24，10.24.3.0/24 汇聚成一条路由 10.24.0.0/22。这样，企业路由器只需通告 10.24.0.0/22 这一条路由，大大减少了路由表的规模。

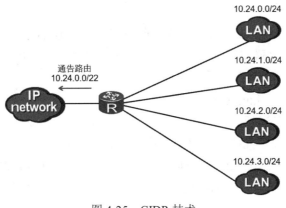

图 4-25 CIDR 技术

4.4 ICMP 协议

Internet 控制消息协议(Internet Control Message Protocol,ICMP)是网络层的一个重要协议。ICMP 协议用来在网络设备间传递各种差错和控制信息,并对收集各种网络信息、诊断和排除各种网络故障等方面起着至关重要的作用。使用基于 ICMP 的应用时,需要对 ICMP 的工作原理非常熟悉。

4.4.1 ICMP 协议的报文类型

ICMP 协议是 TCP/IP 协议族的一个子协议,用于在主机、路由器之间传递控制消息,包括网络通不通、主机是否可达、路由是否可用等网络本身的消息。当遇到 IP 数据无法访问目标、IP 路由器无法按当前的传输速率转发数据包等情况时,会自动发送 ICMP 消息。这些控制消息虽然并不传用用户数据,但是对于用户数据的传递起着重要的作用。ICMP 报文分两大类:差错报告报文和查询报文。

1. 差错报告报文

为了简化差错报告报文,ICMP 差错报告报文遵循以下 3 条原则。

(1) 对于带有多播或特殊地址(如本机地址或回送地址)的数据报,不再产生差错报告报文。

(2) 对于携带 ICMP 差错报文的数据报,不再产生差错报告报文。

(3) 对于分段的数据报文,如果不是第一个分段则不再产生差错报告报文。

ICMP 差错报告报文有 5 种。

(1) 目的节点不可达报文(Destination-unreachable):当主机或路由器不能交付数据报时就向源节点发送目的节点不可达报文。

(2) 源节点抑制报文(Source Quench):当主机或路由器由于拥塞而丢弃数据报时,就向源节点发送源节点抑制报文,让源节点放慢数据报的发送速率,相当于将拥塞控制机制引入到 IP 协议中。

(3) 重定向报文(Redirection)：当源节点使用一个错误的路由器发送报文时，就会启用重定向报文。路由器将报文重定向到适当的路由器，通知源节点下一次改变默认路由器。

(4) 超时报文(Time Exceeded)：当路由器收到 TTL 为零的数据报时，除丢弃该数据报外，还要向源节点发送超时报文。当目的节点在预先设定的时间内不能收到一个数据报的全部数据报分片时，就把已经收到的数据报分片丢弃，并向源节点发送超时报文。

(5) 参数问题报文(Parameter Problem)：当目的主机或路由器收到的数据报的首部中有的字段的值不正确时，就丢弃该数据报，并向源节点发送参数问题报文。

2. 查询报文

ICMP 中的查询报文可以独立使用而与某个具体的 IP 数据报无关。查询报文需要作为数据封装到数据报中，用来探测或检查互联网中主机或路由器是否处于活跃状态，也用来获取两个节点之间 IP 数据报的单向或往返时间，甚至用于检查两个节点之间的时钟是否同步。ICMP 查询报文都是以查询和应答成对出现的。

(1) 回送请求(Echo Request)和回送应答(Echo Reply)报文。

(2) 时间戳请求(Timestamp Request)和时间戳应答(Timestamp Reply)报文。

4.4.2　ICMP 应用

ICMP 的一个典型应用是 Ping。Ping 是检测网络连通性的常用工具，同时也能够收集其他相关信息。用户可以在 Ping 命令中指定不同参数，如 ICMP 报文长度、发送的 ICMP 报文个数、等待回复响应的超时时间等。设备根据配置的参数来构造并发送 ICMP 报文，进行 Ping 测试，如图 4-26 所示。

```
<RTA>ping ?
STRING<1-255>  IP address or hostname of a remote system
-a             Select source IP address, the default is the IP address of
the
               output interface
-c             Specify the number of echo requests to be sent, the default
is
               5
-d             Specify the SO_DEBUG option on the socket being used
-f             Set Don't Fragment flag in packet (IPv4-only)
-h             Specify TTL value for echo requests to be sent, the default
is
               255
-i             Select the interface sending packets
```

图 4-26　ICMP 应用——Ping(1)

Ping 常用的配置参数说明如下。

(1) –a：source-ip-address 指定发送 ICMP ECHO-REQUEST 报文的源 IP 地址。如果不指定源 IP 地址，将采用出接口的 IP 地址作为 ICMP ECHO-REQUEST 报文发送的源地址。

(2) –c：count 指定发送 ICMP ECHO-REQUEST 报文次数。默认情况下发送 5 个 ICMP ECHO-REQUEST 报文。

(3) –h：ttl-value 指定 TTL 的值，默认值是 255。

(4) –t：timeout 指定发送完 ICMP ECHO-REQUEST 后，等待 ICMP ECHO-REPLY 的超时时间。具体如图 4-27 所示。

```
[RTA]ping 10.0.0.2
 PING 10.0.0.2 : 56  data bytes, press CTRL_C to break
   Reply from 10.0.0.2 : bytes=56 Sequence=1 ttl=255 time=340 ms
   Reply from 10.0.0.2 : bytes=56 Sequence=2 ttl=255 time=10 ms
   Reply from 10.0.0.2 : bytes=56 Sequence=3 ttl=255 time=30 ms
   Reply from 10.0.0.2 : bytes=56 Sequence=4 ttl=255 time=30 ms
   Reply from 10.0.0.2 : bytes=56 Sequence=5 ttl=255 time=30 ms

 --- 10.0.0.2 ping statistics ---
   5 packet(s) transmitted
   5 packet(s) received
   0.00% packet loss
   round-trip min/avg/max = 10/88/340 ms
```

图 4-27　ICMP 应用——Ping(2)

Ping 命令的输出信息中包括目的地址、ICMP 报文长度、序号、TTL 值以及往返时间。序号是包含在 Echo 回复消息(Type=0)中的可变参数字段，TTL 和往返时间包含在消息的 IP 头中。

ICMP 的另一个典型应用是 Tracert。Tracert 基于报文头中的 TTL 值来逐条跟踪报文的转发路径。为了跟踪到达某特定目的地址的路径，源端首先将报文的 TTL 值设置为 1，该报文到达第一个节点后，TTL 超时，于是该节点向源端发送 TTL 超时消息，消息中携带时间戳。然后源端将报文的 TTL 值设置为 2，报文到达第二个节点后超时，该节点同样返回 TTL 超时消息。以此类推，直到报文到达目的地。这样，源端根据返回的报文中的信息可以跟踪到报文经过的每一个节点，并根据时间戳信息计算往返时间。Tracert 是检测网络丢包及时延的有效手段，同时可以帮助管理员发现网络中的路由环路，如图 4-28 所示。

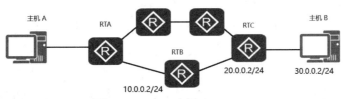

图 4-28　ICMP 应用——Tracert

4.5　互联网路由选择协议

4.5.1　内部网关协议

路由协议的种类非常多，按照工作的范围分为 IGP 和 EGP，根据路由协议的算法分为距离矢量协议和链路状态协议。

按照协议算法分类：

- 距离矢量协议(Distance-Vector Protocol) —— RIP、IGRP、EIGRP、BGP。
- 链路状态协议(Link-State Protocol) —— OSPF、IS-IS。

根据工作范围不同，又可以分为：

- 内部网关协议 IGP(Interior Gateway Protocol) —— RIP、OSPF、IS-IS。
- 外部网关协议EGP(Exterior Gateway Protocol) —— BGP是目前最常用的EGP协议。

1. RIP 协议

RIP(Routing Information Protocol)是基于 D-V 矢量算法的内部动态路由协议。它是第一个被所有主要厂商支持的标准 IP 选路协议，已成为路由器、主机路由信息传递的标准之一，适应于大多数的校园网和传输速率要求稳定的连续的地区性网络，使用的端口号为 520。

RIP 使用一种非常简单的矢量(度量)制度：距离就是通往目的站点所需经过的链路数，取值为 0~15，数值 16 表示无穷大。RIP 进程使用 UDP 的 520 端口来发送和接收 RIP 分组。RIP 分组每隔 30s 以广播的形式发送一次，为了防止出现"广播风暴"，其后续的分组将做随机延时后发送。在 RIP 中，如果一个路由在 180s 内未被刷新，则相应的距离就被设定成无穷大，并从路由表中删除该表项。RIP 分组分为两种：请求分组和相应分组。RIP 是一种较为简单的内部网关协议，主要用于规模较小的网络，复杂环境和大型网络一般不使用 RIP。RIP 有 2 个版本。

RIP-1 的提出较早，其中有许多缺陷，例如：慢收敛，易于产生路由环路，广播更新占用带宽过多、不提供认证功能等。为了改善 RIP-1 的不足，在 RFC1388 中提出了改进的 RIP-2，并在 RFC1723 和 RFC2453 中进行了修订。RIP-2 定义了一套有效的改进方案，新的 RIP-2 支持子网路由选择，支持 CIDR，支持组播，并提供了验证机制。

RIP-2 与 RIP-1 最大的不同是，RIP-2 为一个无类别路由协议，其更新消息中携带子网掩码，它支持 VLSM、CIDR、认证和多播。目前这两个版本都在广泛应用，两者之间的差别导致的问题在 RIP 故障处理时需要特别注意。

RIP 的优点：对于小型网络，RIP 就所占带宽而言开销小，易于配置、管理和实现；但 RIP 也有明显的不足，即当有多个网络时会出现环路问题；采用 RIP 协议，其网络内部所经过的链路数不能超过 15，这使得 RIP 协议不适用于大型网络。

2. OSPF 协议

(1) OSPF 概述

OSPF 是 Open Shortest Path First(开放最短路由优先协议)的缩写。它是 IETF 组织开发的一个基于链路状态的自治系统内部路由协议。在 IP 网络上，它通过收集和传递自治系统(Autonomous System，AS)中的链路状态来动态地发现并传播路由；OSPF 协议支持 IP 子网和外部路由信息的标记引入；它支持基于接口的报文验证以保证路由计算的安全性；OSPF 协议使用 IP Multicasting 方式发送和接收报文。

每个支持 OSPF 协议的路由器都维护着一份描述整个自治系统拓扑结构的数据库，这一数据库是收集所有路由器的链路状态广播而得到的。每一台路由器总是将描述本地状态的信息(如可用接口信息、可达邻居信息等)广播到整个自治系统中。在各类可以多址访问的网络中，如果存在两台或两台以上的路由器，该网络上要选举出"指定路由器"(DR)和"备份指定路由器"(BDR)，"指定路由器"负责将网络的链路状态广播出去。引入这一概念，有助于减少在多址访问网络上各路由器之间邻接关系的数量。OSPF 协议允许自治系统的网络被划分成区域来管理，区域间传送的路由信息被进一步抽象，从而减少了占用网络的带宽。

区域内和区域间路由描述的是自治系统内部的网络结构，而外部路由则描述了应该如何选择到自治系统以外目的地的路由。一般来说，第一类外部路由对应于 OSPF 从其他内部路由协议所引入的信息，这些路由的花费和 OSPF 自身路由的花费具有可比性；第二类外部路由对应于OSPF 从外部路由协议所引入的信息，它们的花费远大于 OSPF 自身的路由花费，因而在计算时，将只考虑外部的花费。

根据链路状态数据库，各路由器构建一棵以自己为根的最短路径树，这棵树给出了到自治系统中各节点的路由。外部路由信息出现在叶节点上，外部路由还可由广播它的路由器进行标记以记录关于自治系统的额外信息。

OSPF 的区域由 BackBone(骨干区域)进行连接，该区域以 0.0.0.0 标识。所有的区域都必须在逻辑上连续，为此，骨干区域上特别引入了虚连接的概念以保证即使在物理上分割的区域仍然在逻辑上具有连通性。

在同一区域内的所有路由器都应该一致同意该区域的参数配置。因此，应该以区域为基础来统一考虑，错误的配置可能会导致相邻路由器之间无法相互传递信息，甚至导致路由信息的阻塞或者自环等。

(2) OSPF 的 4 类路由

OSPF 有 4 类路由，它们是：

● 区域内路由；
● 区域间路由；
● 第一类外部路由；
● 第二类外部路由。

3. IGRP 协议

内部网关路由协议(Interior Gateway Routing Protocol，IGRP)是一种在自治系统中提供路由选择功能的路由协议。IGRP 是一种距离向量(Distance Vector)内部网关协议(IGP)。距离向量路由选择协议采用数学上的距离标准计算路径大小，该标准就是距离向量。距离向量路由选择协议通常与链路状态路由选择协议(Link-State Routing Protocols)相对，这主要在于距离向量路由选择协议是对互联网中的所有节点发送本地连接信息。

IGRP 支持多路径路由选择服务。在循环(Round Robin)方式下，两条同等带宽线路能运行单通信流，如果其中一根线路传输失败，系统会自动切换到另一根线路上。多路径可以是具有不同标准但仍然奏效的多路径线路。例如，一条线路比另一条线路优先 3 倍(即标准低 3 级)，那么意味着这条路径可以使用 3 次。只有符合某特定最佳路径范围或在差量范围之内的路径才可以用作多路径。差量(Variance)是网络管理员可以设定的另一个值。

4. EIGRP 协议

增强的内部网关路由选择协议 EIGRP(Enhanced Interior Gateway Routing Protocol)是增强版的 IGRP 协议。IGRP 是一种用于 TCP/IP 和 OSI 因特网服务的内部网关路由选择协议，被视为是一种内部网关协议，而作为域内路由选择的一种外部网关协议，它还没有得到普遍应用。

EIGRP 与其他路由选择协议之间的主要区别包括：收敛快速(Fast Convergence)、支持变长子网掩码(Subnet Mask)、局部更新和多网络层协议。执行 EIGRP 的路由器存储了所有其相邻路由表，以便于能快速利用各种选择路径(Alternate Routes)。如果没有合适路径，EIGRP 查询其邻居以获取所需路径，直到找到合适路径，Enhanced IGRP 查询才会终止，否则一直持续下去。

EIGRP 协议对所有的 EIGRP 路由进行任意掩码长度的路由聚合，从而减少路由信息传输，节省带宽。另外 EIGRP 协议可以通过配置，在任意接口的位边界路由器上支持路由聚合。

EIGRP 不作周期性更新，当路径度量标准改变时，EIGRP 只发送局部更新(Partial Updates)信息。局部更新信息的传输自动受到限制，从而使得只有那些需要信息的路由器才会更新，因此 EIGRP 损耗的带宽比 IGRP 少得多。

5. ES-IS 和 IS-IS 协议

在 ISO 规范中，一个路由器就是一个 IS(中间系统)，一个主机就是一个 ES(末端系统)。提供 IS 和 ES(路由器和主机)之间通信的协议，就是 ES-IS；提供给 IS 和 IS(路由器和路由器)之间通信的协议也就是路由协议，叫 IS-IS。

IS-IS 协议属于 OSI 模型，在网络层中，子网关联层(Subnetwork Dependent Layer)在子网独立层(Subnetwork Independent Layer)上把链路状态屏蔽掉了，提供给上层一个透明的工作环境。

4.5.2 外部网关协议

BGP(Border Gateway Protocol)是一种用于自治系统 AS 之间的动态路由协议。早期发布的三个版本分别是 BGP-1、BGP-2 和 BGP-3，主要用于交换 AS 之间的可达路由信息，构建 AS 域间的传播路径，防止路由环路的产生，并在 AS 级别应用一些路由策略，当前使用的版本是 BGP-4，如图 4-29 所示。BGP 协议具有如下特点：

(1) BGP 是一种外部网关协议(EGP)，与 OSPF、RIP 等内部网关协议(IGP)不同，其着眼点不在于发现和计算路由，而在于在 AS 之间选择最佳路由和控制路由的传播。

(2) BGP 使用 TCP 作为其传输层协议，提高了协议的可靠性。

(3) BGP 进行域间的路由选择，对协议的稳定性要求非常高，因此用 TCP 协议的高可靠性来保证 BGP 协议的稳定性。

(4) BGP 的对等体之间必须在逻辑上连通，并进行 TCP 连接，目的端口号为 179，本地端口号任意。

(5) BGP 支持无类别域间路由 CIDR(Classless Inter-Domain Routing)。

(6) 路由更新时，BGP 只发送更新的路由，大大减少了 BGP 传播路由所占用的带宽，适用于在 Internet 上传播大量的路由信息。

(7) BGP 是一种距离向量路由协议，BGP 从设计上避免了环路的发生。

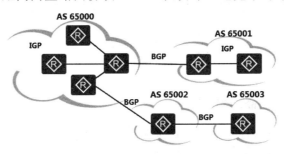

图 4-29　BGP-4 协议示意图

4.5.3　路由器的结构

1. 路由器的体系结构

路由器体系结构随生产厂家不同而不同。选择什么样的路由器体系结构主要基于以下几个因素：输入端口、输出端口、端口数、交换开关、费用、所需的性能及现有的技术、工艺水平。从体系结构上看，路由器可以分为：

- 第一代单总线单 CPU 结构路由器；
- 第二代单总线主从 CPU 结构路由器；
- 第三代单总线对称式多 CPU 结构路由器；
- 第四代多总线多 CPU 结构路由器；
- 第五代共享内存式结构路由器；
- 第六代交叉开关体系结构路由器和基于机群系统的路由器等多类。

2. 路由器的结构

路由器是一种典型的网络层设备，是一种具有多个输入端口和多个输出端口的专用计算机，其任务是转发分组。也就是说，将路由器某个输入端口收到的分组，按照分组要去的目的地(即目的网络)，把该分组从路由器的某个合适的输出端口转发给下一跳路由器。下一跳路由器也按照这种方法处理分组，直到该分组到达终点为止。路由器的转发分组正是网络层的主要工作，如图 4-30 所示给出了一种典型的路由器的构成框图。

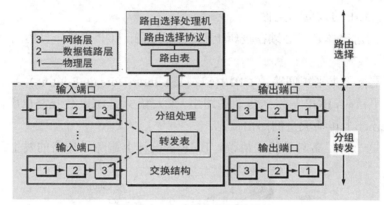

图 4-30 典型的路由器的结构

3. 华为 NE40E 路由器外观结构

华为 NE40E 路由器设计上采用数据平面、管理和控制平面、监控平面相分离的系统架构，这种设计方式不仅有利于提高系统的可靠性，而且方便各个平面单独升级。其外观结构如图 4-31 所示。

- MPU(Main Processing Unit)：主控板，配置文件就在主控板。
- SFU(Switch Fabric Unit)：交换网板，实现数据的交换，从一个板卡传输到另一个板卡。
- LPU(Line Processing Unit)：线路处理板，链接网线和光纤的接口板。

模块单元	数量
进风口	×2
MPU板	×2
交换板	×4
接口板	×16
走线区	×2
风扇框	×4
低频滤波单元	×4
系统配电模块	×8
系统监控单元	×1

图 4-31 华为 NE40E 路由器外观结构

4.6　IPv6 协议

随着 Internet 规模的扩大，IPv4 地址空间已经消耗殆尽。针对 IPv4 的地址短缺问题，曾先后出现过 CIDR 和 NAT 等临时性解决方案，但是 CIDR 和 NAT 都有各自的弊端，并不能作为 IPv4 地址短缺问题的彻底解决方案。另外，安全性、服务质量(QoS)、简便配置等要求也表明需要一个新的协议来根本解决目前 IPv4 面临的问题。

IETF 在 20 世纪 90 年代提出了下一代互联网协议——IPv6，IPv6 支持几乎无限的地址空间。如图 4-32 所示为 IPv4 与 IPv6 的地址数量比较。IPv6 使用了全新的地址配置方式，使得配置更加简单。IPv6 还采用了全新的报文格式，提高了报文处理的效率和安全性，也能更好地支持 QoS。

版本	长度	地址数量
IPv4	32 bit	4,294,967,296
IPv6	128 bit	340,282,366,920,938,463,374,607,431,768,211,456

图 4-32　IPv4 与 IPv6 地址数量

4.6.1　IPv6 数据包基本首部

IPv6 的基本报头在 IPv4 报头的基础上增加了流标签域，去除了一些冗余字段，使报文头的处理更为简单、高效。IPv6 报文由 IPv6 基本报头、IPv6 扩展报头以及上层协议数据单元三部分组成，如图 4-33 所示。基本报头中的各字段解释如下：

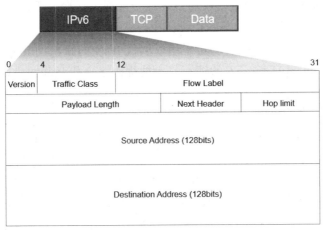

图 4-33　IPv6 基本报头

(1) Version：版本号，长度为 4 位。对于 IPv6，该值为 6。

(2) Traffic Class：流类别，长度为 8 位，它等同于 IPv4 报头中的 TOS 字段，表示 IPv6 数据报的类或优先级，主要应用于 QoS。

(3) Flow Label：流标签，长度为 20 位，它用于区分实时流量。流可以理解为特定应用或进程的来自某一源地址、发往一个或多个目的地址的连续单播、组播或任播报文。IPv6 中的流标签字段、源地址字段和目的地址字段一起为特定数据流指定了网络中的转发路径。这样，报文在 IP 网络中传输时会保持原有的顺序，提高了处理效率。随着三网合一的发展趋势，IP 网络不仅要求能够传输传统的数据报文，还需要能够传输语音、视频等报文。这种情况下，流标签字段的作用就显得更加重要。

(4) Payload Length：有效载荷长度，长度为 16 位，它是指紧跟 IPv6 报头的数据报的其他部分。

(5) Next Header：下一个报头，长度为 8 位。该字段定义了紧跟在 IPv6 报头后面的第一个扩展报头(如果存在)的类型。

(6) Hop Limit(跳数限制)：长度为 8 位，该字段类似于 IPv4 报头中的 Time to Live 字段，它定义了 IP 数据报所能经过的最大跳数。每经过一个路由器，该数值减去 1；当该字段的值为 0 时，数据报将被丢弃。

(7) Source Address：源地址，长度为 128 位，表示发送方的地址。

(8) Destination Address：目的地址，长度为 128 位，表示接收方的地址。

与 IPv4 相比，IPv6 报头去除了 IHL、Identifier、Flags、Fragment Offset、Header Checksum、Options、Padding 域，只增了流标签域，因此 IPv6 报文头的处理较 IPv4 大大简化，提高了处理效率。另外，IPv6 为了更好地支持各种选项处理，提出了扩展头的概念。

4.6.2　IPv6 地址

当前应用在 Internet 上的 IPv4 协议成功连接着全球上亿台主机，大力地促进了 Internet 的发展。但是，随着网络规模的不断扩大，IPv4 的缺陷和不足，使得它不能适应高速发展的 Internet 的要求。为此，IETF 制定了用以取代 IPv4 的新一代 Internet 协议——IPv6，IPv6 是 Internet Protocol Version 6 的缩写，也被称作下一代互联网协议。

1. IPv4 升级的原因

目前使用的版本号为 IPv4 的 IP 协议产生于 1974 年，自使用以来，几乎没有大的修改。但随着 Internet 的发展，IPv4 所面临的问题也越来越突出，这使得人们不得不寻找新的方案来替代它。IPv4 所面临的问题主要表现如下：

首先，IP 地址资源即将枯竭。IPv4 地址是 32 位的，理论上可以分配 42 亿台主机地址，但这只适用于 IP 地址以顺序化分布的网络规模较小的情况。实际 IP 地址采用分级的地址格式，即 IP 地址分为网络地址和主机地址两部分，从而使数据的选路变得更加简单，但也缩小了可用地址范围。在实际使用中，还要除去网络地址、广播地址、路由器地址、保留地址和划分子网的开销，最后有效的地址数目比可用的地址总数还要少很多。由于 Internet 在全球的迅猛发展，其 IP 地址终将会水尽源枯。特别是随着网络智能设备的出现，IP 地址的需求更加强烈。因此，IPv4 面临最严峻的问题是 IP 地址空间的紧缺。

其次，现有 IPv4 的地址结构不合理，其宏大的路由表使网络管理越来越困难，并加重了路由表的工作负担。为了解这些问题，IETF 开发了一些新的协议，但并不能根本解决问题。

另外，IPv4 不能满足业务发展对服务质量(QoS)、拥塞控制进行改善的需求。如视频和实时语音等业务在 Internet 上的传送需要保证一定的时延要求。特别是那些对 QoS 要求较严格的电子商务和实时传输的应用。

最后，安全性方面差。互联网为人们带来全球信息共享的同时，也带来了私人、内部信息的保密问题。

针对上述问题，目前使用的 IPv4 已经难以胜任，人们迫切希望下一代 IP 即 IPv6 的早日出现。

2. IPv6 地址的表示形式

由前面的知识，我们已经知道，Internet 的主机都有一个唯一的 IPv4 地址，IP 地址用一个 32 位二进制数表示。在 RFC1884 中规定 IPv6 地址为 128 位地址长度，几乎可以不受限制地提供地址，格式可写成 8 个 16 位的无符号整数，每个整数用 4 个十六进制位表示，这些数之间用冒号(：)分开。用文本方式表示的 IPv6 地址有三种规范的形式。

(1) 优先选用的形式是 X:X:X:X:X:X:X:X，其中 X 是 8 个 16 位地址段的十六进制值。例如：FEDC:BA98:7654:4210:FEDC:BA98:7654:3210，2001:0:0:0:0:8800:201C:417A，每一组数值前面的 0 可以省略，如 0006 写成 6。

(2) 在分配某种形式的 IPv6 地址时，会发生包含长串 0 位的地址。为了简化包含 0 位地址的书写，可以使用 "::" 符号简化多个 0 位的 16 位组。该符号也可以用来压缩地址中前部和尾部的 0。举例如下：

- FF01:0:0:0:0:0:0:101 多点传送地址或 FF01::101
- 0:0:0:0:0:0:0:1 回送地址或::1
- 0:0:0:0:0:0:0:0 未指定地址或::

(3) 在涉及 IPv4 和 IPv6 节点混合的这样一个节点环境的时候，有时需要采用另一种表达方式，即 X:X:X:X:X:X:D.D.D.D，其中 X 是地址中 6 个高阶 16 位段的十六进制值，D 是地址中 4 个低阶 8 位字段的十进制值。例如：

下面列出两种嵌入IPv4地址的IPv6地址。

0:0:0:0:0:0:202.201.32.29 写成压缩形式为::202.201.32.29。

0:0:0:0:0:FFFF:202.201.32.30 写成压缩形式为::FFFF.202.201.32.30。

上面的表达形式，在实际中经常用到，尤其是压缩简化的形式。

4.6.3 IPv6 网络与 IPv4 网络的主要区别

IPv6 是 Internet 工程任务组(IETF)设计的一套规范，它是网络层协议的第二代标准协议，也是 IPv4 的升级版本。IPv6 与 IPv4 的最显著区别是，IPv4 地址采用 32 位标识，而 IPv6 地址采用 128 位标识。128 位的 IPv6 地址可以划分更多地址层级、拥有更广阔的地址分配空间，并支持地址自动配置。

IPv6 相对于现在的 IPv4 有如下主要改进:

- 更大的地址空间;
- 简化了 IP 报头格式;
- 加强了扩展和选项功能;
- 对服务质量(QoS)的支持;
- 更高的安全性;
- 对邻居发现的即插即用支持;
- 移动 IPv6 将更易于实现应用。

总之,IPv6 作为下一代的 Internet 协议,解决了 IPv4 地址枯竭的问题,简化了网络的配置和管理,并且能够满足各种安全性、实时性和移动性业务开展的需求,使 Internet 焕发出新的生机和活力。

4.7 虚拟专用网和网络地址转换技术

4.7.1 VPN 技术

虚拟专用网络(Virtual Private Network,VPN)就是在公用网络上建立专用网络,进行加密通信,在企业网络中有广泛应用。VPN 网关通过对数据包的加密和数据包目标地址的转换实现远程访问。VPN 可通过服务器、硬件、软件等多种方式实现。

在传统的企业网络配置中,要进行远程访问,传统的方法是租用 DDN(数字数据网)专线或帧中继,这样的通信方案必然导致高昂的网络通信和维护费用。对于移动用户(移动办公人员)与远端个人用户而言,一般会通过拨号线路(Internet)进入企业的局域网,但这样必然带来安全上的隐患。

让外地员工访问到内网资源,利用 VPN 的解决方法就是在内网中架设一台 VPN 服务器。外地员工在当地连上互联网后,通过互联网连接 VPN 服务器,然后通过 VPN 服务器进入企业内网。为了保证数据安全,VPN 服务器和客户机之间的通信数据都进行了加密处理。有了数据加密,就可以认为数据是在一条专用的数据链路上进行安全传输,就如同专门架设了一个专用网络一样,但实际上 VPN 使用的是互联网上的公用链路,因此 VPN 称为虚拟专用网络,其实质上就是利用加密技术在公网上封装出一个数据通信隧道。有了 VPN 技术,用户无论是在外地出差还是在家中办公,只要能上互联网就能利用 VPN 访问内网资源,这就是 VPN 在企业中应用得如此广泛的原因。

现代企业为了在全球范围内开展业务,通常都在公司总部之外设立了分支机构,或者与合作伙伴进行业务合作。分支机构、合作伙伴、出差员工都需要远程接入企业总部网络开展业务,目前通过 VPN 技术可以实现安全、低成本的互联接入和移动办公,如图 4-34 所示。

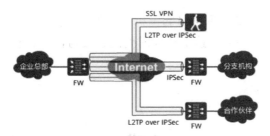

图 4-34　VPN 实现方式

1. VPN 工作流程

VPN 的基本处理过程如下：

(1) 要保护主机发送明文信息到其他 VPN 设备。

(2) VPN 设备根据网络管理员设置的规则，确定是对数据进行加密还是直接传输。

(3) 对需要加密的数据，VPN 设备将其整个数据包(包括要传输的数据、源 IP 地址和目的 IP 地址)进行加密并附上数据签名，加上新的数据报头(包括目的地 VPN 设备需要的安全信息和一些初始化参数)重新封装。

(4) 将封装后的数据包通过隧道在公共网络上传输。

(5) 数据包到达目的 VPN 设备后，将其解封，核对数字签名无误后，对数据包解密。

2. VPN 分类标准

根据不同的划分标准，VPN 可以按几个标准进行分类。

(1) 按 VPN 的协议分类

VPN 的隧道协议主要有三种：PPTP、L2TP 和 IPSec。其中 PPTP 和 L2TP 协议工作在 OSI 模型的第二层，又称为二层隧道协议；IPSec 是第三层隧道协议。

(2) 按 VPN 的应用分类

● Access VPN(远程接入 VPN)：客户端到网关，使用公网作为骨干网在设备之间传输 VPN 数据流量。

● Intranet VPN(内联网 VPN)：网关到网关，通过公司的网络架构链接来自同公司的资源。

● Extranet VPN(外联网 VPN)：与合作伙伴企业网构成 Extranet，将一个公司与另一个公司的资源进行链接。

4.7.2　NAT 技术

1. NAT 定义及背景

随着 Internet 的发展和网络应用的增多，有限的 IPv4 公有地址已经成为制约网络发展的瓶颈。为解决这个问题，NAT(Network Address Translation，网络地址转换)技术应需而生。

NAT 技术主要用于实现内部网络的主机访问外部网络。一方面 NAT 缓解了 IPv4 地址短缺的问题，另一方面 NAT 技术让外网无法直接与使用私有地址的内网进行通信，提升了内网的安全性，如图 4-35 所示。

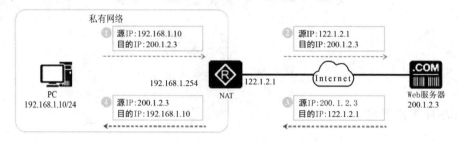

图 4-35　NAT 技术实现过程

对 IP 数据报文中的 IP 地址进行转换，是一种在网络中被广泛部署的技术，一般部署在网络出口设备，例如路由器或防火墙上。在私有网络内部(园区、家庭)使用私有地址，出口设备部署 NAT，对于"从内到外"的流量，网络设备通过 NAT 将数据包的源地址进行转换(转换成特定的公有地址)，而对于"从外到内的"流量，则对数据包的目的地址进行转换。

2. NAT 技术分类

(1) 静态 NAT

每个私有地址都有一个与之对应并且固定的公有地址，即私有地址和公有地址之间的关系是一对一映射。

(2) 动态 NAT

静态 NAT 严格地一对一进行地址映射，这就导致即便内网主机长时间离线或者不发送数据，与之对应的公有地址也处于使用状态。为了避免地址浪费，动态 NAT 提出了地址池的概念，所有可用的公有地址组成地址池，动态地转换私有地址。

(3) NAPT

从地址池中选择地址进行地址转换时不仅转换 IP 地址，同时也会对端口号进行转换，从而实现公有地址与私有地址的 1:N 映射，这样可以有效提高公有地址利用率，达到真正解决公有 IP 地址的目的。

(4) Easy-IP

其实现原理和 NAPT 相同，同时转换 IP 地址、传输层端口，区别在于 Easy IP 没有地址池的概念，使用接口地址作为 NAT 转换的公有地址。Easy IP 适用于不具备固定公网 IP 地址的场景：如通过 DHCP、PPPoE 拨号获取地址的私有网络出口，可以直接使用获取到的动态地址进行转换。

(5) NAT Server

指定[公有地址:端口]与[私有地址:端口]的一对一映射关系，将内网服务器映射到公网，当私有网络中的服务器需要对公网提供服务时使用，用于公网访问私网中的服务器。

习 题

4-1 简要说明数据报与虚电路两者的主要区别是什么。

4-2 子网掩码的作用是什么？

4-3 什么是子网与 IP 地址的三级层次结构？划分子网的基本思想是什么？

4-4 试比较物理地址与 IP 地址的异同点，并说明为什么需要进行地址解析。

4-5 IPV6 的地址长度是多少？地址空间有多大？简要说明 IPv6 的优点。

4-6 什么是 VPN 和 NAT？

4-7 IP 报文头部中 TTL 字段的作用是什么？

4-8 已知 IP 地址为 200.168.100.114，子网掩码为 255.255.255.224，试计算该网络的有效子网数，每个子网的主机地址范围和广播地址。

4-9 若将一个 B 类的网络地址 172.17.0.0 划分为 14 个子网，请计算出每个子网的子网掩码，以及在每个子网中主机 IP 地址范围是多少。

4-10 对于一个从 192.168.80.0 开始的超网，假设能够容纳 4004 台主机，请写出该超网的子网掩码以及所需使用的每一个 C 类网络地址。

第 5 章

传输层

本章重点介绍以下内容:
- 传输层概述
- UDP 协议
- TCP 协议
- TCP 的链接管理
- TCP 可靠传输的实现

5.1 传输层概述

5.1.1 传输层的功能

网络层提供了开放系统间点到点 (End-to-End) 的信道, 即网络连接 (Network Connection), 它通过寻址的方式, 把数据包从一个主机发送到另一个主机上。如果一个主机有多个进程同时在使用网络连接, 那么数据包到达主机之后, 如何区分它属于哪个进程呢? 为了区分数据包所属的进程, 就需要用到传输层 (Transport Layer)。并且, 网络层协议提供的是不可靠、无连接和尽力传送的服务, 如果对于可靠性要求很高的上层协议, 就需要在传输层实现数据传输的可靠性。传输层是唯一负责总体的数据传输和数据控制的一层协议, 如图 5-1 所示。

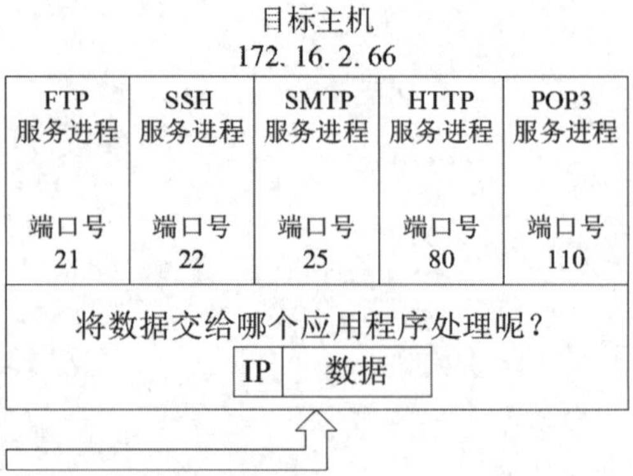

目标主机
172.16.2.66

FTP 服务进程	SSH 服务进程	SMTP 服务进程	HTTP 服务进程	POP3 服务进程
端口号 21	端口号 22	端口号 25	端口号 80	端口号 110

将数据交给哪个应用程序处理呢?

IP	数据

图 5-1　数据需要传递给应用程序

5.1.2　传输层的主要协议

传输层里有两个代表性的协议，分别是 TCP(Transmission Control Protocol)和 UDP(User Datagram Protocol)。

TCP 即传输控制协议，是面向连接的、可靠的流协议。它实现发送端和接收端无间隔的数据流传输，实行"顺序控制"或"重发控制"机制，具备"流量控制""拥塞控制"等多项功能。

UDP 即用户数据报协议，不具有可靠性，细微的处理和控制交给上层的应用去处理。比如，UDP 可以确保发送数据的大小，却不能保证数据一定会到达，上层应用会根据需要进行重发处理。

传输层还有 STCP、UDP-Lite、DCCP 等协议。

5.1.3　端口与套接字

由于在一台计算机中同时存在多个进程(每个进程都是程序的一次执行)，要进行进程间的通信，首先要解决进程的标识问题。TCP 和 UDP 采用协议端口来标识某一主机上的通信进程。

以包裹为例，发件人在自己所在地(源 IP 地址)发出包裹，快递公司根据收件人地址(目标 IP 地址)向目的地(计算机)投递包裹(IP 数据包)，包裹到达目的地后由对方(传输层协议)根据包裹信息判断最终的接收人(接收端应用程序)。包裹信息中不仅有地址信息，还有发件人与收件人的姓名和电话。

与此类似，传输层使用端口号(Port Number)这样一种识别码来标记对应的进程程序。所谓端口，在网络中有两种含义：一种为物理意义上的端口，比如交换机、路由器用于连接其他网络设备的接口；另一种便是传输层协议中标记应用进程的逻辑意义上的端口，每个端口都拥有一个端口号，端口号的范围从 0 到 65535，比如用于网页服务的 80 端口，用于 FTP 服务的 21 端口等。

互联网编号指派机构(IANA)负责分配端口号，IANA 是一个负责分配多种地址的标准化团体(官方网站：www.iana.org)。端口号有不同类型，如表 5-1 所示。

表 5-1　端口的不同类别

端口类别	端口号范围
公认端口(Well-Know Ports)	0～1023
注册端口(Registered Ports)	1024～49151
私有或动态端口(Private or Dynamic Ports)	49152～65535

1. 公认端口

其端口号从 0 到 1023，这些端口用于常见服务和应用程序，如表 5-2 所示。HTTP(Web 服务)、DNS(域名服务)、FTP(文件传输服务)以及 Telnet 等常见应用程序使用这些端口号。普通应用程序应该避免使用公认端口进行既定目的之外的通信，以免发生冲突。

表 5-2 部分常见的公认端口

端口号	服务名	说明
20	ftp-data	FTP 文件传输服务(数据)
21	ftp	FTP 文件传输服务(管理)
22	ssh	SSH 远程登陆服务
23	telnet	Telnet 远程登陆服务
25	smtp	简单电子邮件传输服务
53	domain	域名解析服务
80	http	WWW 网页服务，超文本传输协议
110	pop3	Post Office Protocol 3 邮局协议版本 3
143	imap	交互邮件访问协议
161	snmp	简单网络管理协议
443	https	超文本传输安全协议

2．注册端口

其端口号从 1024 到 49151，这些端口由 IANA 分配给用户进程或应用程序。这些进程主要是用户选择安装的一些应用程序，而不是已经分配了公认端口的常用程序，需要在 IANA 注册，防止重复。

关于公认端口号和注册端口号的最新分配情况，可在 IANA 官方网站上查询(地址：https://www.iana.org/assignments/service-names-port-numbers/)。

3．私有或动态端口

其端口号从 49152 到 65535，这些端口也称为临时端口或短暂端口，它们往往在开始连接时被动态分配给客户端应用程序，只有该程序运行时才存在。

TCP 和 UDP 都是提供进程通信能力的传输层协议。它们各自使用一套端口号，两套端口号相互独立，范围都是 0～65535。同一个端口号在 TCP 和 UDP 中可能对应不同类型的应用进程，也可能对应相同类型的应用进程。为了唯一标识进程，需要指明协议、主机地址和端口号。

不同协议的端口没有关联，不会相互干扰。两个进程之间的通信，可以用协议、本地主机地址、本地端口号、远程主机地址、远程端口号五个要素来描述，只要其中一项不同，就被认为是其他通信。已确认协议的应用进程，可以设置对端的 IP 地址和端口号来实现数据的发送和接收，此时可以使用套接字(Socket)，如图 5-2 所示。

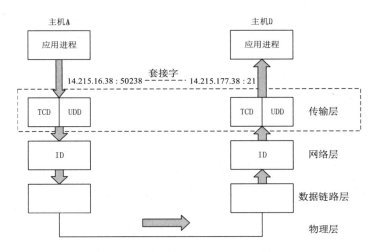

图 5-2　套接字是应用进程通信管道

套接字是由主机的 IP 地址加上主机上的端口号组成的地址。例如，套接字地址 14.215.177.38 : 21，表示指向 IP 地址为 14.215.177.38 的计算机的 21 端口。套接字是传输层协议连接的端点。客户端和服务器进程通信之前，双方各自创建一个端点，客户端根据服务器熟知的地址建立 Socket 套接字连接。可以用一个完整的关联描述一个 Socket 连接：协议，本地主机地址，本地端口号，远程主机地址，远程端口号。每个 Socket 都有一个由操作系统分配的本地唯一的 Socket 号。

5.2 UDP 协议

5.2.1 UDP 协议概述

UDP 是 User Datagram Protocol 的缩写，是一种无连接的传输层协议，它利用 IP 提供面向事务的简单不可靠信息传送服务。UDP 不提供复杂的控制机制，它将应用程序发来的数据在收到的那一刻，立即按照原样发送到网络上。

UDP 是一个非常简单的协议，它同 IP 协议一样提供无连接数据报传输，UDP 在 IP 协议上增加了进程通信能力。例如，如果一个工作站希望在工作站 172.16.3.1 上使用域名服务系统，它就会给数据包一个目的地址 172.16.3.1，并且在 UDP 头插入目标端口号 53。源端口号标志了请求域名服务的本地机的应用程序，同时需要将所有由目的地生成的响应包都定向到源主机的这个端口号上。

UDP 提供无连接的服务，在传输数据之前不需要先建立连接，目标主机的传输层在收到 UDP 数据报后，也不需要给出任何应答。UDP 发出的每一个用户数据报都是独立的数据报，都携带了完整的目标地址，每一个数据报都可以被系统独立地路由。例如，有 2 条报文被发送给同一个目的主机时，报文 1 和报文 2 可以独立的选择路径。

通常情况下，先发送的报文 1 先到达，后发送的报文 2 后到达；但也有可能先发送的报文 1 被延迟导致后发送的报文 2 先到达。UDP 并不进行数据报编号，也就是说，UDP 保留应用程序定义的报文边界，并不把单个应用报文划分成几个部分，也不把几个应用报文组合在一起。因此，应用程序必须关心数据报的长度，数据单元要足够小才能够装到 UDP 分组中。

与 TCP 不同，UDP 并不提供对 IP 协议的可靠机制、流控制等功能。即使是出现网络拥堵的情况下，UDP 也无法进行流量控制但避免网络拥塞的行为。传输途中即使出现丢包，UDP 也不负责重发。甚至当出现包的到达顺序乱掉时也没有纠正的功能。UDP 只提供了很低水平的差错控制，即利用校验和检查数据的完整性。如果 UDP 检测出在收到的分组中有差错，它就悄悄地丢弃这个分组，而不产生任何差错报文。

如果需要更多细节控制，那么不得不交由采用 UDP 的应用程序去处理。UDP 有点类似于用户说什么就听什么的机制，但是需要用户充分考虑好上层协议类型并制作相应的应用程序。因此，UDP 里的用户 user，其实更多的是指程序员。所以，也可以认为 UDP 是按照程序员的编程思路在传送数据报。

由于 UDP 面向无连接，可以随时发送数据，再加上 UDP 本身的处理既简单又高效，因此常用于以下几个方面：

- 包总量较少的通信(DNS、SNMP、TFTP 等)
- 视频流、IP 语音等多媒体通信(即时通信)
- 限定于 LAN 等特定网络中的应用通信
- 广播通信(广播、多播)

5.2.2　UDP 数据报的首部格式

UDP 将应用层的数据封装成数据报进行发送。UDP 数据报由首部和数据构成，采用定长首部，长度为 8 个字节。UDP 数据报格式如图 5-3 所示。

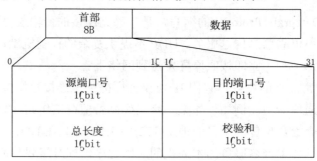

图 5-3　UDP 用户数据报格式

源端口字段长度为 16 位，定义主机中发送本 UDP 数据报的应用程序的端口号。当不需要返回数据时该字段值为零。目的端口字段长度为 16 位，定义接收本 UDP 数据报的应用程序的端口号。UDP 总长度字段为 16 位，以字节为单位指示整个 UDP 数据报的长度，其实最小值为 8 是不含数据的 UDP 首部长度的。UDP 建立在 IP 之上，整个 UDP

数据报被封装在 IP 数据报中传输。虽然 16 比特的 UDP 总长度字段可以标识 65 535 字节，但由于 IP 数据报总长度受 65 535 字节的限制，并且 IP 数据报首部至少要占用 20 字节，因此实际 UDP 最大长度为 65 515 字节，其最大数据长度为 65 507 字节。

　　UDP 的校验和字段长度为 16 位，是可选字段，为 0 时表明不对 UDP 进行校验。在 UDP/IP 这个协议栈中，UDP 校验和是保证数据正确的唯一手段。在计算校验和时，除了 UDP 数据报本身外，还加上了一个伪首部。伪首部不是 UDP 数据包的有效成分，只是用于验证 UDP 数据报是否传到正确的目的端的手段。UDP 伪首部的格式如图 5-4 所示。

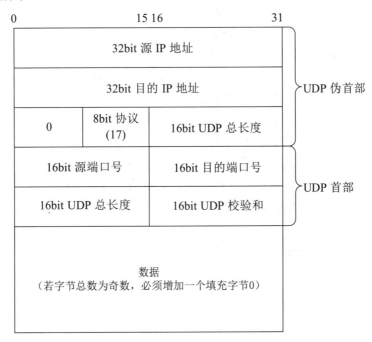

图 5-4　UDP 伪首部添加在 UDP 数据报上

　　UDP 伪首部的信息来自于 IP 数据报的首部，UDP 校验和的计算方法与 IP 数据报首部校验和的计算方法完全相同，在计算 UDP 校验和之前，UDP 首先必须从 IP 层获得有关信息。UDP 数据报的发送方和接收方在计算校验和时都加上伪首部信息。若接收方验证校验和是正确的，这说明数据到达了正确主机上正确协议的正确端口。

　　UDP 伪首部中全 0 字段长度为 8 位，起填充作用，目的是使伪首部的长度为 16 位的整数倍。8 位的协议字段指明当前协议为 UDP，UDP 协议的值为 17。UDP 总长度字段以字节为单位指明 UDP 数据报的长度，该长度不包括伪首部在内。

　　UDP 协议的特点：UDP 传送数据前并不与对方建立连接，即 UDP 是无连接的，在传输数据前，发送方和接收方相互交换信息使双方同步；UDP 不对收到的数据进行排序，在 UDP 报文的首部中并没有关于数据顺序的信息，而且报文不一定按顺序到达，所以接收端无从排序；UDP 对接收到的数据报不发送确认信号，发送端不知道数据是否被正确接收，即便丢失也不会重发数据；UDP 传送数据较 TCP 快速，系统开销也少。

5.3 TCP 协议

5.3.1 TCP 协议概述

传输控制协议(Transmission Control protocol，TCP)就是为了在不可靠的互联网上提供一个可靠的端到端传输，面向字节流连接而设计的。TCP 服务增加了面向连接和可靠性的特点，是对数据的"传输、发送、通信"进行"控制"的"协议"。TCP 使用端口号来完成进程到进程的通信，应用数据会被分割成 TCP 认为最适合发送的数据块，这和 UDP 完全不同，应用程序产生的数据报长度将保持不变。TCP 发送数据后启动一个定时器，另一端对收到的数据进行确认；对失序的数据进行重新排序，丢弃重复数据。TCP 使用滑动窗口实现流量控制，并计算和验证一个强制的端到端校验和。TCP 提供了传输层几乎所有的功能，不可避免地增加了系统开销，是一个非常复杂的协议。TCP 保证数据传送可靠、按序、无流失和无重复，这正是大多数用户所期望的。

TCP 协议中所谓的连接是指网络中进行通信的两个应用程序为了相互传递消息而建立的专有的、虚拟的通信线路，也叫做虚拟电路。一旦建立了连接，进行通信的 2 个应用程序只使用这个虚拟线路发送和接收数据，就可以保障信息的传输。应用程序不用顾虑 IP 网络上可能发生的各种问题，由 TCP 负责连接的建立、断开、保持等管理工作，如图 5-5 所示。

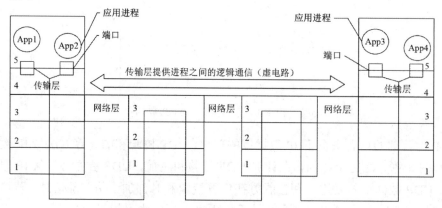

图 5-5　传输层进程之间的逻辑通信

5.3.2 TCP 报文段的首部格式

TCP 将应用数据分块并封装成 TCP 报文段进行发送。TCP 报文段由段首部和数据构成。段首部长度在 20 到 60 字节之间，由定长部分和变长部分构成，定长部分长度为 20 字节，变长部分是选项和填充，长度在 0 到 40 字节之间。TCP 报文段格式如图 5-6 所示。

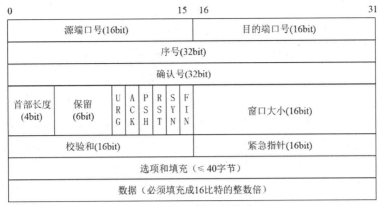

图 5-6   TCP 报文段格式

TCP 报文段格式中各个字段的含义和作用如下。

(1) 源端口号和目的端口号

源端口号字段和目的端口号字段长度均为 16 位，定义发送和接收本 TCP 报文段的应用程序的端口号，即分别标识一个连接的两端的两个应用程序。一个端口号加上其主机的 IP 地址构成一个唯一端点。源端点和目的端点合起来标识了一个连接。

(2) 序号

序号字段长度为 32 位。TCP 是面向字节流的，它把一个连接中发送的每一个数据字节(注意不是数据段)都编上号。当 TCP 从应用进程收到数据字节时，就把它们存储在发送缓存中，并进行顺序编号。编号不一定从 0 开始，而是由随机数产生器从 $0 \sim 2^{32}-1$ 之间产生一个随机数作为第一个字节的编号。

TCP 报文段首部中的这个序号，是指当前报文段中数据的第一个字节编号。当目的进程知道数据块长度时，也就知道了当前数据块的最后一个字节的序号。比如，在一个 TCP 报文段中标识序号为 101，数据长度为 100B(字节)，则最后一个字节的序号为 200，那么下一个报文段的首部序号为 201。

TCP 连接的通信是双向的，每一个方向上的发送数据编号相互独立。

(3) 确认号

确认号字段长度为 32 位。确认号标明了接收方希望下一次收到对方发送的数据的第一个字节的序号，也就表明该序号之前的数据已经被正确接收。这也被称为载答技术，即在发送的报文段中捎带上对对方数据的确认，以此减少传输的报文数。TCP 没有对报文段的否认机制，如果一个数据块有错(通常是检验和错误)，则接收端会发回一个相同确认号的报文段，以此要求重发。

(4) 首部长度(HLEN)

首部字段长度为 4 位，也称为数据偏移。它指出报文段数据开始的地方距离 TCP 报文段起始处有多远，这个距离是以 4B(32 位)为单位测量的，即首部长度的数值表示数据开始的地方距离报文段起始处有多少个 4B。比如，如果 TCP 报文段首部长度为 5，则 TCP 首部有 20B。由于 TCP 首部中有可选项，因而首部长度并不固定。

(5) 保留字段

保留字段长度为 6 位，留作将来使用。

保留字段之后，是 6 位的控制字段，每一位都有特定的含义和功能。

(6) URG

URG 为紧急标志，紧急标志需要与紧急指针配合使用。只有当 URG 标志为 1 时，紧急指针才有效。当报文段中含有紧急数据时，紧急指针被使用，URG 被置为 1。例如，已经发送了大量数据供目的主机程序运行使用，后来发现有些问题要取消这个程序的运行，便发出中断信号，这就属于紧急数据。紧急指针字段给出本 TCP 报文段中紧急数据的最后一个字节的序号。刚发现紧急数据时，TCP 就告诉应用程序进入紧急方式，当所有紧急数据都被使用完毕后，再返回正常运行方式。

(7) ACK

ACK 为确认位，用来指示确认号有效。只有当 ACK 为 1 时，确认号字段才有效；若 ACK 为 0，则表示该报文段不包含确认信息，即确认号字段被忽略。

(8) PSH

PSH 为推送标志。当接收方接受到 PSH 为 1 的报文段后，便知道了发送方要求推送操作，应立即将缓存中的数据交给接收的应用进程，而不需要等待后续数据的到达。

注意 PSH 和 URG 的差异。PSH 为 1 时，接收方立即将缓存中的数据提交给应用程序，尽管如此，数据的发送和提交仍然是按照数据的先后次序进行处理的。而当 URG 为 1 时，接收方会优先发送紧急数据给应用程序，不必排队等待。

(9) RST

RST 为复位标志，用来重新建立连接。当一个连接出现严重差错时，必须要进行重置，RST 为 1 时，就表明当前连接必须释放。连接释放后再重新建立连接，通信双方重新同步并初始化连接变量。RST 还可以用于拒绝一个非法的报文段或一个连接请求。

(10) SYN

SYN 为同步标志。当 SYN 为 1 时，表明这是一个请求连接或同意连接的报文，用 ACK 的值来区分是哪一种报文。比如，当报文段 SYN=1，ACK=0 时，表明这是一个 TCP 连接请求；而报文段 SYN=1，ACK=1 时，则表明同意建立连接。

(11) FIN

FIN 为终止标志。用来释放一个连接。当 FIN 为 1 时，表明数据已经发送完毕，请求释放链接。需要注意的是，FIN 为 1，只是请求关闭发送方向的连接，他依然可以继续接收对方发来的数据，直到对方也发来 FIN 为 1 的报文段。

(12) 窗口大小

窗口大小字段长度为 16 位。窗口大小字段用于向对方通告当前本机的接收缓存大小(以字节为单位)。窗口大小的值表明在确认号字段给出的字节后面还可以发送的字节数。如果当前窗口大小为 0 则表示它收到了包括确认号减 1 在内的所有数据，但是当前接收缓存已满，不能再接收数据，要求发送方不要再发送数据。发送方需等待收到窗口大小非 0 的确认报文后，再继续发送。窗口大小是 TCP 实现流量控制的重要字段。

(13) 校验和

校验和字段占 16 位。校验和的校验范围包括段首部、数据以及伪首部。TCP 报文段的伪首部格式如图 5-7 所示。

图 5-7　TCP 报文段伪首部格式

在计算校验和时引入伪首部的目的是验证 TCP 数据段是否传送到了正确的目的端。TCP 报文段只包含目的端口号，不能构成一个完整的端应用进程的标识，所以需要为首部来补充信息。TCP 报文段的伪首部信息来自于 IP 数据包的首部。TCP 报文段的发送方和接收方在计算校验和时都会加上伪首部信息。TCP 校验和的算法是将所有 16 位按 1 的补码形式相加，然后对和取反。若接收方验证的校验和是正确的，这说明数据到达了正确主机上正确协议的正确端口。TCP 校验和是保证数据正确性的唯一手段，它是一个强制性的字段，由发送端计算和存储，并由接收端进行验证。

(14) 紧急指针

紧急指针字段占 16 位。只有当紧急标志为 1 时，紧急指针字段才有效，并指示这个报文段中包括紧急数据。

(15) 选项

TCP 选项是变长字段，常见的 TCP 选项如表 5-3 所示。

表 5-3　TCP 常见选项

名称	代码	长度	描述
选项结束 EOL	00000000	1B	指示 TCP 选项列表结束
空操作 NOP	00000001	1B	用来填充 TCP 选项
数据的最大长度 MSS	00000010	4B	标识本机能接收数据的最大长度
窗口规模因子 WSOPT	00000011	3B	可扩展窗口的大小
SACK 选项	00000100	2B	选择重传支持选项
SACK 块信息	00000101	变量	选择重传的数据边界
时间戳选项	00001000	10B	记录发送和接收的时间戳

其中，选项结束标志为单字节选项，也就是 8 位，当值为 0 的时候，表示选项结束。空操作选项为单字节选项，代码为 1，用于选项的填充，实现 32 位对齐。

最重要的选项是 MSS(Maximum Segment Size)，定义的是数据的最大长度，即缓存所能接受的报文段中数据的最大长度，而不是报文段的最大长度。MSS 值的范围在 0～65 535 之间。在连接建立的过程中，连接双方都要宣布它的 MSS，并且查看对方给出的

MSS。通常每一方都在建立连接的第一个报文段中指明这个选项，也就是说 MSS 选项只能出现在 SYN 为 1 的报文段中。在以后的数据传送过程中，MSS 取双方给出的较小值。如果没有指明这个选项，它使用默认值 536B。最大报文长度是由报文段的目的端而不是源端确定的，也就是说，当 A、B 双方建立连接时，A 方定义了 B 方发送的 MSS，B 方定义了 A 方发送的 MSS。两个方向的最大报文段长度可以不相同。

窗口规模因子选项为多字节选项，长度为 3 字节，代码为 3。在 TCP 段的首部存在 16 位的窗口大小字段，但在高质量的网络中，65 535 字节的窗口仍然比较小，通过在选项中采用窗口规模因子，可以增加窗口的大小。增加以后的窗口大小计算方式是：$W_n=W_0\times2^f$，W_n 表示新窗口的大小，W_0 表示 TCP 首部的窗口大小字段的值，f 为选项中的窗口规模因子的值。

时间戳选项为多字节选项，长度为 10 字节，代码为 8。时间戳字段由发送端在发送报文段时填写。在接收方的确认报文段中，将接收到报文段的时间戳填入时间戳选项，发送端根据发送时间戳和接收时间戳计算出报文段的往返时间。

5.4 TCP 的连接管理

5.4.1 TCP 的连接建立

TCP 是面向连接的传输层协议，在每一次数据传输之前，首先需要在应用进程间建立传输连接，也就是在源进程和目的进程之间建立一条逻辑上的通道，简称虚电路。然后，TCP 以全双工的方式传送数据。

在 TCP 中，建立连接采用 3 次握手的方式实现。建立连接的过程从服务器开始，服务器进程发出已准备好接受客户进程连接请求的信息，被动的等待握手。客户端应用进程需要建立传输连接时，便发出建立连接请求。TCP 建立连接的 3 次握手的过程如图 5-8 所示，具体步骤如下。

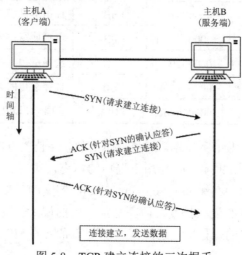

图 5-8　TCP 建立连接的三次握手

(1) 客户端应用进程发送第一个报文段，即 SYN 报文段。此 SYN 报文段指明将要连接的服务器的端口，以及发送数据的初始序号。如果客户端需要，也会在报文段中增加相应的选项，比如定义从服务器接收的 MSS。此报文段中 SYN 同步标志设置为 1，ACK 确认标志设置为 0。

(2) 如果服务器端同意接收连接，则发回报文段。在发回的报文段中还有 2 个部分的内容，一是对客户端请求的回应，它将 ACK 确认标志设置为 1，根据客户端发出的序号设置确认号；二是向客户端发出连接请求，它将 SYN 同步标志设置为 1，同时选择服务器端的初始序号，如果需要也可以在报文段中增加相应的选项。此报文段中 ACK 标志为 1，SYN 标志为 1，所以这个报文段也称为 SYN+ACK 报文段。注意，一个 SYN 将占用一个序号。

(3) 客户端在收到服务器发回的报文段后，这样发出一个确认报文段：它使用 ACK 确认标志和确认号字段来确认收到了服务器的报文，对服务器的 SYN 报文段进行确认。此报文段中，ACK 确认标志为 1，SYN 同步标志为 0。

运行客户应用进程的主机 TCP 通知其上层应用进程连接已建立；运行服务器进程的主机 TCP 在收到确认之后，也通知其上层应用进程连接已建立。这时就可以开始发送和接收数据了。

5.4.2　TCP 的连接释放

在数据传输结束后，通信的双方都可以发出释放连接的请求。因为 TCP 连接是全双工的，所以每个方向的连接都必须单独地进行关闭。TCP 连接的释放需要双方都发送一个 FIN 终止标记为 1 的报文段，当一个 FIN 报文段被确认后，该方向的连接就被关闭。也就是说，收到一个 FIN 报文段，只是关闭了这一个方向上的数据传送连接。只有 2 个方向的连接都被关闭后，该 TCP 连接才被完全释放。因此，释放一个 TCP 连接需要 4 个 TCP 报文段的交互，这称为 4 次握手，如图 5-9 所示。4 次握手的详细步骤如下：

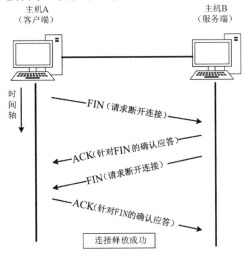

图 5-9　TCP 释放连接的四次握手

(1) 首先需要关闭连接的主机 A 发送第一个报文段，即 FIN 报文段，终止标记 FIN 为 1。主机 A 主动关闭，不再发送数据。

(2) 主机 B 收到主机 A 发来的 FIN 报文段后，发送 ACK 报文段，向主机 A 确认 FIN 报文段。

(3) 主机 B 可以继续向主机 A 发送数据，当主机 B 数据发送完毕以后，主机 B 发出 FIN 报文段，终止标记 FIN 为 1。主机 B 主动关闭，不再发送数据。

(4) 主机 A 在收到主机 B 的 FIN 报文段后，发送 ACK 报文段，向主机 B 确认收到了 FIN 报文段。至此，整个 TCP 连接已经全部释放。

注意，一个 FIN 终止标志占用一个序号。

一个 TCP 连接的两端，也可能同时发送 FIN 终止报文段，双方都执行主动关闭，这两个报文段都按常规的方法被确认，然后 TCP 连接被释放。这和两台主机按顺序先后释放连接没有本质区别。

在现实网络当中，常见的是客户端/服务器模式。服务器端应用进程通常处于监听状态，被动等待连接。所以 TCP 连接通常是由客户端发起的。然而，TCP 连接的每一端都能主动关闭连接，都可以首先发送 FIN 终止报文段。因为客户端应用进程由用户控制，所以一般情况下是客户端应用进程首先发起终止连接请求。

TCP 在建立连接、释放连接和数据传输期间所发生的所有状态，以及各状态可能发生的转换，可以通过如表 5-4 所示的有限状态机来描述。

表 5-4　TCP 的状态

状态	描述
CLOSED	不存在连接
LISTEN	服务器等待来自客户的连接请求
SYN_SENT	已发送连接请求，等待 ACK
SYN_RCVD	收到连接请求
ESTABLISHED	连接建立，可传送数据
FIN_WAIT1	应用程序请求关闭连接，已发出 FIN
FIN_WAIT2	另一方已同意释放连接
TIME_WAIT	等待所有重传的报文段消失
CLOSING	双方同时开启关闭连接
CLOSE_WAIT	服务器等待应用进程释放连接
LAST_ACK	服务器等待最后的确认

5.5　TCP 可靠传输的实现

5.5.1　停止等待协议

TCP 除了提供进程通信能力以外，还要提供可靠性传输。可靠性传输协议当中最简单的就是停止等待协议。

停止等待协议，又称为停止等待 ARQ(Automatic Repeat Request，自动重传请求)协议。"停止等待"就是每发送完一个报文段就停止发送，等待对方确认后再发送下一个报文段。如果网络情况良好，报文段的发送和接收就很顺利；但若网络情况不好，报文段就容易出现差错，甚至出现报文段丢失的情况。如何保证可靠性呢？停止等待协议是这样设计的：每发送完一个报文段就设置一个超时计时器，如果在规定时间内收到对方的确认，就撤销该超时计时器；如果没有在规定时间内收到对方的确认，就认为刚才发送的报文段丢失了，便会对丢失的报文段进行重发。

比如，主机 A 向主机 B 发送报文段 M1。如果该报文段在发送过程中丢失，或者主机 B 在接收到报文段 M1 之后检测到差错便丢弃了报文段 M1，B 主机不会发送确认报文段，继续等待。主机 A 没有在规定时间内收到主机 B 的确认，便会对报文段 M1 进行重发。这种情况称为超时重传，如图 5-10 所示。

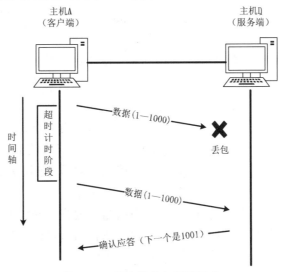

图 5-10　停止等待与超时重传

这里注意几点：

(1) 主机 A 每发送完一个报文段，必须暂时存储已发送的报文段副本，以供超时重传时使用，当收到对方对该报文段的确认时再清除本地存储的副本。

(2) 每一个报文段都必须进行编号，才能明确哪一个报文段被确认。

(3) 超时计时器设置的时间比数据传输的平均往返时间要更长一些。如果重传时间过长会导致通信效率低下，但若重传时间过短会导致不必要的重传，浪费网络资源。

如果主机 B 收到主机 A 的 M1 报文段后，主机 B 发送的 M1 确认报文段在网络中丢失了，主机 A 在规定时间内没有收到主机 B 的确认，主机 A 会在超时计时器到期后重新发送 M1 报文段。主机 B 再次收到了报文段 M1，主机 B 会丢弃重复的 M1 报文段，再次向主机 A 发送 M1 确认报文段。这种情况称为确认丢失。

还有一种情况，主机 B 发送的 M1 确认报文段迟到了，主机 A 并没有在规定时间内收到主机 B 的 M1 确认报文段，主机 A 会重发 M1 报文段；主机 B 在收到重复的 M1 报文段后会丢弃并重传 M1 确认报文段，主机 A 在收到重传的 M1 确认报文段后，又收到了主机 B 迟到的 M1 确认报文段，主机 A 会丢弃迟到的 M1 确认报文段。这种情况称为确认迟到。

使用停止等待协议的缺点是每次发送分组时必须等到分组确认后才能发送下一个分组，这样会造成信道的利用率过低。

5.5.2 连续 ARQ 协议

停止等待协议有可能会遇到两种极端的情况：一种是发送端只发送一个字节的数据，然后等待确认，当收到接收端确认后再发送下一个字节。如果数据要走很长的距离，那么发送端将在很长一段时间内处于等待的空闲状态，这就使得传输效率很低。另一种极端情况是发送端发送非常大的数据段从而提高传输效率，却有可能造成接收端的缓存溢出。此外，当部分数据丢失、重复、错误，接收端对所有数据进行校验之前，发送端是不会知道的。

连续 ARQ 协议是为了解决停止等待 ARQ 协议对信道的利用率过低的问题。它通过连续发送多组数据，然后再等待对此多组报文段的确认回答，对于如何处理分组中可能出现的差错恢复情况，一般可以使用滑动窗口协议和选择重传协议来实现。

连续 ARQ 协议可以提高信道的利用率。它引入了滑动窗口，通过滑动窗口可以批量发送数据，发送方维持一个发送窗口，凡位于发送窗口内的分组都可以连续发送出去，而不需要等待对方确认。接收方一般采用累计确认，对按序到达的最后一个分组发送确认，表明到这个分组为止的所有分组都已经正确收到了。

如图 5-11 所示，滑动窗口大小为 6，可以批量地发送 6 个消息；当收到 1 和 2 的确认消息之后，滑动窗口就可以往后移两个位置，将窗口内还没有发送的数据发送出去。

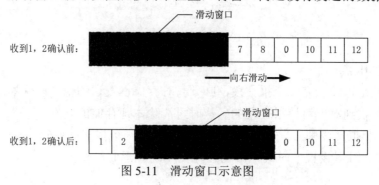

图 5-11 滑动窗口示意图

累积确认机制虽然容易实现，但不能正确反映收到的所有分组，容易出现数据丢失却不重发的情况。连续 ARQ 协议采用回退机制。比如，发送端发送到 5 个数据分组，而中间的第 3 个分组丢失了，接收方只能对前面 2 个分组发出确认，发送方只好把后面的 3 个分组重发。

当通信线路质量不好时，连续 ARQ 协议会带来负面的影响，可能还不如传统的停止等待协议。此时，可以使用选择重传协议。选择重传协议只重新发送丢失的数据，不用重新发送后续已经收到的数据。在建立 TCP 连接时，通信双方在 TCP 首部和选项中加上允许选择确认的选项 SACK，便可以使用选择重传协议。只是在以后的 TCP 报文段首部中都增加了 SACK 选项，用来报告收到的不连续的字节块的边界，一次最多可以指明 4 个字节块共 8 个边界信息。

5.5.3　滑动窗口实现流量控制

TCP 连接的每一方都有固定大小的缓存空间用来暂时存放从应用程序传递过来并准备发送的数据。滑动窗口协议定义了在缓存上的窗口。TCP 在发送端和接收端分别设定发送窗口和接收窗口大小。窗口区间是缓存的一部分，包含了一台主机在等待另一台主机发来的确认报文期间可以发送的字节数。因为这个窗口随着数据的发送和确认，能够在缓存内移动，所以这个窗口称为滑动窗口。如图 5-12 所示，发送方的发送缓存中是一组按顺序编号的字节数据，这些数据一部分在发送窗口中，另一部分在发送窗口外，包括已发送并被确认的部分、已发送但未被确认的部分、可发送的部分、暂时不可发送的部分。

可以将缓存视为左端和右端相连接的闭环。发送窗口的左边是已经发送出且已经被确认的字节，这部分缓存将被释放，又可以存放新的数据等待发送；窗口内有已经发送但未确认的部分和可以发送但尚未发出的部分。已经发送出但还没有被确认的字节，发送端必须在缓存中保存，以便他们丢失或受到损坏时重传，一旦这部分数据得到确认，窗口便向右滑动，将已确认的数据移到窗口外面，缓存将被释放。窗口右边界的移动是新的数据又进入窗口中成为可发送数据的一部分。

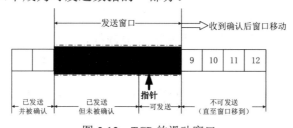

图 5-12　TCP 的滑动窗口

接收方的窗口大小对应接收方缓存可以继续接收的数据量。它等于接收方缓存大小减去缓存中尚未提交给应用程序的数据字节数。

当 3 次握手建立连接的时候，发送端和接收端把自己的缓冲区大小也就是窗口大小发给对方，双方都知道彼此窗口的大小。之后 TCP 采用可变大小的滑动窗口协议进行数据发送。接收方窗口的大小取决于接收方处理数据的速度和发送方发送数据的速度，当从缓存中取出数据的速度低于数据进入缓存的速度时，接收窗口逐渐缩小，反之则逐渐扩大。接收方将当前窗口大小通告给发送方，发送方根据接收窗口调整其发送窗口，使发送窗口始终小于或等于接收方窗口的大小。通过使用滑动窗口协议限制发送方一次可以发送的数据量，就可以实现流量控制的目的。

比如，主机 A 根据主机 B 的窗口大小 5，向主机 B 连续发送 5 个数据分组单元，主机 B 收到以后来不及处理完毕，使得缓存只剩下 2，主机 B 的回复报文中窗口大小变为 2，主机 A 将自己的发送窗口变小为 2。如果 B 缓存中有 1 个数据单元被进程读取，缓存增加 1，主机 B 就会回复 ACK 报文给主机 A，B 的接收窗口向右滑动，报文中窗口大小变为 3，主机 A 收到以后，发送窗口向右增大 1，主机 A 便可以发送 3 个数据分组单元。这是一个动态变化的过程。

当接收端的缓存完全被填满时，接收窗口大小的值是 0，并发送报文通知发送端。发送端关闭它的窗口，不再发送数据，直到接收端发来窗口大小非 0 的报文段为止。当窗口大小为 0，发送端不能再发送数据，但有两种情况除外：第一，紧急数据可以发送；第二发送方可以发送一个字节的报文段，要求接收方重新宣布下一个期望的字节和窗口大小，以避免新的窗口信息报文段丢失造成死锁。

5.5.4 超时重传时间的选择

超时重传是 TCP 协议保证数据可靠的另一个重要机制，其原理是在发送某一个数据以后就开启一个计时器，在一定时间内如果没有得到发送的数据报的 ACK 报文，那么就重新发送数据，直到它发送成功为止。这里的关键参数是重传超时时间(Retransmission TimeOut，RTO)。

TCP 采用了一种自适应算法，它记录一个报文段发出的时间，以及接收到回应的时间，这两个时间差就是报文段的往返时间 RTT。由于网络环境的复杂性，RTT 对应不同报文段的往返有不同的时延，而且起伏比较大，导致其不能作为重传超时的标准。因此，TCP 将各个报文段的往返时间样本进行加权平均，就得出报文段的平均往返时间 RTTS，又称为平滑往返时间(Smoothed RTT)。第一次测量往返时间时，RTTS 值就取所测量到的 RTT 样本值，但以后每测量到一个新的往返时间样本，就按下面的式子重新计算一次平滑往返时间 RTTS：

$$新的 RTTS=\alpha \times (旧的 RTTS)+(1-\alpha) \times (新的 RTT 样本)$$

上式中 $0 \leqslant \alpha < 1$，如果 α 很小，趋近于 0，说明新的 RTT 样本变化不大；如果 α 很大，趋近于 1，则说明旧的 RTTS 对新的 RTTS 影响很小。α 通常取值为 0.125。显然，超时计时器设置的新的重传超时时间 RTO 应略大于上面得出的加权平均往返时间 RTTS。RFC2988 文档中建议使用以下公式计算 RTO：

$$RTO=RTTS+4 \times RTTD$$

上式中的 RTTD 是 RTT 的偏差的加权平均，它与 RTTS 和新的 RTT 样本之差有关。RFC2988 文档建议第一次测量时 RTTD 取值为测量到的 RTT 样本值的一半，即 RTTD1=RTT×0.5。在以后的测量中，则使用下面的公式计算加权平均的 RTTD：

新的 RTTD = $(1-\beta)\times$旧的 RTTD$+\beta\times$|RTTS-新的 RTT 样本| $(0<\beta<1)$

β 的建议取值为 1/4，即 0.25。

TCP 使用 4 种计时器，分别是重传计时器、坚持计时器、保活计时器和时间等待计时器。

5.5.5 拥塞控制

TCP 流量控制是由于接收方不能及时处理数据而引发的控制机制，拥塞是由于网络中的路由器或链路过载而引起的严重延迟现象。拥塞的发生会造成数据的丢失，数据的丢失会引发超时重传，超时重传的数据又会进一步加剧网络拥塞，若不控制，最终会导致系统崩溃。拥塞控制就是防止过多的数据注入到网络中，使网络能承受现有的负荷。拥塞问题是一个全局性的问题，涉及所有的主机、路由器以及与降低网络传输性能有关的所有因素。

TCP 的拥塞控制是利用发送方的窗口来控制注入网络的数据流的速度，减缓注入网络中的数据流后，拥塞就会自然解除。

所以发送方的窗口大小取决于两个方面的因素，一是接收方的处理能力，二是网络的处理能力。接收方的处理能力由确认报文中所通告的窗口大小来表示；网络的处理能力由发送方所设置的变量——拥塞窗口来表示。发送窗口的大小取它们之中较小的一个。和接收窗口一样，拥塞窗口也会不断地调整，一旦发现拥塞，TCP 将减小拥塞窗口，进而控制发送窗口。

TCP 采用 4 种策略来控制拥塞窗口的大小，分别是慢启动策略、拥塞避免、快速重传、快速恢复。

慢启动的"慢"并不是指拥塞窗口的增长速度慢，而是指在 TCP 开始发送报文段时先将拥塞窗口设置为 1，使得发送方在开始时只发送一个报文段(目的是试探网络的拥塞情况)，然后再逐渐增大拥塞窗口。

为了防止拥塞窗口增长过大引起网络拥塞，还需要设置一个慢启动门限 SSTHRESH 状态变量。慢启动门限 SSTHRESH 的用法如下：

- 当拥塞窗口小于 SSTHRESH 时，使用上述的慢启动算法。
- 当拥塞窗口大于 SSTHRESH 时，停止使用慢启动算法而改用拥塞避免算法。
- 当拥塞窗口等于 SSTHRESH 时，既可使用慢启动算法，也可使用拥塞控制避免算法。

拥塞避免策略就是让拥塞窗口缓慢地增大，即每经过一个往返时间 RTT 就把发送方的拥塞窗口加 1，而不是加倍。这样拥塞窗口大小按线性规律缓慢增长，比慢启动算法的拥塞窗口增长速率缓慢得多。

无论在慢启动阶段还是在拥塞避免阶段，只要发送方判断网络出现拥塞(出现丢包事件或三个冗余 ACK 事件)，就要把慢启动门限 SSTHRESH 设置为出现拥塞时的发送方窗口值的一半(但不能小于2)。然后把拥塞窗口重新设置为1，执行慢启动算法。

　　慢启动和拥塞避免是1988年提出的TCP拥塞控制算法，快速重传和快速恢复是1990年增加的2个新的拥塞控制算法。增加新算法的原因是，某些情况下个别报文段在网络中丢失，但网络并未发生拥塞，却导致发送方超时重传并误以为网络发生了拥塞，发送方错误地启动慢启动算法，并把拥塞窗口设置为最小值1，降低了网络传输效率，如图5-13所示。

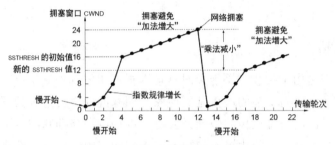

图5-13　慢启动和拥塞避免算法

　　快速重传算法就是让发送方尽快重传，而不是等超时重传计时器超时之后再重传。它要求接收方不要等待自己发送数据时才进行捎带确认，而是要立即发送确认；即便收到了失序的报文段也要立即发出对已收到的报文段的重复确认；发送方一旦收到3个连续的重复确认，就将相应的报文段立即重传，而不是等该报文段超时再重传。这样对个别丢失的报文段，发送方不会出现超时重传，也就不会误认为出现了拥塞。使用快速重传可以使整个网络的吞吐量提高20%。

　　如果采用快速恢复算法，慢启动只在TCP连接建立时和网络出现超时时才使用。当发送方连续收到三个重复确认时，就执行"乘法减小"算法，把SSTHRESH门限减半，但是接下去并不执行慢启动算法。考虑到如果网络出现拥塞的话就不会收到好几个重复的确认，所以发送方现在认为网络可能没有出现拥塞。因此此时不执行慢启动算法，而是将拥塞窗口设置为SSTHRESH的大小，然后执行拥塞避免算法，如图5-14所示。

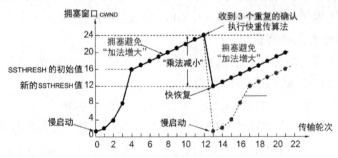

图5-14　快重传和快恢复算法

习 题

5-1 为什么常用的服务器的端口号都采用公认端口号，而客户端一般采用临时端口号？

5-2 请比较 TCP 和 UDP 各自的优缺点，各在什么情况下适用。

5-3 TCP 是否支持多播或广播？为什么？

5-4 TCP 报文段中的序号和确认号的含义和作用是什么？

5-5 TCP 是如何通过滑动窗口协议实现流量控制的？

5-6 在一个 TCP 连接上，主机一向主机二连续发送 2 个报文段。第一个报文段的序列号为 90，第 2 个报文段的序列号为 110，后来第一个报文段丢失，第 2 个报文段到达主机二。请问在主机二发送的确认报文段中，确认号是多少？

5-7 什么是网络拥塞？TCP 采用什么样的机制来控制网络拥塞？

5-8 假设在一条不会出现拥塞的线路上使用慢启动算法，往返传输的时间为 10ms，最大报文段长度为 2KB，接收窗口大小为 24KB。请问这个 TCP 从鉴定连接开始到发送满接收窗口需要多长时间？

5-9 请说明一次完整的 TCP 连接、数据传送、连接释放的过程中，客户端的状态转换过程。

5-10 主机 A 用 TCP 传送 512B 的数据给主机 B，主机 B 用 TCP 传送 640B 的数据给主机 A。设主机 A、主机 B 的窗口大小都为 200B，而 TCP 报文段每次也是传送 200B 的数据；再设发送端和接收端的起始序号分别为 100 和 200，由主机 A 发起建立连接。请画出从建立连接、数据传输到释放连接的示意图。

第 6 章

应用层

本章重点介绍以下内容：

- 域名系统(DNS)
- 文件传输协议(FTP)
- 远程终端协议(TELNET)
- 万维网服务
- 电子邮件
- 动态主机配置协议(DHCP)
- 简单网络管理协议(SNMP)

应用层(Application Layer)是七层 OSI 模型的第七层。应用层直接和应用程序接口并提供常见的网络应用服务。应用层也向表示层发出请求。应用层是开放系统的最高层，直接为应用进程提供服务。其作用是在实现多个系统应用进程相互通信的同时，完成业务处理所需的一系列服务。

6.1 域名系统

6.1.1 域名系统概述

域名系统(Domain Name System，DNS)是互联网的一项服务。它作为将域名和 IP 地址相互映射的一个分布式数据库，能够使人更方便地访问互联网。DNS 使用 UDP 端口 53。当前，对于每一级域名长度的限制是 63 个字符，域名总长度不能超过 255 个字符。

6.1.2 互联网域名结构

在早期，互联网使用了非等级的名字空间，其优点是名字简短。但是当互联网上的用户数量增加时，使用这种方法就会变得非常困难，而在使用了树状结构的层次命名方法后，任何一个连接在互联网上的主机或路由器，都有一个唯一的层次结构的名字——域名。

"域"是名字空间中一个可被管理的划分，从语法上讲，每一个域名都由标号序列组成，各级标号用"."隔开。

域名可以分为根、顶级域名、二级域名、三级域名等，如图 6-1 所示。

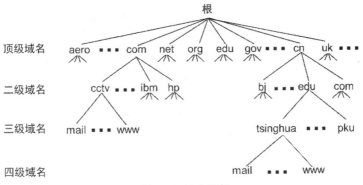

图 6-1 域名结构

顶级域名共分为三大类，一类是国家顶级域名 nTLD，采用 ISO3166 规定，如 cn 表示中国，us 表示美国，uk 表示英国等；第二类是通用顶级域名 gTLD，包括 com(公司、企业)、net(网络服务机构)、org(非营利性组织)、int(国际组织)、gov(政府部门)、mil(美国军事部门)、aero(航空运输企业)、name(个人)等；第三类是基础结构域名，这种顶级域名只有一个——arpa，用于反向域名解析。

在国家顶级域名下注册的二级域名均由该国家自行确定，我国把二级域名分为"类别域名"和"行政区域名"。类别域名有 ac(科研机构)、com(企业)、edu(中国教育机构)等七个，行政区域名共 34 个，适用于我国各省、自治区、直辖市，如 bj(北京)等。

而在二级域名下注册的单位可以获得一个三级域名，如在 edu 下的 pku(北京大学)就是一个三级域名。

6.1.3 域名服务器

域名服务器(Domain Name Server，DNS)是进行域名(Domain Name)和与之相对应的 IP 地址(IP Address)转换的服务器。

DNS 中保存了一张域名和与之相对应的 IP 地址的表，以解析消息的域名。域名是 Internet 上某一台计算机或计算机组的名称,用于在数据传输时标识计算机的电子方位(有时也指地理位置)。域名由一串用点分隔的名字组成，通常包含组织名，而且始终包括两到三个字母的后缀，以指明组织的类型或该域所在的国家或地区。域名服务器的优点就是解析域名所用的时间较短。比如很多网络运营商为了提高用户的网速，提前缓存许多 DNS 记录，这样用户在打开网页的时候速度就非常快。域名服务器的缺点就是缓存的内容无法被及时更新，有时会为用户提供过时的信息。它的缓存记录在很长时间内才会被更新，并且更新时没有规律可循。这就存在很大的信息真实性的隐患。图 6-2 为域名服务器分类图。

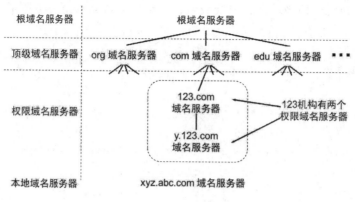

图 6-2　域名服务器

　　域名服务器的种类有很多，包括主域名服务器，用来管理大型区域所有的域名服务器。辅助域名服务器，它是在主域名服务器出现问题或者是超负荷运载时缓减主域名服务器压力的一种域名服务器。缓存域名服务器，它是一种用于缓存远程服务器上来的重要信息的服务器。域名服务器根据用途不同，可以进行如下分类。

1. 权威域名服务器(Authoritative Name Server)

　　该类域名服务器负责授权域下的域名解析服务，由上级权威域名服务器使用域名服务器记录进行授权。权威域名服务器有以下 3 级。

　　(1) 根域名服务器(Root Name Server)

　　最上层权威域名服务器，负责对.com、.cn、.org 等顶级域名的向下授权。全球有 13 组根域名服务器，采用 anycast 技术。这里指出是 13 组，而不是 13 台，因为其中的大部分服务器采用了 anycast 技术，将其分布到不同地区，也就是说，虽然看起来只有 13 个 IP，但实际的服务器数量远远超过了 13 台。anycast 是在大型 DNS 系统中广泛使用的多点部署、分布式方案，对于提高可用性、提高性能、抵抗 DDOS(Distributed Denial of Service)有重要作用。

　　(2) 顶级域名服务器(Top Level Name Server)

　　顶级域名服务器有以下两类。

　　通用顶级域名(Generic Top Level Domains，GTLD)服务器，例如服务于.com、.org、.info 等授权的域名服务器。

　　国家代码顶级域名(Country Code Top Level Domains，CCTLD)服务器，例如服务于.uk、.cn、.jp 等授权的域名服务器。

　　(3) 二级域名服务器(Second Level Name Server)

　　这类域名服务器服务于具体域名解析，例如，负责解析 sdo.com 域的域名服务器 ns.uugame.com 等。

2. 缓存域名服务器(Caching Name Server)

缓存域名服务器也称为权限域名服务器，这类域名服务器负责接收解析器发过来的 DNS 请求，通过依次查询根域名服务器、顶级域名服务器、二级域名服务器来获得 DNS 的解析条目，然后把响应结果发送给解析器。同时根据 DNS 条目的 TTL(Time To Live，存活时间)值进行缓存。

缓存域名服务器有以下两个用途。

(1) 用在企业局域网内部，作为该局域网的 DNS 服务器。这样可以避免内部用户的主机访问外部非授权的 DNS 服务器，避免 DNS 污染等问题。

用于电信等运营商为其租户提供域名解析服务。如上海电信的 202.96.209.5 和 202.96.209.133 都是此种类型的服务器。

(2) 用于开放 DNS 解析服务。如 Google 的 8.8.8.8、Norton 安全 DNS 199.85.126.30 及国内的 114.114.114.114 等都是此类。

3. 转发域名服务器(Forwarding Name Server)

转发域名服务器也称为本地域名服务器，这类域名服务器负责接收解析器发过来的 DNS 请求，转发给指定的上级域名服务器获得 DNS 的解析条目，然后把响应结果发送给解析器。和缓存域名服务器不同，这类域名服务器不进行任何的缓存，而仅仅是转发。

6.1.4　域名解析过程

互联网上的每一台电脑都被分配一个 IP 地址，数据的传输实际上是在不同 IP 地址之间进行的。在家上网时使用的电脑，在连上网以后也被分配一个 IP 地址，这个 IP 地址绝大部分情况下是动态的。也就是说，如果关掉调制解调器，再重新打开上网，那么网络服务商会随机分配一个新的 IP 地址。

一个域名解析到某一台服务器上，并且把网页文件放到这台服务器上，用户的电脑才知道去哪一台服务器获取这个域名的网页信息。这是通过域名服务器来实现的。

当一个浏览者在浏览器地址框中输入某一个域名，或者从其他网站点击了链接来到这个域名，浏览器向这个用户的上网接入商发出域名请求，接入商的 DNS 服务器要查询域名数据库，看这个域名的 DNS 服务器是什么。然后到 DNS 服务器中抓取 DNS 记录，也就是获取这个域名指向哪一个 IP 地址。在获得这个 IP 信息后，接入商的服务器就去这个 IP 地址所对应的服务器上抓取网页内容，然后传输给发出请求的浏览器，如图 6-3 所示。具体操作步骤如下：

第一步，客户机提出域名解析请求，并将该请求发送给本地的域名服务器。

第二步，本地的域名服务器收到请求后，先查询本地的缓存，如果有该记录项，则本地的域名服务器就直接返回查询的结果。

第三步，如果本地的缓存中没有该记录，则本地域名服务器直接把请求发给根域名服务器，然后根域名服务器再返回给本地域名服务器一个所查询域(根的子域)的主域名服务器的地址。

第四步，本地服务器再向上一步返回的域名服务器发送请求，然后接受请求的服务器查询自己的缓存，如果没有该记录，则返回相关的下级的域名服务器的地址。

第五步，重复第四步，直到找到正确的记录。

第六步，本地域名服务器把返回的结果保存到缓存，以备下一次使用，同时还将结果返回给客户端。

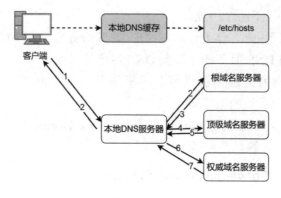

图 6-3　域名解析

6.2　文件传输协议

文件传输协议(File Transfer Protocol，FTP)是用于在网络上进行文件传输的一套标准协议，它工作在 OSI 模型的第七层、TCP 模型的第四层(即应用层)，使用 TCP 传输而不是 UDP，客户在和服务器建立连接前要经过一个"三次握手"的过程，保证客户与服务器之间的连接是可靠的，而且是面向连接的，以为数据传输提供可靠保证。

FTP 允许用户以文件操作的方式(如增、删、改、查、传送等)与另一主机相互通信。然而，用户并不真正登录到自己想要存取的计算机上而成为完全用户，可用 FTP 程序访问远程资源，实现用户往返传输文件、目录管理以及访问电子邮件等，即使双方计算机可能配有不同的操作系统和文件存储方式。

6.2.1　工作原理

FTP 采用 Internet 标准文件传输协议 FTP 的用户界面，向用户提供一组用来管理计算机之间文件传输的应用程序。

FTP 是基于客户—服务器(C/S)模型而设计的，在客户端与 FTP 服务器之间建立两个连接。

开发任何基于 FTP 的客户端软件都必须遵循 FTP 的工作原理，FTP 的独特优势同时也是与其他客户服务器程序最大的不同点，就在于它在两台通信的主机之间使用了两条 TCP 连接，一条是数据连接，用于传送数据；另一条是控制连接，用于传送控制信息(命令和响应)，这种将命令和数据分开传送的思想大大提高了 FTP 的效率，而其他客户服务器应用程序一般只有一条 TCP 连接。图 6-4 给出了 FTP 的基本模型。客户有 3 个构件：用户界面、客户控制进程和客户数据传送进程。服务器有两个构件：服务器控制进程和服务器数据传送进程。在整个交互的 FTP 会话中，控制连接始终是处于连接状态的，数据连接则在每次传送文件时先打开后关闭。

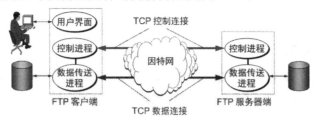

图 6-4　　FTP 运行图

6.2.2　用户分类

1. Real 账户

这类用户在 FTP 服务器上拥有账号。当这类用户登录 FTP 服务器时，其默认的主目录就是其账号命名的目录。但是，它还可以变更到其他目录中去，如系统的主目录等。

2. Guest 用户

在 FTP 服务器中，我们往往会给不同的部门或者某个特定的用户设置一个账户。但是，这个账户有个特点，就是只能访问自己的主目录。服务器通过这种方式保障 FTP 服务上其他文件的安全性。这类账户，在 Vsftpd 软件中就叫做 Guest 用户。拥有这类用户的账户，只能够访问其主目录下的目录，而不能访问主目录以外的文件。

3. Anonymous 用户

这也是我们通常所说的匿名访问。这类用户是指在 FTP 服务器中没有指定账户，但是其仍然可以匿名访问某些公开的资源。

在组建 FTP 服务器的时候，我们需要根据用户的类型，对用户进行归类。默认情况下，Vsftpd 服务器会把建立的所有账户都归属为 Real 用户。但是，这往往不符合企业安全的需要。因为这类用户不仅可以访问自己的主目录，而且还可以访问其他用户的目录。这就给其他用户所在的空间带来一定的安全隐患。所以，企业要根据实际情况，修改用户所在的类别。

6.2.3　传输方式

FTP 的传输方式有两种：

1. ASCII 传输方式

假定用户正在拷贝的文件包含简单的 ASCII 码文本，如果在远程机器上运行的不是

UNIX，当文件传输时 FTP 通常会自动地调整文件的内容，以便把文件解释成另外那台计算机存储文本文件的格式。

但是常常有这样的情况，用户正在传输的文件包含的不是文本文件，它们可能是程序、数据库、字处理文件或者压缩文件。在拷贝任何非文本文件之前，用 binary 命令告诉 ftp 逐字拷贝。

2. 二进制传输模式

在二进制传输中，常常要保存文件的位序，以便原始和拷贝是逐位一一对应的。即使目的地机器上包含位序列的文件是没意义的。例如，Macintosh 以二进制方式传送可执行文件到 Windows 系统，在对方系统上，此文件不能被执行。

如在 ASCII 方式下传输二进制文件，即使不需要也仍会转译，但这会损坏数据。ASCII 方式一般假设每一字符的第一有效位无意义，因为 ASCII 字符组合不使用它。如果传输二进制文件，则所有的位都是重要的。

6.2.4　支持模式

FTP 客户端发起 FTP 会话，与 FTP 服务器建立相应的连接。FTP 会话期间要建立控制信息进程与数据进程两个连接。控制连接不能完成传输数据的任务，只能用来传送 FTP 执行的内部命令以及命令的响应等控制信息；数据连接是服务器与客户端之间传输文件的连接，是全双工的，允许同时进行双向数据传输。当数据传输完成后，数据连接会撤销，再回到 FTP 会话状态，直到控制连接被撤消，并退出会话为止。

FTP 支持两种模式：Standard(Port 模式，主动模式)及 Passive(Pasv，被动模式)。

1. Port 模式

FTP 客户端首先和服务器的 TCP 端口 21 建立连接，用来发送命令，客户端需要接收数据的时候在这个通道上发送 PORT 命令。PORT 命令包含了客户端用什么端口接收数据。在传送数据的时候，服务器端通过自己的 TCP 端口 20 连接至客户端的指定端口发送数据。FTP 服务器必须和客户端建立一个新的连接用来传送数据。

2. Pasv 模式

在该模式下，建立控制通道和 Standard 模式类似，但建立连接后发送 Pasv 命令。服务器收到 Pasv 命令后，打开一个临时端口(端口号大于 1023 小于 65 535)，并且通知客户端在这个端口上传送数据的请求，客户端连接 FTP 服务器端口，然后 FTP 服务器将通过这个端口传送数据。

很多防火墙在设置的时候都不允许接受外部发起的连接，所以许多位于防火墙后或内网的 FTP 服务器不支持 Pasv 模式，因为客户端无法穿过防火墙打开 FTP 服务器的高端端口；而许多内网的客户端不能用 Port 模式登录 FTP 服务器，因为从服务器的 TCP 20 无法和内部网络的客户端建立一个新的连接，造成无法工作。

6.2.5　匿名 FTP

默认状态下，FTP 站点允许匿名访问，FTP 服务器接受对该资源的所有请求，并且不提示用户输入用户名或密码。如果站点中存储有重要的或敏感的信息，只允许授权用户访问，应禁止匿名访问。

使用 FTP 时必须首先登录，在远程主机上获得相应的权限以后，方可下载或上传文件。也就是说，要想同某台计算机传送文件，就必须具有该台计算机的适当授权。换言之，除非有用户 ID 和口令，否则就无法传送文件。这种情况违背了 Internet 的开放性，Internet 上的 FTP 主机很多，不可能要求每个用户在每一台主机上都拥有账号。匿名 FTP 就是为解决这个问题而产生的。

匿名 FTP 是这样一种机制，用户可通过它连接到远程主机上，并从其下载文件，而无须成为其注册用户。系统管理员建立了一个特殊的用户 ID，名为 anonymous，Internet 上的任何人在任何地方都可使用该用户 ID。

通过 FTP 程序连接匿名 FTP 主机的方式与连接普通 FTP 主机的方式类似，只是在要求提供用户标识 ID 时必须输入 anonymous，该用户 ID 的口令可以是任意的字符串。习惯上，用自己的 E-mail 地址作为口令，使系统维护程序能够记录下来谁在存取这些文件。

值得注意的是，匿名 FTP 不适用于所有 Internet 主机，它只适用于那些提供了这项服务的主机。

当远程主机提供匿名 FTP 服务时，会指定某些目录向公众开放，允许匿名存取。系统中的其余目录则处于隐匿状态。作为一种安全措施，大多数匿名 FTP 主机都允许用户从其下载文件，而不允许用户向其上传文件，也就是说，用户可将匿名 FTP 主机上的所有文件全部拷贝到自己的机器上，但不能将自己机器上的任何一个文件拷贝至匿名 FTP 主机上。即使有些匿名 FTP 主机确实允许用户上传文件，用户也只能将文件上传至某一指定上传目录中。随后，系统管理员会去检查这些文件，他会将这些文件移至另一个公共下载目录中，供其他用户下载，利用这种方式，远程主机的用户得到了保护，避免了有人上传有问题的文件，如带病毒的文件。

6.3　远程终端协议

远程终端(Telnet)协议是 TCP/IP 协议族中的一员，是 Internet 远程登录服务的标准协议和主要方式。它为用户提供了在本地计算机上完成远程主机工作的能力。在终端使用者的电脑上使用 Telnet 程序，用它连接到服务器。终端使用者可以在 Telnet 程序中输入命令，这些命令会在服务器上运行，就像直接在服务器的控制台上输入一样。在本地就能控制服务器。要开始一个 Telnet 会话，必须输入用户名和密码来登录服务器。Telnet 是常用的远程控制 Web 服务器的方法。

6.3.1 工作过程

使用 Telnet 协议进行远程登录时需要满足以下条件：在本地计算机上必须装有包含 Telnet 协议的客户程序；必须知道远程主机的 IP 地址或域名；必须知道登录标识与口令。

Telnet 远程登录服务分为以下 4 个过程：

(1) 本地与远程主机建立连接。该过程实际上是建立一个 TCP 连接，用户必须知道远程主机的 IP 地址或域名。

(2) 将本地终端上输入的用户名和口令及以后输入的任何命令或字符以 NVT(Net Virtual Terminal)格式传送到远程主机。该过程实际上是从本地主机向远程主机发送一个 IP 数据包。

(3) 将远程主机输出的 NVT 格式的数据转化为本地接受的格式送回本地终端，包括输入命令回显和命令执行结果。

(4) 最后，本地终端对远程主机进行撤销连接。该过程是撤销一个 TCP 连接。

总之，Telnet 是 Internet 远程登录服务的标准协议和主要方式，最初由 ARPANET 开发，现在主要用于 Internet 会话，它的基本功能是允许用户登录进入远程主机系统。

Telnet 可以让我们坐在自己的计算机前通过 Internet 网络登录到另一台远程计算机上。登录上远程计算机后，本地计算机就等同于远程计算机的一个终端，我们可以用自己的计算机直接操纵远程计算机，享受远程计算机与本地终端同样的操作权限。

Telnet 的主要用途就是使用远程计算机上所拥有的本地计算机没有的信息资源，如果远程的主要目的是在本地计算机与远程计算机之间传递文件，那么相比而言使用 FTP 会更加快捷有效。

6.3.2 交互过程

当使用 Telnet 登录进入远程计算机系统时，实际上启动了两个程序：一个是 Telnet 客户程序，运行在本地主机上；另一个是 Telnet 服务器程序，它运行在要登录的远程计算机上。

本地主机上的 Telnet 客户程序主要完成以下功能：

(1) 建立与远程服务器的 TCP 连接。

(2) 从键盘上接收本地输入的字符。

(3) 将输入的字符串变成标准格式并传送给远程服务器。

(4) 从远程服务器接收输出的信息。

(5) 将该信息显示在本地主机屏幕上。

远程主机的"服务"程序通常被昵称为"精灵"，它平时守候在远程主机上，一接到本地主机的请求，就会活跃起来，并完成以下功能：

(1) 通知本地主机，远程主机已经准备好了。

(2) 等候本地主机输入命令。

(3) 对本地主机的命令做出反应(如显示目录内容，执行某个程序等)。

(4) 把执行命令的结果送回本地计算机显示。

(5) 重新等候本地主机的命令。

在 Internet 中，很多服务都采用这样一种客户/服务器结构。对使用者来讲，只要了解客户端的程序就可以了。

6.4 万维网服务

6.4.1 万维网概述

万维网(World Wide Web，WWW)是存储在Internet计算机中、数量巨大的文档的集合。这些文档称为页面，它是一种超文本(Hypertext)信息，用于描述超媒体。其中文本、图形、视频、音频等多媒体，称为超媒体(Hypermedia)。Web 上的信息是由彼此关联的文档组成的，这些文档使用统一资源定位符 URL(Uniform Resource Locator)来标志，并使每一个文档在整个因特网范围内具有唯一的标识符 URL。而使其连接在一起的是超链接(Hyperlink)，这些超链接由超文本传输协议 HTTP(Hyper Text Transfer Protocol)具体实现。

WWW 是基于超文本技术的多媒体信息服务，采用文本、图片、动画、音频、视频等多媒体技术手段，向用户提供大量动态实时信息，而且界面友好，使用简单，在 Internet 上被最广泛应用。其中，WWW 服务器是指一些连入互联网的计算机，这些计算机中有大量的文件，文件所有者通过与互联网的连接使文件为大众共享；WWW 上共享的文档包括文本和HTML 代码，不同的文档之间通过 HTML 超链接构成了文档互联的 WWW；这些互联的页面要符合客户机/服务器体系结构，才能够正常运转。

客户机/服务器体系结构可用于局域网、广域网和 WWW。其中，客户机计算机提出服务请求，包括打印、信息检索和数据库访问；服务器计算机则负责处理客户机计算机的服务要求，完成寻找信息、处理信息、对资源初始化等任务。

服务器通常具有较高的可靠性、较强的容错能力和巨大的存储容量，而客户机则没有很高的要求。

WWW 浏览器和 WWW 服务器之间的通信类似于普通客户机和服务器之间的通信，具体有以下两种方式。

1. 两层 Client/Server

用户在客户机上提交服务请求时只需输入 URL 再按下回车键即可。WWW 浏览器会按照用户的服务请求将此 URL 按 HTTP 在应用层转换为 HTTP 格式；接着将 HTTP 请求在互联网上的传输层/互联网层按 TCP/IP 传输请求；这时 WWW 服务器开始进行检测并接收服务请求；当 WWW 服务器根据服务请求完成服务、寻找信息或处理信息后，WWW 服务器会创建响应信息，并根据客户机提供的回复 URL、按照 HTTP 准备将响应信息发给提出服务请求的客户机。通常响应信息在互联网上的传输层/互联网层按 TCP/IP

传输请求。客户机会将 TCP/IP 形式的响应信息转换为 HTML 格式，最终 WWW 浏览器
显示 HTML 格式的响应信息，如图 6-5 所示。

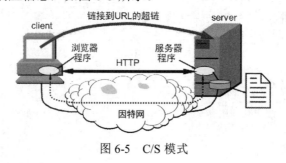

图 6-5　C/S 模式

2. 三层 Client/Server

三层 Client/Server 通常分为客户机、服务器和应用软件及相关数据库三层。客户机
为第一层，服务器为第二层，应用软件(Application)及相关数据库(Database)为第三层，
这一层负责向服务器提供非 HTML 消息。因此，从软件角度讲，第三层是提供数据服务
的一层，如图 6-6 所示。

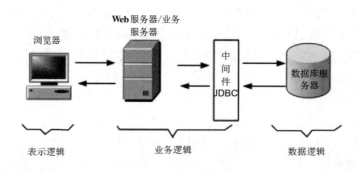

图 6-6　B/S 模式

6.4.2　统一资源定位符

统一资源定位符又称统一资源定位器(Uniform Resource Locator，URL)，是专为标识
Internet 网上资源位置而设的一种编址方式，我们平时所说的网页地址指的即是 URL，
它一般由三部分组成：

传输协议：//主机 IP 地址或域名地址/资源所在路径和文件名。

如今日上海联线的 URL 为：http://china-window.com/shanghai/news/wnw.html，这里
http 指超文本传输协议，china-window.com 是其 Web 服务器域名地址，shanghai/news 是
网页所在路径，wnw.html 才是相应的网页文件。

URL 也被称为网址，它可以由单词组成，比如"w3school.com.cn"，或者是因特网
协议(IP)地址：192.168.1.253。大多数人在网上浏览网页时，会输入网址的域名，因为名
称比数字容易记忆。

6.4.3　超文本传输协议

超文本传输协议(Hyper Text Transfer Protocol，HTTP)是一个简单的请求—响应协议，它通常运行在TCP之上。它指定了客户端可能发送给服务器什么样的消息以及得到什么样的响应。请求和响应消息的头以ASCII形式给出，而消息内容则具有一个类似MIME的格式。这个简单模型是早期Web成功的有功之臣，因为它使开发和部署非常地直截了当。

6.5　电子邮件

电子邮件是用电子手段提供信息交换的一种通信方式，是互联网应用最广的服务。通过网络的电子邮件系统，用户可以以非常低廉的价格(不管发送到哪里，都只需负担网费)、非常快速的方式(几秒钟之内可以发送到世界上任何指定的目的地)，与世界上任何一个角落的网络用户联系。

电子邮件可以是文字、图像、声音等多种形式。同时，用户可以得到大量免费的新闻、专题邮件，并轻松实现信息搜索。电子邮件极大地方便了人与人之间的沟通与交流，促进了社会的发展。

6.5.1　地址格式

电子邮件地址由三部分组成。第一部分"USER"代表用户信箱的账号，对于同一个邮件接收服务器来说，这个账号必须是唯一的；第二部分"@"是分隔符；第三部分是用户信箱的邮件接收服务器域名，用以标志其所在的位置，如 123456@qq.com中，123456为邮箱账号，qq.com 为腾讯公司域名。

从技术上讲，域名其实是一个邮件交换机，而不是一个机器名。

6.5.2　电子邮件系统的工作方式

电子邮件系统(Electronic mail system，E-mail)由用户代理(Mail User Agent，MUA)、邮件传输代理(Mail Transfer Agent，MTA)和邮件投递代理(Mail Delivery Agent，MDA)组成，MUA 指用于收发 Mail 的程序，MTA 指将来自 MUA 的信件转发给指定用户的程序，MDA 就是将 MTA 接收的信件依照信件的流向(送到哪里)放置到本机账户下的邮件文件中(收件箱)，当用户从 MUA 中发送一份邮件时，该邮件会被发送到 MTA，而后在一系列 MTA 中转发，直到它到达最终发送目标为止。

6.5.3　邮件传送协议

电子邮件在 Internet 上发送和接收的原理可以用我们日常生活中邮寄包裹来形容：寄一个包裹时，首先要找到有这项业务的邮局，在填写完收件人姓名、地址等之后包裹就被寄到收件人所在地的邮局，对方取包裹的时候就必须去这个邮局取出。同样的，我们发送电子邮件时，这封邮件是由邮件发送服务器(任何一个都可以)发出，并根据收信人的地址判断对方的邮件接收服务器而将这封信发送到该服务器上，收信人也只能访问这个服务器才能收取邮件。

常见的电子邮件协议有以下几种：SMTP(简单邮件传输协议)、POP3(邮局协议)、IMAP(Internet 邮件访问协议)。这几种协议都是由TCP/IP协议族定义的。

1. 简单邮件传输协议(SMTP)

简单邮件传输协议(Simple Mail Transfer Protocol，SMTP)是维护传输秩序、规定邮件服务器之间进行哪些工作的协议，主要负责底层的邮件系统如何将邮件从一台机器传至另外一台机器。它的目标是可靠、高效地传送电子邮件。SMTP 独立于传送子系统，并且能够接力传送邮件，如图 6-7 所示。

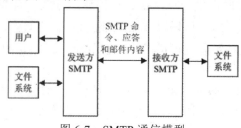

图 6-7　SMTP 通信模型

SMTP 基于以下的通信模型：根据用户的邮件请求，发送方 SMTP 建立与接收方 SMTP 之间的双向通道。接收方 SMTP 可以是最终接收者，也可以是中间传送者。发送方 SMTP 产生并发送 SMTP 命令，接收方 SMTP 向发送方 SMTP 返回响应信息。

连接建立后，发送方 SMTP 发送 MAIL 命令指明发信人，如果接收方 SMTP 认可，则返回 OK 应答。发送方 SMTP 再发送 RCPT 命令指明收信人，如果接收方 SMTP 也认可，则再次返回 OK 应答；否则将给予拒绝应答(但不中止整个邮件的发送操作)。当有多个收信人时，双方将如此重复多次。这一过程结束后，发送方 SMTP 开始发送邮件内容，并以一个特别序列作为终止。如果接收方 SMTP 成功处理了邮件，则返回 OK 应答。

对于需要接力转发的情况，如果一个 SMTP 服务器接受了转发任务，但后来却发现由于转发路径不正确或者其他原因无法发送该邮件，那么它必须发送一个"邮件无法递送"的消息给最初发送该信的 SMTP 服务器。为防止因该消息可能发送失败而导致报错消息在两台 SMTP 服务器之间循环发送的情况，可以将该消息的回退路径置空。

2. 电子邮件的接收(Post Office Protocol，POP)

电子邮件协议第 3 版本(POP3)在因特网的一个比较小的节点上维护一个消息传输系统(MTS，Message Transport System)是不现实的。例如，一台工作站可能没有足够的资源允许 SMTP 服务器及相关的本地邮件传送系统驻留且持续运行。同样的，要求一台个人计算机长时间连接在 IP 网络上的开销也是巨大的，有时甚至是做不到的。尽管如此，允许在这样小的节点上管理邮件常常是很有用的，并且它们通常能够支持一个可以用来管理邮件的用户代理。为满足这一需要，可以让那些能够支持 MTS 的节点为这些小节点提供邮件存储功能。POP3 就是用于提供这样一种实用的方式来动态访问存储在邮件服务器上的电子邮件的。一般来说，就是指允许用户主机连接到服务器上，以取回那些服务器为它暂存的邮件。POP3 不提供对邮件更强大的管理功能，通常在邮件被下载后就被删除。更多的管理功能则由 IMAP4 来实现。

邮件服务器通过侦听 TCP 的 110 端口开始 POP3 服务。当用户主机需要使用 POP3 服务时，就与服务器主机建立 TCP 连接。当连接建立后，服务器发送一个表示已准备好的确认消息，然后双方交替发送命令和响应，以取得邮件，这一过程一直持续到连接终止。一条 POP3 指令由一个与大小写无关的命令和一些参数组成。命令和参数都使用可打印的 ASCII 字符，中间用空格隔开。命令一般为 3～4 个字母，而参数却可以长达 40 个字符。

3．因特网报文访问协议第 4 版本(IMAP4)

IMAP(Internet Message Access Protocol)的版本IMAP4是 POP3 的一种替代协议，提供了邮件检索和邮件处理的新功能，这样用户完全不必下载邮件正文就可以看到邮件的标题摘要，从邮件客户端软件就可以对服务器上的邮件和文件夹目录等进行操作。IMAP 协议增强了电子邮件的灵活性，同时也减少了垃圾邮件对本地系统的直接危害，同时相对节省了用户查看电子邮件的时间。除此之外，IMAP 协议可以记忆用户在脱机状态下对邮件的操作(例如移动邮件、删除邮件等)，并在下一次打开网络连接的时候自动执行。

在大多数流行的电子邮件客户端程序里面都集成了对SSL连接的支持。除此之外，很多加密技术也应用在电子邮件的发送接受和阅读过程中。它们可以提供 128 位到 2048 位不等的加密强度。无论是单向加密还是对称密钥加密，都得到了广泛支持。

6.6　动态主机配置协议

DHCP(动态主机配置协议)是一个局域网的网络协议，指的是由服务器控制一段 IP 地址范围，客户机登录服务器时就可以自动获得服务器分配的 IP 地址和子网掩码。默认情况下，DHCP 作为 Windows 服务器的一个服务组件，不会被系统自动安装，还需要管理员手动安装并进行必要的配置。

6.6.1　功能概述

DHCP(Dynamic Host Configuration Protocol，动态主机配置协议)通常被应用在大型局域网络环境中，主要作用是集中管理、分配 IP 地址，使网络环境中的主机动态地获得 IP 地址、Gateway 地址、DNS 服务器地址等信息，并能够提升地址的使用率。

DHCP 采用客户端/服务器模型，主机地址的动态分配任务由网络主机驱动。当 DHCP 服务器接收到来自网络主机申请地址的信息时，才会向网络主机发送相关的地址配置等信息，以实现网络主机地址信息的动态配置。DHCP 具有以下功能：

(1) 保证任何 IP 地址在同一时刻只能由一台 DHCP 客户机使用。

(2) DHCP 应当可以给用户分配永久固定的 IP 地址。

(3) DHCP 应当可以同用其他方法获得 IP 地址的主机共存(如手工配置 IP 地址的主机)。

(4) DHCP服务器应当向现有的 BOOTP 客户端提供服务。

DHCP 分配 IP 地址有三种机制：

(1) 自动分配方式(Automatic Allocation)，DHCP 服务器为主机指定一个永久性的 IP 地址，一旦 DHCP 客户端第一次成功地从 DHCP 服务器端租用到 IP 地址，就可以永久性地使用该地址。

(2) 动态分配方式(Dynamic Allocation)，DHCP 服务器给主机指定一个具有时间限制的 IP 地址，时间到期或主机明确表示放弃该地址时，该地址可以被其他主机使用。

(3) 手工分配方式(Manual Allocation)，客户端的 IP 地址由网络管理员指定，DHCP 服务器只是将指定的 IP 地址告诉客户端主机。

三种地址分配方式中，只有动态分配可以重复使用客户端不再需要的地址。

DHCP 消息的格式是基于 BOOTP(Bootstrap Protocol)消息格式的，这就要求设备具有 BOOTP 中继代理的功能，并能够与 BOOTP 客户端和 DHCP 服务器实现交互。BOOTP 中继代理的功能，使得没有必要在每个物理网络都部署一个 DHCP 服务器。RFC 951 和 RFC 1542 对 BOOTP 协议进行了详细描述。

6.6.2　工作原理

DHCP 协议采用 UDP 作为传输协议，主机发送请求消息到 DHCP 服务器的 67 号端口，DHCP 服务器回应应答消息给主机的 68 号端口。详细的交互过程如图 6-8 所示。

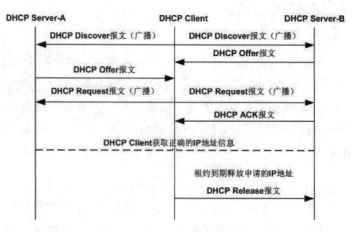

图 6-8　DHCP 工作模型

(1) DHCP 客户端以广播的方式发出 DHCP Discover 报文。

(2) 所有的 DHCP 服务器都能够接收到 DHCP 客户端发送的 DHCP Discover 报文，

所有的 DHCP 服务器都会给出响应,向 DHCP 客户端发送一个 DHCP Offer 报文。

DHCP Offer 报文中 Your(Client) IP Address 字段就是 DHCP 服务器能够提供给 DHCP 客户端使用的 IP 地址,且 DHCP 服务器会将自己的 IP 地址放在 option 字段中,以便 DHCP 客户端区分不同的 DHCP 服务器。DHCP 服务器在发出此报文后会存在一个已分配 IP 地址的记录。

(3) DHCP 客户端只能处理其中的一个 DHCP Offer 报文,一般的原则是 DHCP 客户端处理最先收到的 DHCP Offer 报文。

DHCP 客户端会发出一个广播的 DHCP Request 报文,在选项字段中会加入选中的 DHCP 服务器的 IP 地址和需要的 IP 地址。

(4) DHCP 服务器收到 DHCP Request 报文后,判断选项字段中的 IP 地址是否与自己的地址相同。如果不相同,DHCP 服务器不做任何处理只清除相应 IP 地址分配记录;如果相同,DHCP 服务器就会向 DHCP 客户端响应一个 DHCP ACK 报文,并在选项字段中增加 IP 地址的使用租期信息。

(5) DHCP 客户端接收到 DHCP ACK 报文后,检查 DHCP 服务器分配的 IP 地址是否能够使用。如果可以使用,则 DHCP 客户端成功获得 IP 地址并根据 IP 地址使用租期自动启动续延过程;如果 DHCP 客户端发现分配的 IP 地址已经被使用,则 DHCP 客户端向 DHCP 服务器发出 DHCP Decline 报文,通知 DHCP 服务器禁用这个 IP 地址,然后 DHCP 客户端开始新的地址申请过程。

(6) DHCP 客户端在成功获取 IP 地址后,随时可以通过发送 DHCP Release 报文释放自己的 IP 地址,DHCP 服务器收到 DHCP Release 报文后,会回收相应的 IP 地址并重新分配。

在使用租期超过 50%时刻处,DHCP 客户端会以单播形式向 DHC 服务器发送 DHCP Request 报文来续租 IP 地址。如果 DHCP 客户端成功收到 DHCP 服务器发送的 DHCP ACK 报文,则按相应时间延长 IP 地址租期;如果没有收到 DHCP 服务器发送的 DHCP ACK 报文,则 DHCP 客户端继续使用这个 IP 地址。

在使用租期超过 87.5%时刻处,DHCP 客户端会以广播形式向 DHCP 服务器发送 DHCP Request 报文来续租 IP 地址。如果 DHCP 客户端成功收到 DHCP 服务器发送的 DHCP ACK 报文,则按相应时间延长 IP 地址租期;如果没有收到 DHCP 服务器发送的 DHCP ACK 报文,则 DHCP 客户端继续使用这个 IP 地址,直到 IP 地址使用租期到期时,DHCP 客户端才会向 DHCP 服务器发送 DHCP Release 报文来释放这个 IP 地址,并开始新的 IP 地址申请过程。

需要说明的是:DHCP 客户端可以接收到多个 DHCP 服务器的 DHCPOFFER 数据包,然后可能接受任何一个 DHCPOFFER 数据包,但客户端通常只接受收到的第一个 DHCPOFFER 数据包。另外,DHCP 服务器 DHCPOFFER 中指定的地址不一定为最终分配的地址,通常情况下,DHCP 服务器会保留该地址直到客户端发出正式请求。

正式请求 DHCP 服务器分配地址 DHCPREQUEST 采用广播包,是为了让其他所有发送 DHCPOFFER 数据包的 DHCP 服务器也能够接收到该数据包,然后释放已经

OFFER(预分配)给客户端的 IP 地址。

如果发送给 DHCP 客户端的地址已经被其他 DHCP 客户端使用，客户端会向服务器发送 DHCPDECLINE 信息包拒绝接受已经分配的地址信息。

在协商过程中，如果 DHCP 客户端发送的 REQUEST 消息中的地址信息不正确，如客户端已经迁移到新的子网或者租约已经过期，DHCP 服务器会发送 DHCPNAK 消息给 DHCP 客户端，让客户端重新发起地址请求过程。

6.7 简单网络管理协议

简单网络管理协议(SNMP)是专门设计用于在 IP 网络管理网络节点(服务器、工作站、路由器、交换机及 HUBS 等)的一种标准协议，它是一种应用层协议。

SNMP 使网络管理员能够管理网络效能，发现并解决网络问题以及规划网络增长。通过 SNMP 接收随机消息(及事件报告)，网络管理系统可获知网络出现问题。

SNMP 的前身是简单网关监控协议(SGMP)，用来对通信线路进行管理。随后，人们对 SGMP 进行了很大的修改，特别是加入了符合 Internet 定义的 SMI 和 MIB，改进后的协议就是著名的 SNMP。基于 TCP/IP 的 SNMP 网络管理框架是工业上的现行标准，由 3 个主要部分组成，分别是管理信息结构(Structure of Management Information，SMI)、管理信息库(MIB)和管理协议(SNMP)。

(1) SMI 定义 SNMP 框架所用信息的组织和标识，为 MIB 定义管理对象及使用管理对象提供模板。

(2) MIB 定义可以通过 SNMP 进行访问的管理对象的集合。

(3) SNMP 协议是应用层协议，定义了网络管理者如何对代理进程的 MIB 对象进行读写操作。

(4) SNMP 中的 MIB 是一种树状数据库，MIB 管理的对象就是树的端节点，每个节点都有唯一位置和唯一名字。IETF 规定管理信息库对象识别符(Object Identifier，OID)唯一指定，其命名规则就是父节点的名字作为子节点名字的前缀。

习 题

6-1 因特网的域名结构是什么样的？
6-2 解释域名系统的主要功能特点有哪些？
6-3 简要介绍电子邮件的收发原理。
6-4 简述 SMTP 通信三个阶段的详细过程。
6-5 电子邮件的地址格式是什么样的？请说明各部分的含义。
6-6 举例说明域名转换的过程。
6-7 域名服务器中高速缓存的作用是什么？

第 7 章

网络安全

本章重点介绍以下内容：

- 网络安全概述；
- 密码体制；
- 数字签名技术；
- 密钥分配；
- 系统安全策略。

7.1 网络安全概述

安全案例：

1988 年 11 月 2 日，美国康奈尔大学的学生罗伯特·莫瑞斯利用蠕虫程序攻击了 Internet 上约 6200 台小型机和 Sun 工作站，造成包括美国 300 多个单位的计算机停止运行，事故经济损失达 9600 万美元。

1994 年 4 月到 10 月期间，任职于俄国圣彼得堡 OA 土星公司的弗拉基米尔·列文从本国操纵电脑，通过 Internet 多次侵入美国花旗银行在华尔街的中央电脑系统的现金管理系统，从花旗银行在阿根廷的两家银行和印度尼西亚的一家银行的几个企业客户的账户中将 40 笔款项转移到其同伙在加利福尼亚和以色列银行所开的账户中，窃走 1000 余万美元。

2007 年 12 月 16 日，"3·5" 特大网上银行盗窃案的 8 名主要犯罪嫌疑人全部落入法网。8 名疑犯在网上以虚拟身份联系，纠集成伙，虽不明彼此身份，却配合密切，分工明确，有人制作木马病毒，有人负责收集信息，有人提现，有人收赃，在不到一年时间里窃得人民币 300 余万元。

2008 年 5 月 18 日下午，昆山市红十字会网站遭人攻击，警方立即组成专案组开展侦查，发现当日下午 3 时许，有人攻击并窃取了这个网站后台管理账号和密码，将原网站页面替换成虚假页面，并在虚假页面上发布捐款账号。因有 50 多名网民浏览过这个诈骗网页，为避免群众受骗，警方及时将这个网站关闭。

2008 年 5 月 31 日、6 月 1 日、2 日，广西地震局官方网站连续遭到黑客攻击。黑客篡改网站数据资料，发布近期将发生地震的虚假信息。

2008 年 6 月，黑龙江、湖南、湖北等地个别不法分子利用互联网恶意篡改红十字会公布的募捐银行账号，企图侵吞善款。

2017 年 5 月 12 日，WannaCry 勒索病毒事件全球爆发，以类似蠕虫病毒的方式传播，攻击主机并加密主机上存储的文件，然后要求以比特币的形式支付赎金。WannaCry 爆发后，至少 150 个国家、30 万名用户中招，造成损失达 80 亿美元，影响到金融、能源、医疗等众多行业，造成严重的危机管理问题。中国部分 Windows 操作系统用户遭受感染，校园网用户首当其冲，受害严重，大量实验室数据和毕业设计被锁定加密。部分大型企业的应用系统和数据库文件被加密后，无法正常工作，影响巨大。

2017 年 10 月，雅虎公司证实，其所有 30 亿个用户账号可能全部受到了黑客攻击的影响，公司已经向更多用户发送"请及时更改登录密码以及相关登录信息"的提示。据悉，雅虎此次被盗信息内容包括用户名、邮箱地址、电话号码、生日以及部分用户部分客户加密或未加密安全识别的问题和答案，有中国互联网分析师表示，其中包括至少几千万中国用户。同时安全专家提醒所有用雅虎邮箱登录微博的用户，可能随时存在信息泄露的风险，所以需提高警惕，及时修改相关信息。

2017 年 10 月，360 安全研究人员率先发现一个新的针对 IoT 设备的僵尸网络，并将其命名为"IoT_reaper"。据悉，该僵尸网络利用路由器、摄像头等设备的漏洞，将僵尸程序传播到互联网，感染并控制大批在线主机，从而形成具有规模的僵尸网络。目前，很多厂商的公开漏洞都已经被 IoT_reaper 病毒所利用，其中包括 Dlink(路由器厂商)、Netgear(路由器厂商)、Linksys(路由器厂商)、Goahead(摄像头厂商)、JAWS(摄像头厂商)、AVTECH(摄像头厂商)、Vacron(NVR 厂商)等共 9 个漏洞，感染量达到近 200 万台设备，且每天新增感染量达 2300 多次。

2019 年 3 月 13 日，有消息显示，我国部分政府部门和医院等公立机构遭遇到国外黑客攻击。此次攻击中，黑客组织利用勒索病毒对上述机构展开邮件攻击。

2019 年 5 月，湖北警方经过 50 余天侦查，成功破获湖北省首例入侵物联网破坏计算机信息系统的刑事案件，抓获两名犯罪嫌疑人。

2019 年 6 月，广东警方打掉一个特大黑客团伙，该团伙入侵破坏某游戏公司计算机信息系统，盗取游戏虚拟货币 60 亿金，折合人民币价值约 880 万元。

2020 年 2 月，美国国土安全部的网络安全和基础设施安全局发布公告，一家未公开名字的天然气管道运营商，在遭到勒索软件攻击后关闭压缩设施达两天之久。

2020 年 4 月，以色列国家网络局发布公告称，近期收到了多起针对废水处理厂、水泵站和污水管的入侵报告，因此各能源和水行业企业需要紧急更改所有联网系统的密码，以应对网络攻击的威胁。以色列计算机紧急响应团队 (CERT) 和以色列政府水利局也发布了类似的安全警告，水利局告知企业"重点更改运营系统和液氯控制设备"的密码，因为这两类系统遭受的攻击最多。

2020 年 4 月，葡萄牙跨国能源公司 EDP 遭到勒索软件攻击。攻击者声称，已获取 EDP 公司 10TB 的敏感数据文件，并且索要了 1580 的比特币赎金(折合约 1090 万美元/990 万欧元)。

2020 年 5 月 5 日，委内瑞拉副总统罗德里格斯宣布消息，委内瑞拉国家电网干线遭到攻击，造成全国大面积停电。委内瑞拉国家电力公司组织人力全力抢修，部分地区已经恢复供电。罗德里格斯表示，国家电网的 765 干线遭到攻击。这也是在委内瑞拉挫败雇佣兵入侵本国数小时后发生的。除首都加拉加斯外，全国 11 个州府均发生停电。

2020 年 5 月 9 日，瑞士铁路机车制造商 Stadler 对外披露，于近期遭到了网络攻击，攻击者设法渗透了它的 IT 网络，并用恶意软件感染了部分计算机，很可能已经窃取到部分数据。未知攻击者试图勒索 Stadler 巨额赎金。

2020 年 6 月 8 日，日本汽车制造商本田(Honda)表示，其服务器受到 Ekans 勒索软件攻击后，正在应对网络攻击。该事件正在影响公司在全球的业务，包括生产。

7.1.1　网络安全具体内容

网络安全领域已经形成了 9 大核心技术。

1. 密码技术

所谓数据加密(Data Encryption)技术是指将一个信息(或称明文，Lain Text)经过加密钥匙(Encryption Key)及加密函数转换，变成无意义的密文(Cipher Text)，而接收方则将此密文经过解密函数、解密钥匙(Decryption Key)还原成明文。加密技术是网络安全技术的基石。

2. 身份验证技术

身份验证技术是在计算机网络中确认操作者身份的过程中产生的有效解决方法。计算机网络世界中，一切信息包括用户的身份信息，都是用一组特定的数据来表示的，计算机只能识别用户的数字身份，所有对用户的授权也是针对用户数字身份的授权。身份验证技术保证以数字身份进行操作的操作者就是这个数字身份合法拥有者，也就是说保证操作者的物理身份与数字身份相对应。作为防护网络资产的第一道关口，身份认证有着举足轻重的作用。

3. 访问控制技术

访问控制技术指防止对任何资源进行未授权的访问，从而使计算机系统在合法的范围内使用。意指用户身份及其所归属的某项定义组限制用户对某些信息项的访问，或限制对某些控制功能的使用的一种技术，如 UniNAC 网络准入控制系统的原理就是基于此技术的。

4. 防火墙技术

防火墙是一个由计算机硬件和软件组成的系统，部署于网络边界，是内部网络和外部网络之间的连接桥梁，同时对进出网络边界的数据进行保护，防止恶意入侵、恶意代码的传播等，保障内部网络数据的安全。防火墙技术是建立在网络技术和信息安全技术基础上的应用性安全技术，几乎所有的企业内部网络与外部网络(如因特网)相连接的边界都会放置防火墙，防火墙能够起到安全过滤和安全隔离外网攻击、入侵等有害的网络安全信息和行为。

5. 入侵检测技术

入侵检测是指"通过对行为、安全日志、审计数据或其他网络上可获得的信息进行操作，检测到对系统的闯入或闯入的企图"。入侵检测是检测和响应计算机误用的学科，其作用包括威慑、检测、响应、损失情况评估、攻击预测和起诉支持。

6. 安全内核技术

安全内核是指计算机系统中，能根据安全访问控制策略访问资源，确保系统用户之间的安全互操作，并位于操作系统和程序设计环境之间的核心计算机制。安全内核的目标是灵活地控制被保护的对象，免于被非法使用和拷贝。安全内核的安全机制通过保护域界定，并通过存取监视器控制。存取监视程序检查和实施安全访问策略。

7. 反病毒技术

(1) 预防技术

计算机病毒的预防技术就是通过一定的技术手段防止计算机病毒对系统的传染和破坏。实际上这是一种动态判定技术，即一种行为规则判定技术。也就是说，计算机病毒的预防是采用对病毒的行为规则进行分类处理，而后在程序运行中凡有类似的规则出现则认定是计算机病毒。具体来说，计算机病毒的预防是阻止计算机病毒进入系统内存或阻止计算机病毒对磁盘的操作，尤其是写操作。预防技术包括：磁盘引导区保护、加密可执行程序、读写控制技术、系统监控技术等。

例如，大家所熟悉的保护卡，其主要功能是对磁盘提供写保护，监视在计算机和驱动器之间产生的信号，以及可能造成危害的写命令，并判断磁盘当前所处的状态(哪一个磁盘将要进行写操作，是否正在进行写操作，磁盘是否处于写保护等)，来确定病毒是否将要发作。计算机病毒的预防包括对已知的预防和对未知的预防两个部分。目前，对已知的预防可以采用特征判定技术或静态判定技术，而对未知的预防则是一种行为规则的判定技术，即动态判定技术。

(2) 病毒检测技术

计算机病毒的检测技术是指通过一定的技术手段判定出特定计算机病毒的一种技术。它分为两种：一种是根据计算机的关键字、特征程序段内容、病毒特征及传染方式、文件长度的变化，在病毒特征分类的基础上建立的检测技术。另一种是不针对具体程序的自身校验技术，即对某个文件或数据段进行检验和计算并保存其结果，以后定期或不定期地以保存的结果对该文件或数据段进行检验，若出现差异，即表示该文件或数据段完整性已遭到破坏，从而检测到病毒的存在。

(3) 病毒清除技术

　　计算机病毒的清除技术是计算机检测技术发展的必然结果，是计算机病毒传染程序的一种逆过程。目前，清除大都是在某种病毒出现后，通过对其进行分析研究而研发出来的具有相应杀毒功能的软件。这类软件技术的发展往往是被动的，带有滞后性，而且由于计算机软件所要求的精确性，杀毒软件有其局限性，对有些变种病毒的清除无能为力。目前市场上流行的 Intel 公司的 PC-CILLIN、CentralPoint 公司的 CPAV 及我国的 LANClear 和 Kill89 等产品均采用上述三种防病毒技术。

8. 信息泄露防治技术

　　面对企业信息安全问题，管理者不仅要从内部进行数据安全保护，还要从外界去防范文档信息被勒索，企业信息在一定程度上关系到企业的发展，可以用域之盾对电脑中的重要信息进行防护，比如对邮件外发、U 盘拷贝或者是通过程序上传等行为进行禁止，这样就能够在一定程度上减少泄露事件的发生。也可以通过文件加密的方法对企业内部重要文档类型或文件进行加密，经过加密后的文件可在不影响员工正常使用的前提下加密数据，防止员工对文件的外发和拷贝行为，员工私自外发文件到外界的话，文件就会自动变成乱码，可以很好地保护内部数据的安全。

9. 漏洞扫描技术

(1) 基于应用的检测技术
　　该技术采用被动的、非破坏性的办法检查应用软件包的设置，发现安全漏洞。
(2) 基于主机的检测技术
　　该技术采用被动的、非破坏性的办法对系统进行检测。通常，它涉及到系统的内核、文件的属性、操作系统的补丁等。这种技术还包括口令解密、把一些简单的口令剔除。因此，这种技术可以非常准确地定位系统的问题，发现系统的漏洞。缺点是与平台相关，升级复杂。
(3) 基于目标的漏洞检测技术
　　该技术采用被动的、非破坏性的办法检查系统属性和文件属性，如数据库、注册号等。通过消息文摘算法，对文件的加密数进行检验。这种技术的实现是运行在一个闭环上，不断地处理文件、系统目标、系统目标属性，然后产生检验数，把这些检验数同原来的检验数相比较，一旦发现改变就通知管理员。
(4) 基于网络的检测技术
　　该技术采用积极的、非破坏性的办法检验系统是否有可能被攻击崩溃。它利用一系列的脚本模拟对系统进行攻击的行为，然后对结果进行分析。它还针对已知的网络漏洞进行检验。网络检测技术常被用来进行穿透实验和安全审核。这种技术可以发现一系列平台的漏洞，也容易安装。但是，它可能会影响网络的性能。

7.1.2 当前面临的网络安全问题

1. 信息机密性面临威胁：传输过程中被窃取

当信息在互联网中传输时，攻击者可以利用搭线的方式，在信息发送方和接收方毫无察觉的情况下窃取到相应信息。具体窃取过程如图 7-1 所示。

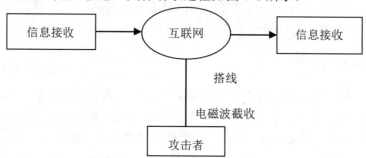

分析信息流量和流向、通信频度和长度

图 7-1   信息被窃取框图

2. 信息完整性面临威胁：传输过程中被篡改

当信息在互联网中传输时，攻击者可以对信息进行篡改，使数据完整性遭到破坏。例如：

(1) 更改信息流的次序、内容，如购买商品的出货地址、交货日期等。

(2) 删除某个消息或消息的某些部分，如买方的联系方式等。

(3) 在消息中插入一些信息，让接收方接收错误的信息，如商品价格等。

3. 信息可认证性面临威胁：抵赖传输的信息

当信息传输完成后，信息的可认证性无法得到保障，信息发送方和接收方都有可能出现抵赖情况。

(1) 发送者事后否认曾经发送过某条消息或内容。

(2) 接收者否认曾经收到过某条消息或内容。

(3) 购买者做了订货单不承认。

(4) 商家卖出的商品因价格变动而不承认原有的交易。

4. 身份真实性面临威胁：假冒他人身份

在信息传输过程中，信息发送方和接收方的身份会被冒用，进而导致财产损失或信息泄露。

(1) 伪造电子邮件，虚开网站和商店，给用户发电子邮件，接收订单。

(2) 伪造用户，发大量的电子邮件，窃取商家的商品信息和用户信用等信息。

(3) 冒充上级发布命令调阅密件、冒充他人消费等。

7.2 密码体制

1. 基本概念

(1) 密码编码学(cryptography)：研究编制密码的科学，用来研究、设计各种可以达到保密效果的密码体系。

(2) 密码分析学(cryptanalysis)：研究破译密码的科学，用来分析密码体系的安全性，并以不同的方向对密码编制提出有效的改进方案。

(3) 明文(Plaintext)：伪装前的信息。

(4) 密文(Ciphertext)：伪装后的信息。

(5) 加密(Encryption)：信息伪装过程，就是在加密密钥(key)的控制下对信息进行一组可逆的数学变换。

(6) 加密算法(Encryption Algorithm)：用于对数据加密的一组数学变换。

(7) 解密(Decryption)：将密文还原为明文，是使用解密密钥(key)进行与加密变换相逆的逆变换，即加密的逆过程。

(8) 解密算法(Decryption Algorithm)：用于解密的这组数学变换称为解密算法。

加密解密框图如图 7-2 所示。

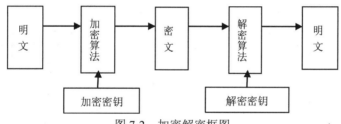

图 7-2 加密解密框图

2. 发展历史

(1) 第一阶段(1949 年以前)，这一时期可以看作是科学密码学的萌芽期。这段时期密码学既是科学也是艺术。密码学专家常常凭直觉、经验和信念来进行设计和分析。

(2) 第二阶段(1949—1975 年)，1949 年 Shannon 发表的《保密系统的信息理论》标志着科学密码学的开始。文章所述的信息论为对称密钥系统建立了理论基础。

(3) 第三阶段(1976 年至今)，1976 年迪菲(Diffie)与赫尔曼(Hellman)发表了《密码学新方向》，首次证明了发送端和接收端之间不传输密钥进行保密通信的可能，开创了公钥密码学的新纪元。

7.2.1 对称密钥密码体制

对称密钥密码体制又称单密钥密码体制，是指加密密钥和解密密钥相同的密码体制。这种密码体制的保密性主要取决于对密钥的保密，其加密和解密算法是公开的。要保证对称密钥密码体制的安全性，其加密算法必须足够复杂，同时其密钥必须保密并且有足够大的密钥空间，使得攻击者在截取密文和知道加密算法的情况下，仍然无法还原出明文。

最有影响的对称密钥密码体制是 1977 年美国国家标准局颁布的数据加密标准(DES)和于 2000 年发布的准备取代 DES 的高级加密标准(AES)。

1. DES 加密算法

DES 是美国国家标准局(NBS)于 1977 年颁布的数据加密标准算法(Data Encryption Standard)，是一种面向二进制的分组密码技术，是对称密码体制的优秀算法。

DES 密码算法提供高质量的数据保护，防止数据未经授权的泄露和未被察觉的修改；具有相当高的复杂性，使得破译的开销超过可能获得的利益，同时又要便于理解和掌握；DES 密码体制的安全性应该不依赖于算法的保密，其安全性仅以加密密钥的保密为基础；实现经济，运行有效，并且适用于多种完全不同的应用。

DES 原理：DES 算法的入口参数有三个：Key、Data、Mode。其中 Key 为 8 个字节共 64 位(实际使用 56 位，8、16、…、64 为传输校验位)，是 DES 算法的工作密钥；Data 也为 8 个字节 64 位，是要被加密或被解密的数据，如最后一个分组不足 64 位以零补充；Mode 为 DES 的工作方式，有两种：加密或解密，如图 7-3 所示。

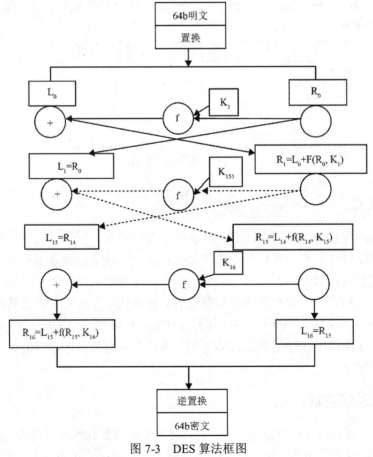

图 7-3 DES 算法框图

首先，把输入的 64 位数据块按位重新组合，并把输出分为 L_0、R_0 两部分，每部分各长 32 位，其置换规则如图 7-4 所示。

8	0	2		4	6	8	0		0	2	4	6	8	0	2
2	4	6		8	0	2	4		4	6	8	0	2	4	6
7	9	1		3	5	7			9	1	3	5	7	9	1
1	3	5		7	9	1	3		3	5	7	9	1	3	5

图 7-4　DES 置换规则

经过 16 次迭代运算后，得到 L_{16}、R_{16}，将此作为输入，进行逆置换，即得到密文输出。逆置换正好是初始置换的逆运算，例如，第 1 位经过初始置换后，处于第 40 位，而通过逆置换，又将第 40 位换回到第 1 位，其逆置换规则如图 7-5 所示。

0		8	6	6	4	4	2	9		7	5	5	3	3	1
8		6	4	4	2	2	0	7		5	3	3	1	1	9
6		4	2	2	0	0	8	5		3	1	1	9	9	7
4		2	0	0	8	8	6	3		1		9	7	7	5

图 7-5　DES 逆置换规则

2. AES 加密算法

1998 年 5 月，56 位密钥的 DES 在 56 小时内被破解。2000 年 10 月 2 日，NBS 公布了新的加密标准 AES，DES 作为标准正式结束。

AES 是可供政府和商业使用的功能强大的加密算法，支持标准密码本方式；明显比 DES 有效；密钥大小可变，这样就可在必要时增加安全性；以公正和公开的方式进行选择；可以公开定义；可以公开评估。

(1) AES 的特点

AES 带有可变块长和可变密钥长度的迭代块密码，用以适应不同的场景要求。运算速度快；对内存的需求非常低，适合于受限环境；分组长度和密钥长度设计灵活；AES 的密钥长度比 DES 大，它也可设定为 32 比特的任意倍数，最小值为 128 比特，最大值为 256 比特，所以用穷举法是不可能破解的；能够很好地抵抗差分密码分析及线性密码分析的能力。

(2) AES 的加解密流程

AES 加密过程涉及 4 种操作：字节替代(SubBytes)、行移位(ShiftRows)、列混合(MixColumns)和轮密钥加(AddRoundKey)。解密过程分别为对应的逆操作。由于每一步操作都是可逆的，按照相反的顺序进行解密即可恢复明文。加解密中每轮的密钥分别由初始密钥扩展得到。加密过程如图 7-6 所示。

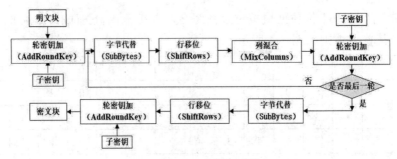

图 7-6　AES 加密框图

在密钥加法层中有两个输入的参数，分别是明文和子密钥 k[0]，这两个输入都是 128 位的。k[0]实际上就等同于密钥 k，具体在密钥扩展生成中进行。在扩展域中加减法操作和异或运算等价，所以这里的处理也就异常简单了，只需要将两个输入的数据进行按字节异或操作就会得到运算的结果，如图 7-7 所示。

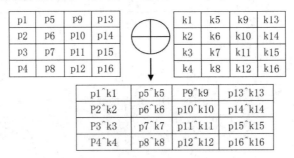

图 7-7　AES 字节异或运算框图

(3) AES 算法原理

AES 算法主要有四种操作处理，分别是密钥加法层(也叫轮密钥加，英文 Add Round Key)、字节代换层(Sub Bytes)、行位移层(Shift Rows)、列混淆层(Mix Columns)。而明文 x 和密钥 k 都是由 16 个字节组成的数据(当然密钥还支持 192 位和 256 位的长度，暂时不考虑)，它是按照字节的先后顺序从上到下、从左到右进行排列的，如图 7-8 所示。而加密出的密文读取顺序也是按照这个顺序读取的，相当于将数组还原成字符串的模样，然后再解密的时候又是按照 4×4 数组处理。AES 算法在处理的轮数上只有最后一轮操作与前面的轮处理上有些许不同(最后一轮只是少了列混淆处理)，在轮处理开始前还单独进行了一次轮密钥加的处理。在处理轮数上，这里我们只考虑 128 位密钥的 10 轮处理，如图 7-9 所示。

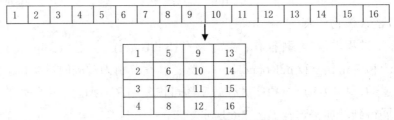

图 7-8　AES 字节结构转换框图

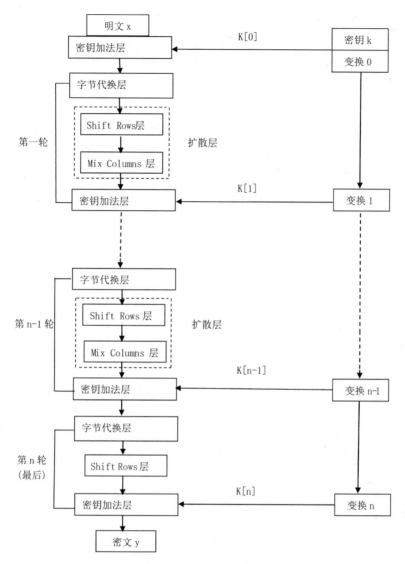

图 7-9　AES 算法流程图

输入的字节顺序:

1) 秘钥加法层

　　子密钥的生成是以列为单位进行的,一列是 32 比特,四列组成子密钥共 128 比特。生成子密钥的数量比 AES 算法的轮数多一个,因为第一个密钥加法层进行密钥漂白时也需要子密钥。密钥漂白是指在 AES 的输入和输出中都使用的子密钥的 XOR 加法。

2) 字节代换层

　　字节代换层的主要功能就是让输入的数据通过 S box 表完成从一个字节到另一个字节的映射,这里的 S box 表是通过某种方法计算出来的,具体的计算方法在此不做详述,我们只需要知道如何使用 S box 结果即可。S box 表是一个拥有 256 个字节元素的数组,可以将其定义为一维数组,也可以将其定义为 16×16 的二维数组。如果将其定义为二维数组，读取 S box 数据的方法就是要将输入数据的每个字节的高四位作为第一个下标，第四位作为第二个下标，略有点麻烦。这里建议将其视作一维数组即可。逆 S 盒与 S 盒对应，用于解密时对数据进行处理，我们将解密时的程序处理称作逆字节代换，只是使用的代换表盒与加密时不同而已。

3) 行位移层

行位移操作最为简单，它是用来将输入数据作为一个 4×4 的字节矩阵进行处理的，然后将这个矩阵的字节进行位置上的置换。Shift Rows 子层属于 AES 手动的扩散层，目的是将单个位上的变换扩散到影响整个状态，从而达到雪崩效应。在加密时行位移处理与解密时的处理相反，我们这里将解密时的处理称作逆行位移。它之所以称作行位移，是因为它只在 4×4 矩阵的行间进行操作，每行 4 字节的数据。加密时：保持矩阵的第一行不变，第二行向左移动 8 比特(一个字节)、第三行向左移动 2 个字节、第四行向左移动 3 个字节。解密时：保持矩阵的第一行不变，第二行向右移动 8 比特(一个字节)、第三行向右移动 2 个字节、第四行向右移动 3 个字节。

4) 列混淆层

列混淆子层是 AES 算法中最为复杂的部分，属于扩散层。列混淆操作是 AES 算法中主要的扩散元素，它混淆了输入矩阵的每一列，使输入的每个字节都会影响到 4 个输出字节。行位移子层和列混淆子层的组合使得经过三轮处理以后，矩阵的每个字节都依赖于 16 个明文字节。其中包含了矩阵乘法、伽罗瓦域内加法和乘法的相关知识。在加密的正向列混淆中，我们要将输入的 4×4 矩阵左乘一个给定的 4×4 矩阵。在解密的逆向列混淆中与正向列混淆的不同之处在于使用的左乘矩阵不同，它与正向列混淆的左乘矩阵互为逆矩阵，也就是说，数据矩阵同时左乘这两个矩阵后，数据矩阵不会发生任何变化。

7.2.2 公钥密码体制

1976 年，Whitefield Diffie 和 Martin Hellman 在论文《密码学的新方向》中提出一个设想：用户 A 有一对密钥：加密密钥和解密密钥，公开和保密。若 B 要给 A 发送加密信息，他需要在公开的目录中查出 A 的公开(加密)密钥，用它加密消息；A 收到密文后，用自己秘密保存的解密密钥解密密文，由于别人不知道解密密钥，即使截获了密文，也无法恢复明文。在这种思想中，加密密钥和解密密钥是不同的，加密密钥是公开的且从加密密钥推出解密密钥是不可行的。基于这种思想建立的密码体制，被称为公钥密码体制，也叫非对称密码体制。这个设想提出后，立刻引起密码学家的高度重视和浓厚兴趣，多种公钥密码算法相继被提出，可惜许多是不安全的，而那些被视为安全的算法又有许多不实用。直到 1978 年，美国麻省理工学院的 Rivest、Shamir 和 Adleman 3 位密码学家提出了 RSA 公钥密码体制，才很好地解决了对称密码体制所面临的问题。

目前应用最广的公钥加密体制主要有 3 个：RSA 公钥加密体制、ElGamal 公钥加密体制和椭圆曲线公钥加密体制。

1. RSA 公钥加密体制

(1) RSA (Rivest-Shamir-Adleman)

该算法建立在数论基础上的一个优秀算法，被广泛用于现代互联网通信。如果对怎么做到用一个公钥进行加密，用另一个私钥进行解密非常好奇，也想了解一下是什么样的算法支撑起现在互联网通信的基石，就需要掌握一些基础的数论知识。

(2) 数论基础知识

数论主要关心的是质数以及围绕它展开的模运算(可简单理解为取余)及各种定理，仅此知识就够了。

(3) 模运算定义

- 取模运算：$a \% p$(或 $a \bmod p$)，表示 a 除以 p 的余数。
- 模 p 加法：$(a + b) \% p$，其结果是 $a+b$ 算术和除以 p 的余数，也就是说，$(a+b)=kp+r$，则$(a+b) \% p = r$。
- 模 p 减法：$(a-b) \% p$，其结果是 $a-b$ 算术差除以 p 的余数。
- 模 p 乘法：$(a \times b) \% p$，其结果是 $a \times b$ 算术乘法除以 p 的余数。
- 同余式：正整数 a 和 b 对 p 取模，它们的余数相同，记做 $a \equiv b \% p$ 或者 $a \equiv b \pmod p$。
- $n \% p$ 得到结果的正负由被除数 n 决定，与 p 无关。例如：$7 \% 4 = 3$，$-7 \% 4 = -3$，$7 \% -4 = 3$，$-7 \% -4 = -3$(在 Java、C/C++中%是取余，例中的%按取余处理。在 Python 中是模运算：$-7 \% 4 = 1$，$7 \% -4 = -1$，结果的正负仅与除数有关)。

(4) 模运算基本性质

- 若 $p=a-b$，则 $a \equiv b \ (\% p)$。例如，$11 \equiv 4 \ (\% 7)$，$18 \equiv 4 (\% 7)$
- 若$(a \% p)=(b \% p)$，则 $a \equiv b \ (\% p)$
- 对称性：$a \equiv b \ (\% p)$等价于 $b \equiv a \ (\% p)$
- 传递性：若 $a \equiv b \ (\% p)$且 $b \equiv c \ (\% p)$，则 $a \equiv c \ (\% p)$

(5) 模运算规则

- $(a + b) \% p = (a \% p + b \% p) \% p$
- $(a - b) \% p = (a \% p - b \% p) \% p$
- $(a \times b) \% p = (a \% p \times b \% p) \% p$
- $(ab) \% p = ((a \% p)b) \% p$
- $((a + b) \% p + c) \% p = (a + (b + c) \% p) \% p$
- $((a \times b) \% p \times c) \% p = (a \times (b \times c) \% p) \% p$
- $(a + b) \% p = (b + a) \% p$
- $(a \times b) \% p = (b \times a) \% p$
- $((a + b) \% p \times c) \% p = ((a \times c) \% p + (b \times c) \% p) \% p$

(6) 模运算基本定理

- 若 $a \equiv b \ (\% p)$，则对于任意的 c，都有$(a + c) \equiv (b + c) \ (\% p)$

- 若 $a \equiv b\,(\%\,p)$，则对于任意的 c，都有 $(a \times c) \equiv (b \times c)\,(\%\,p)$
- 若 $a \equiv b\,(\%\,p)$，$c \equiv d\,(\%\,p)$，则 $(a + c) \equiv (b + d)\,(\%\,p)$，$(a - c) \equiv (b - d)\,(\%\,p)$，$(a \times c) \equiv (b \times d)\,(\%\,p)$

(7) 互质关系

如果两个正整数，除了 1 之外没有其他公因子，我们称这两个数是互质关系。比如 15 和 32，说明不是质数也可以构成互质关系。

- 任意两个质数构成互质关系，比如 13 和 61。
- 一个数是质数，另一个数只要不是前者的倍数，两者就构成互质关系，比如 3 和 10。
- 如果两个数中，较大的那个数是质数，则两者构成互质关系，比如 97 和 57。
- 1 和任意一个自然数都是互质关系。
- p 是大于 1 的整数，则 p 和 $p-1$ 构成互质关系，比如 57 和 56。
- p 是大于 1 的奇数，则 p 和 $p-2$ 构成互质关系，比如 17 和 15。

(8) 欧拉函数

任意给定正整数 n，计算在小于等于 n 的正整数之中，有多少个与 n 构成互质关系。计算这个值的方法叫做欧拉函数，以 $\phi(n)$ 表示。如 $\phi(8)=4$，因为在 1 到 8 之中，与 8 形成互质关系的有 1、3、5、7。

- 如果 $n=1$，则 $\phi(1)=1$。应为 1 与任何(包括自己)都构成互质关系。
- 如果 n 是质数，则 $\phi(n)=n-1$。因为质数与每个小于它的数都构成互质关系。
- 如果 n 是质数的某一个次方，即 $n=p^k$ (p 为质数，$k \geq 1$)，则：

$$\phi(p^k) = p^k - p^{k-1} = p^k(1 - \frac{1}{p})$$

如 $\phi(8) = \phi(2^3) = 2^3 - 2^2 = 4$。这是因为只有当一个数不包含质数 p 时，才能与 n 互质。而包含质数 p 的数一共有 $p^{(k-1)}$ 个，即 $1 \times p$、$2 \times p$、$\cdots$、$p^{(k-1)} \times p$。

- n 可以分解成两个互质的整数之积，即 $n = p1 \times p2$，则 $\phi(n) = \phi(p1p2) = \phi(p1)\phi(p2)$，也就是说，积的欧拉函数等于各个因子的欧拉函数之积。如 $\phi(56) = \phi(7 \times 8) = \phi(7) \times \phi(8) = 6 \times 4 = 24$。
- 因为任意大于 1 的整数，都可以写成一系列质数的积：

$$n = p_1^{k_1} p_2^{k_2} \cdots p_r^{kr}$$

根据以上结论

$$\phi(n) = \phi(p_1^{k_1})\phi(p_2^{k_2})\cdots\phi(p_r^{k_r})$$

$$\phi(n) = p_1^{k_1} p_2^{k_2} \cdots p_r^{kr}(1 - \frac{1}{p_1})(1 - \frac{1}{p_2})\cdots(1 - \frac{1}{p_r})$$

也就等于：

$$\phi(n) = n(1-\frac{1}{p_1})(1-\frac{1}{p_2})\cdots(1-\frac{1}{p_r})$$

比如：

$$\phi(1323)=\phi(3^3 \times 7^2)=1323(1-1/3)(1-1/7)=756$$

(9) 欧拉定理

如果两个正整数 a 和 n 互质，则 n 的欧拉函数 $\phi(n)$ 可以让下面的式子成立：

$$a^{\phi(n)} \equiv 1(mod\ n)$$

即 a 的 $\phi(n)$ 次方减去 1，被 n 整除。比如，3 和 7 互质，$\phi(7)=6$，$(3^6-1)/7=104$。如果正整数 a 与质数 p 互质，应为 $\phi(p)=p-1$，所以欧拉函数可写成：

$$a^{p-1} \equiv 1(mod\ p)$$

(10) 模反元素

如果两个正整数 a 和 n 互质，那么一定可以找到整数 b，使得 $ab-1$ 被 n 整除。

$$ab \equiv 1(mod\ n)$$

比如，3 和 11 互质，那么 3 的模反元素是 4，应为 3×4-1 可以被 11 整除。4 加减 11 的整数倍数都是 3 的模反元素。

欧拉定理可以用来证明模反元素必然存在：

$$a^{\phi(n)} = a \times a^{\phi(n)-1} \equiv 1(mod\ n)$$

可以看到，a 的 $\phi(n)-1$ 次方，就是 a 的模反元素。

(11) RSA 算法

密钥对生成：随意选择两个大的质数 p 和 q，p 不等于 q，计算 $N=pq$，根据欧拉函数，求得 $r=\phi(N)=\phi(p)\phi(q)=(p-1)(q-1)$。选择一个小于 r 的整数 e，且 e 与 r 互质，并求得 e 关于 r 的模反元素，命名为 d（令 $ed \equiv 1(mod\ r)$）。(模反元素存在，当且仅当 e 与 r 互质)将 p 和 q 的记录销毁。其中(N，e)是公钥，(N，d)是私钥。

比如，Alice 随机选两个不相等的质数 61 和 53，并计算两数的积 $N=61 \times 53=3233$，N 的长度就是密钥长度。3233 的二进制是 110010100001，一共 12 位，所以这个密钥就是 12 位。实际应用中，RSA 密钥一般是 1024 位，重要的场合是 2048 位。计算 N 的欧拉函数。$\phi(N)=(p-1)(q-1)=60 \times 52=3120$。Alice 在 1 到 3120 上随机选择了一个随机数 $e=17$，计算 e 对 $\phi(N)$ 的模反元素 d，即 $ed-1=k^{\phi(N)}$。求解：$17x+3120y=1$。用扩展欧几里得算法求解，可以算出一组解(x，y)=(2753，-15)，即 $d=2753$。其中 $N=3233$，$e=17$，$d=2753$。所以公钥就是(N，e)=(3233，17)，私钥(N，d)=(3233，2753)。

- 密钥可靠性：在 RSA 私钥和公钥生成的过程中，共出现过 p、q、N、$\phi(N)$、e、d，其中(N、e 组成公钥)，其他的都不是公开的，一旦 d 泄露，就等于私钥泄露。那么能不能根据 N、e 推导出 d 呢？$ed \equiv 1 (\mathrm{mod}\ \phi(N))$。只有知道 e 和 $\phi(N)$，才能算出 d。$\phi(N)=(p-1)(q-1)$。只有知道 p 和 q，才能算出 $\phi(N)$。$n=pq$，只有将 n 分解才能算出 p 和 q。所以，只有将 n 质因数分解，才能算出 d，也就意味着私钥破译。但是，大整数的质因数分解是非常困难的。

- 加密：加密要用到公钥(N，e)。假设 Bob 要向 Alice 发送加密信息 m，他就要用 Alice 的公钥(N，e)对 m 进行加密。但 m 必须是整数(字符串可以取 ASCII 值或 Unicode 值)，且 m 必须小于 N。所谓加密就是用以下公式计算密文 C。$C=m^e\ \mathrm{mod}\ N$，假设 $m=65$，Alice 的公钥(3233，17)，计算 $C=65^{17}\ \mathrm{mod}\ 3233=2790$；Bob 就把 2790 发给 Alice。

- 解密：Alice 收到 Bob 发来的 2790 后，就用自己的私钥(3233，2753)进行解密，$m=C^d\ \mathrm{mod}\ N=2790^{2753}\ \mathrm{mod}\ 3233=65$。

- 证明：$m=C^d\ \mathrm{mod}\ N=(m^e\ \mathrm{mod}\ N)^d\ \mathrm{mod}\ N$
$$= m^{ed}\ \mathrm{mod}\ N$$
$$= m^{k\phi(N)+1}\ \mathrm{mod}\ N$$

a) m 与 N 互质，由欧拉定理：$m^{\phi(N)}\ \mathrm{mod}\ N=1$

$$m = ((m^{k\phi(N)}\ \mathrm{mod}\ N) \times (m\ \mathrm{mod}\ N))\ \mathrm{mod}\ N$$
$$= (((m^{\phi(N)}\ \mathrm{mod}\ N)^k\ \mathrm{mod}\ N) \times m)\ \mathrm{mod}\ N$$
$$= ((1^k\ \mathrm{mod}\ N) \times m)\ \mathrm{mod}\ N$$
$$= m\ \mathrm{mod}\ N$$
$$= m$$

b) m、N 最大公因子大于 1，则必是 p 或 q 的倍数。不失一般性，设：$m=hq$，$h<p(m<N=pq)$，欧拉函数 $\phi(N)=(p-1)\times(q-1)$。

$$m = (hq)^{k(p-1)(q-1)+1}\ \mathrm{mod}\ (pq)$$
$$= ((hq)^{k(p-1)(q-1)}\ hq)\ \mathrm{mod}\ (pq)$$
$$= (((hq)^{k(p-1)(q-1)}h)\ \mathrm{mod}\ p)\ q$$
$$= ((((h^{k(p-1)(q-1)}\ \mathrm{mod}\ p)(q^{k(p-1)(q-1)}\ \mathrm{mod}\ p)\ h)\ \mathrm{mod}\ p)\ q$$
$$= ((1^{k(q-1)}\ 1^{k(q-1)}\ h)\ \mathrm{mod}\ p)\ q$$
$$= (hq)\ \mathrm{mod}\ (pq)$$
$$= m\ \mathrm{mod}\ N$$
$$= m$$

2. ElGamal 公钥加密体制

(1) ElGamal 公钥密码是一种国际公认的较为理想的公钥密码体制，是网络上进行保密通信和数字签名的较有效的安全算法。ElGamal 以公钥密码体制在网络安全加密技术中的应用受到密码学界的广泛关注。ElGamal 算法是一种较为常见的加密算法，它是基于 1985 年提出的公钥密码体制和椭圆曲线加密体系。既能用于数据加密，也能用于数字签名，其安全性依赖于计算有限域上离散对数这一难题。在加密过程中，生成的密文长度是明文的两倍，且每次加密后都会在密文中生成一个随机数 K，在密码中主要应用离散对数问题的几个性质：求解离散对数(可能)是困难的，而其逆运算(指数运算)可以应用平方乘的方法有效地计算。也就是说，在适当的群 G 中，指数函数是单向函数。

(2) 阶：设 $n>1$，a 和 n 互质，则必有一个 $x(1 \leqslant x \leqslant n-1)$ 使得 $ax \equiv 1 \ (\bmod \ n)$ 满足 $ax \equiv 1 \ (\bmod \ n)$ 的最小整数 x，称为 a 模 n 的阶。

(3) 本原元：由方程 $ax \equiv 1(\bmod \ n)$ 根据欧拉定理，显然我们可以知道 $\phi(n)$ 是方程的一个解，但它未必是最小的，所以不一定是阶，而当 $\phi(n)$ 是 a 模 n 的阶时，我们称 a 为 n 的一个本原元。当 a 模 n 的阶为 $\phi(n)$，也就是说当且仅当 x 是 $\phi(n)$ 的倍数，使得 $ax \equiv 1(\bmod \ n)$ 成立，此时称 a 为 n 的本原元。

(4) ElGamal 算法。

- 密钥对生成：随机选择一个大质数 p，且要求 $p-1$ 有大质数因子，再选择一个模 p 的本原元 α；随机选取一整数 x，$2 \leqslant x \leqslant (p-2)$，$(p, \alpha, x)$ 是私钥。计算 $y = \alpha x(\bmod \ p)$，(p, α, y) 是公钥。
- 加密：假设 Bob 要向 Alice 发送加密信息 m，他就要用 Alice 的公钥 (p, α, y) 对 m 进行加密。随机选取一整数 $k(2 \leqslant k \leqslant (p-2)$ 且 k 与 $(p-1)$ 互质，计算 $b = \alpha k \bmod p$，$c = m \times yk \bmod p$。密文 (b, c) 发送给 Alice。

比如，Alice 取 $p=37$，之中一个本原元 $\alpha=2$，选择 $x=5$，计算 $y = \alpha x \bmod p = 25 \bmod 37 = 32$，并公开 $(37, 2, 32)$。Bob 想发送消息 $m=29$ 给 Alice。首先选取随机数 k，假设 $k=7$，则：$b = \alpha k \bmod p = 27 \bmod 37 = 17$，$c = m \times yk \bmod p = 29 \times 327 \bmod 37 = 33$，Bob 将 $(17, 33)$ 发送给 Alice。

- 解密：Alice 收到 (b, c) 计算 $m = c \times b{-}x \bmod p$。

比如，Alice 收到 $(17, 33)$，因为 $175 \bmod 37=19$，$175 \times 17 -5 \equiv 1 \bmod 37$，所以 $17-5 \bmod 37 = 2(19 \times 2 \equiv 1 \bmod 37)$。计算 $m = 33 \times 17-5 \bmod 37 = 33 \times 2 \bmod 37 = 29$。

- 证明：$m = c \times b{-}x \bmod p \equiv m \times yk \times \alpha(-xk) \equiv m \times \alpha(xk) \times \alpha(-xk) \equiv m$。

3. 椭圆曲线公钥加密体制

椭圆曲线公钥加密体制(Elliptic Curve Cryptography，ECC)，是一种建立在公开密钥加密的算法，基于椭圆曲线数学。椭圆曲线在密码学中的使用是在 1985 年由 Neal Koblitz 和 Victor Miller 分别独立提出的。ECC 的主要优势是在某些情况下它比其他方法使用更小的密钥，比如 RSA 加密算法，提供相当的或更高等级的安全。ECC 的另一个优势是可以定义群之间的双线性映射，基于 Weil 对或是 Tate 对；双线性映射已经在密码学中发现了大量的应用，例如基于身份的加密。其缺点是同长度密钥下加密和解密操作的实现比其他机制花费的时间长，但由于可以使用更短的密钥达到同级的安全程度，所以同级安全程度下速度相对更快。一般认为 160 比特的椭圆曲线密钥提供的安全强度与 1024 比特 RSA 密钥相当。

7.3 数字签名技术

7.3.1 数字签名的定义

数字签名(又称公钥数字签名)是只有信息的发送者才能产生的别人无法伪造的一段数字串,这段数字串同时也是对信息的发送者发送信息真实性的一个有效证明。它是一种类似写在纸上的普通的物理签名,但是它使用公钥加密领域的技术来实现,用于鉴别数字信息的方法。发送方对待发的数据进行加密处理,生成一段签名数据附在原文上一起发送,接收方收到附有签名的原文后,进行验证,判定原文的真伪。数字签名是公钥加密技术与数字摘要技术的应用。

7.3.2 数字签名的原理

数字签名的文件的完整性是很容易验证的(不需要骑缝章,骑缝签名,也不需要笔迹专家),而且数字签名具有不可抵赖性(不可否认性)。

简单地说,所谓数字签名就是附加在数据单元上的一些数据,或是对数据单元所做的密码变换。这种数据或变换允许数据单元的接收者用以确认数据单元的来源和数据单元的完整性并保护数据,防止被人(例如接收者)进行伪造。它是对电子形式的消息进行签名的一种方法,一个签名消息能在一个通信网络中传输。基于公钥密码体制和私钥密码体制都可以获得数字签名,主要是基于公钥密码体制的数字签名,包括普通数字签名和特殊数字签名。普通数字签名算法有 RSA、ElGamal、Fiat-Shamir、Guillou- Quisquarter、Schnorr、Ong-Schnorr-Shamir 数字签名算法、Des/DSA、椭圆曲线数字签名算法和有限自动机数字签名算法等。特殊数字签名有盲签名、代理签名、群签名、不可否认签名、公平盲签名、门限签名、具有消息恢复功能的签名等,它与具体应用环境密切相关。显然,数字签名的应用涉及法律问题,美国联邦政府基于有限域上的离散对数问题制定了自己的数字签名标准(DSS)。

7.3.3 数字签名的特点

每个人都有一对"钥匙"(数字身份),其中一个只有她/他本人知道(密钥),另一个是公开的(公钥)。签名的时候用密钥,验证签名的时候用公钥。又因为任何人都可以落款声称她/他就是你,因此公钥必须向接收者信任的人(身份认证机构)来注册。注册后身份认证机构给你发一数字证书。对文件签名后,你把此数字证书连同文件及签名一起发给接受者,接收者向身份认证机构求证是否真的是用你的密钥签发的文件。在通信中使用数字签名一般具有以下特点:

(1) 鉴权。公钥加密系统允许任何人在发送信息时使用公钥进行加密,接收信息时使用私钥解密。当然,接收者不可能百分之百确信发送者的真实身份,而只能在密码系统未被破译的情况下才有理由确信。鉴权的重要性在财务数据上表现得尤为突出。举个例子,假设一家银行将指令由它的分行传输到它的中央管理系统,指令的格式是(a, b),

其中 a 是账户的账号，而 b 是账户的现有金额。这时一位远程客户可以先存入 100 元，观察传输的结果，然后接二连三地发送格式为 (a, b) 的指令。这种方法被称作重放攻击。

(2) 完整性。传输数据的双方都总希望确认消息未在传输的过程中被修改。加密使得第三方想要读取数据十分困难，然而第三方仍然能采取可行的方法在传输的过程中修改数据。一个通俗的例子就是同形攻击：还是上面的那家银行，从它的分行向它的中央管理系统发送格式为 (a, b) 的指令，其中 a 是账号，而 b 是账户中的金额。一个远程客户可以先存 100 元，然后拦截传输结果，再传输 (a, b)，这样他就立刻变成百万富翁了。

(3) 不可抵赖。在密文背景下，抵赖这个词指的是不承认与消息有关的举动(即声称消息来自第三方)。消息的接收方可以通过数字签名防止所有后续的抵赖行为，因为接收方可以出示签名给别人，证明信息的来源。

7.3.4 数字签名的功能

网络安全，主要是网络信息安全，需要采取相应的安全技术措施，提供适合的安全服务。数字签名机制作为保障网络信息安全的手段之一，可以解决伪造、抵赖、冒充和篡改问题。数字签名的目的之一就是在网络环境中代替传统的手工签字与印章。数字签名一般具有以下功能：

(1) 防冒充(伪造)。私有密钥只有签名者自己知道，所以其他人不可能构造出正确的。

(2) 可鉴别身份。由于传统的手工签名一般是双方直接见面的，身份自然一清二楚。在网络环境中，接收方必须能够鉴别发送方所宣称的身份。

(3) 防篡改(防破坏信息的完整性)。对于传统的手工签字，假如要签署一份 200 页的合同，是仅在合同末尾签名，还是对每一页都签名？如果仅在合同末尾签名，对方会不会偷换其中的几页？而对于数字签名，签名与原有文件已经形成了一个混合的整体数据，不可能被篡改，从而保证了数据的完整性。

(4) 防重放。如在日常生活中，A 向 B 借了钱，同时写了一张借条给 B，当 A 还钱时，肯定要向 B 索回他写的借条，否则 B 可能再次用借条要求 A 还钱。在数字签名中，如果采用了对签名报文添加流水号、时间戳等技术，可以防止重放攻击。

(5) 防抵赖。如前所述，数字签名可以鉴别身份，不可能冒充伪造，那么，只要保存好签名的报文，就好似保存好了手工签署的合同文本，也就是保留了证据，签名者就无法抵赖。那如果接收者确已收到对方的签名报文，却抵赖没有收到呢？应如何预防接收者的抵赖呢？在数字签名体制中，要求接收者返回一个自己签名的表示收到的报文，给对方或者第三方或者引入第三方机制。如此操作，双方均不可抵赖。

(6) 机密性(保密性)。有了机密性保证，截收攻击也就失效了。手工签字的文件(如同文本)是不具备保密性的，文件一旦丢失，其中的信息就极可能被泄露。数字签名可以加密要签名的消息。当然，如果签名的报名不要求机密性，也可以不用加密。

7.3.5 数字签名的过程

数字签名分整体消息签名和消息摘要签名两种。前者通过对消息整体用私钥加密附在消息后面作为签名；后者先对消息用通用算法进行摘要，再对摘要用私钥加密附在消息后面作为签名。

1. 整体消息签名

发送方用自己的私钥对整体消息加密，接收方用发送方的公钥解密，再将收到的原文和解密后的原文进行比较。整体消息签名流程如图 7-10 所示。

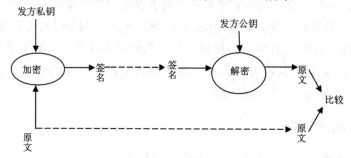

图 7-10　整体消息签名

2. 消息摘要签名

首先对要签名发送的消息用 hash 函数进行单向压缩，hash 函数是把任意长的输入串 x 变化成固定长的输出串 y 的一种函数，并满足下述条件：

(1) 已知哈希函数的输出，求解它的输入是困难的，即已知 $y=\text{hash}(x)$，求 x 是困难的。

(2) 已知 x_1，计算 $y_1=\text{hash}(x_1)$，构造 $x_2 \neq x_1$，使 $y_1=\text{hash}(x_2)$ 是困难的。

(3) $y=\text{hash}(x)$，y 的每一比特都与 x 的每一比特相关，并有高度敏感性。即每改变 x 的一比特，都将对 y 产生明显影响。

目前，常用的 hash 函数主要有 MD5、SHA-1 和 SHA-2 算法。其中，2004 年时曾有两张符合 X.509 证书格式、内容不同的证书用 MD5 产生了相同的签名。

(1) MD5(Message-Digest Algorithm 5)在 20 世纪 90 年代初被推出，面向 32 位计算机。它由任意长度的信息输入产生 128 位(16 字节)信息摘要。

(2) SHA(Secure Hash Algorithm)是由美国国家标准技术局发布的国家标准。SHA 在一定程度上以 MD5 的前身 MD4 为基础。SHA-1 对消息产生 160 位(20 字节)消息摘要。SHA-2 对消息产生 256 位(32 字节)消息摘要。Hash 函数作为单向散列(单向压缩)函数因其高效和快速而被广泛使用在数据完整性验证上，如图 7-11 所示。

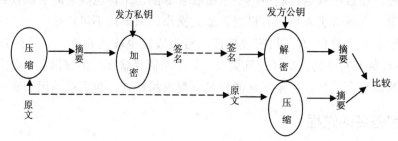

图 7-11　消息摘要签名

7.3.6 数字签名算法举例

数字签名使用公钥加密体制来完成。常用的有 RSA、ElGamal 和 DSA 等签名算法。

1. RSA 签名

(1) 假设 Alice 要向 Bob 发送签名信息 m，他就要用自己(Alice)的私钥(N, d)对 m 进行加密。计算 $s=$md mod N，消息(m, s)发送给 Bob，s 是签名。

(2) Bob 收到(m, s)，用 Alice 的公钥(N, e)计算 $r=m^e$ mod N，如果 $r=s$，则签名正确。

2. ElGamal 签名

(1) 假设 Alice 要向 Bob 发送签名信息 m，他就要用自己(Alice)的私钥(p, α, x)对 m 进行加密。随机选取一整数 $k(2 \leqslant k \leqslant (p-2)$，且 k 与($p-1$)互质。

计算 $r=\alpha^k$ mod p；

$$s = k\text{-}1\ (m\text{-}xr)\ \text{mod}\ p。$$

消息(m, r, s)发送给 Bob，(r, s)是签名。

(2) Bob 收到(m, r, s)，使用 Alice 的公钥 $y = \alpha^x$ mod p。

计算　$left = \alpha^m$ mod p；

$right = y^r \times r^s$ mod p。

如果　$right = \alpha^{xr} \times \alpha^{k/k(m\text{-}xr)}$ mod p

$= \alpha^m$ mod $p = left$，则签名正确。

3. DSA 签名

Digital Signature Algorithm (DSA)是 Schnorr 和 ElGamal 签名算法的变种，被美国 NIST 作为 DSS(Digital Signature Standard)。

(1) 参数介绍

p：L 位长的素数。L 是 64 的倍数，范围是 512 到 1024。

q：$p-1$ 的 160bits 的素因子。

g：$g = h^{((p-1)/q)}$ mod p，h 满足 $h < p - 1$，$h^{((p-1)/q)}$ mod $p > 1$。

x：$x < q$，x 为私钥。

y：$y = g^x$ mod p，(p, q, g, y)为公钥。

(2) 签名过程

Alice 产生随机数 k，$k < q$；

Alice 计算　$r = (g^k \bmod p)$ mod q

$$s = (k^{-1} (\text{SHA}(m) + x^r))\ \text{mod}\ q$$

签名结果是(r, s)。

(3) 验证过程

Bob 计算 $w = s^{-1}$ mod q

$$u_1 = (\text{SHA}(m) \times w)\ \text{mod}\ q$$

$$u_2 = (r \times w) \bmod q$$
$$v = ((g^{u_1} \times y^{u_2}) \bmod p) \bmod q$$

若 $v = r$，则认为签名有效。

(4) 证明公式

因为：$r = (g^k \bmod p) \bmod q$;

$s = (\mathrm{SHA}(m) + xr)k^{-1} \bmod q$;

$w = s^{-1} \bmod q$

$u_1 = (\mathrm{SHA}(m) \times w) \bmod q$

$u_2 = (r \times w) \bmod q$

$v = ((g^{u_1} \times y^{u_2}) \bmod p) \bmod q$

所以：$v = ((g^{u_1} \times y^{u_2}) \bmod p) \bmod q$

$= ((g^{\mathrm{SHA}(m) \times w} \times y^{r \times w}) \bmod p) \bmod q$

$= ((g^{\mathrm{SHA}(m) \times w} \times y^{x \times r \times w} \bmod p) \bmod q \bmod p) \bmod q$

$= ((g^{\mathrm{SHA}(m) + x \times r \times w} \bmod p) \bmod q \bmod p) \bmod q$

$= ((g^{s \times k \times w} \bmod p) \bmod q \bmod p) \bmod q$

$= ((g^k \bmod p) \bmod q \bmod p) \bmod q$

$= r$

最后验证的时候只要 $v=r$，即可认为通过验证。

7.3.7　常用数字签名流程举例

因为对称加密比公钥加密速度要快很多，所以公钥加密只适合对摘要以及对称加密密钥等短消息加密。

假如 Alice 向 Bob 传送数字信息，为了保证信息传送的保密性、真实性、完整性和不可否认性，需要对传送的信息进行数字加密和签名，其传送过程为：

(1) Alice 准备好要传送的数字信息(明文)；

(2) Alice 对数字信息进行哈希运算，得到一个信息摘要；

(3) Alice 用自己的私钥对信息摘要进行加密，得到 Alice 的数字签名，并将其附在数字信息上；

(4) Alice 随机产生一个 DES 加密密钥，并用此密钥对要发送的信息进行 DES 加密，形成密文；

(5) Alice 用 Bob 的公钥对刚才随机产生的 DES 加密密钥进行加密，将加密后的 DES 密钥连同密文一起传送给 Bob；

(6) Bob 收到 Alice 传送来的密文和加密过的 DES 密钥，先用自己的私钥对加密的 DES 密钥进行解密，得到 Alice 随机产生的 DES 加密密钥；

(7) Bob 用随机 DES 密钥对收到的密文进行 DES 解密，得到明文的数字信息，然后将随机密钥抛弃；

(8) Bob 用 Alice 的公钥对 Alice 的数字签名进行解密，得到信息摘要；

(9) Bob 用相同的哈希算法对收到的明文再进行一次哈希运算,得到一个新的信息摘要;

(10) 将收到的信息摘要和新产生的信息摘要进行比较,如果一致,说明收到的信息没有被修改过。

7.3.8　使用 RSA 算法进行盲签名

盲签名是签名方签名时不知道或不关心签名的真实内容,即签名是在委托方经过转换的信息上进行的,委托方利用盲因子先转换信息,在得到签名后再利用盲因子转换成原始信息内容的签名。盲签名主要用于电子货币和电子投票系统,防止信息被追踪,以保护当事者的个人隐私。

(1) 设(N,e)是 Alice 的公钥,(N,d)是他的私钥。Bob 用她的安全通讯软件生成一个与 N 互质的随机数 r(盲因子)。

(2) $m'=(r^e m) \bmod N$ 发送给 Alice,这样,Bob 收到的是被 r 所"遮蔽"的 m 值,即 m',他不可能从 m' 中获取有关 m 的信息。接着,Alice 发回签名值。

$$
\begin{aligned}
s' &= m'^d \bmod N \\
&= (r^e m)^d \bmod N \\
&= (r^{ed} m^d) \bmod N \\
&= (r^{k\,\phi(N)+1} m^d) \bmod N \\
&= (r m^d) \bmod N
\end{aligned}
$$

(3) Bob 对收到的 s' 计算 $s=(s' r^{-1}) \bmod N = m^d \bmod N$,就得到了真正来自 Alice 的对 M 的签名。

7.3.9　数字时间戳

数字时间戳技术就是数字签名技术变种的一种应用。在电子商务交易文件中,时间是十分重要的信息。在书面合同中,文件签署的日期和签名一样均是十分重要的防止文件被伪造和篡改的关键性内容。

(1) 数字时间戳服务(Digital Time Stamp Service,DTS)由专门的机构提供。如果在签名时加上一个时间标记,即是有数字时间戳(Digital Time Stamp)的数字签名。

(2) 时间戳(Time-Stamp)内容:

● 需加时间戳的文件的摘要(Digest);

● DTS 收到文件的日期和时间;

● DTS 的数字签名。

7.4　密钥分配

随着互联网的普及,今天人人都离不开密码,密码技术已经"飞入寻常百姓家"。我们在网上购物,用手机通话或收发微信,所有信息都在开放共享的网络上传输,现代通信技术使得信息的传输变得越来越方便、迅速和高效，但是也使得信息非常容易被黑客截获，没有密码技术保护，在网上发送短信、用支付宝付款、在无线网上通话等都是不可想象的。大多数人认为密码系统是高大上的技术，与己无关，却不知密码系统就在每个人的手机、电脑和各种智能设备里，它们是捍卫信息安全的无名英雄。

现代加密理论要求加密算法公开，以便证明和监督其加密的可靠性。加密和解密的关键要素是密钥。

1. 对称加密密钥分配

在对称密钥加解密，在它们进行任何加密之前，双方必须要拥有一个秘密的 key(密钥)。直到最近，密钥的分发一直存在很多问题，因为密钥分配涉及面对面的见面、可信中介的使用，或者是通过一个加密的渠道发送 key。

面对面会议和可信中介的使用经常不切实际，并且总是不安全。通过加密渠道发送 key 取决于这个加密渠道的安全性。

对称密钥分配体系中，最著名的当属 MIT 所研发的 Kerberos 协议。在这里就需要知道 KDC(Key Distribution Center，密钥分发中心)，KDC 在整个密钥分配体系中扮演着中心核心的地位，其主要职能是对用户身份鉴权。而在不同体系中，KDC 的形式各不相同，比如，在对称密钥体系的 Kerberos 中则采用 Kerberos 协议，在这一系统中，KDC 主要由这部分组成：AS(Authentication Server)鉴别服务器。其主要职能是：用户注册、分配账号密码(包括对称密钥)，并且还负责用户和 TGS(Ticket-Granting Server，票据授权服务器)之间的会话密钥。

TGS 也是 Kerberos 中的重要组成部分，其建立了用户与应用之间的权限连接点，为用户和服务器提供会话密钥。

(1) 通信双方通过物理手段传输密钥。密钥由 A 选取，并通过物理手段交给 B。

(2) 通信双方由第三方通过物理手段传输密钥。密钥由第三方选取，并由第三方通过物理手段交给 A 和 B。

(3) 通信双方加密传输密钥。如果 A、B 事先已有一密钥，则其中一方选取新密钥后，用已有的密钥加密新密钥并发送给另一方。

(4) 通信双方通过 KDC，采用 Kerberos 协议获取密钥。

1) 条件

A(Client)与 KDC，KDC 与 Service 已经有了各自的共享密钥，并且由于协议中的消息无法穿透防火墙，这些条件就限制了 Kerberos 协议往往用于一个组织的内部。

2) 过程

① A 向 KDC 发送自己的身份信息，KDC 从 Ticket Granting Service 得到 TGT (Ticket-granting Ticket)，并用协议开始前 A 与 KDC 之间的密钥将 TGT 加密回复给 Client。

② A 将之前获得 TGT 和要请求的服务信息(服务名等)发送给 KDC，KDC 中的 Ticket Granting Service 将为 A 和 B(Service)之间生成一个 Session Key 用于 B 对 A 的身份鉴别，然后 KDC 将这个 Session Key 和用户名、用户地址(IP)、服务名、有效期、时间戳一起

包装成一个 Ticket(这些信息最终用于 B 对 A 的身份鉴别)。

③ 此时 KDC 将刚才的 Ticket 转发给 A。由于这个 Ticket 是要给 B 的，不能让 A 看到，所以 KDC 用协议开始前 KDC 与 B 之间的密钥将 Ticket 加密后再发送给 A。同时为了让 A 和 B 之间共享那个秘密(KDC 在第一步为它们创建的 Session Key)，KDC 用 A 与它之间的密钥将 Session Key 加密，并随加密的 Ticket 一起返回给 A。

④ 为了完成 Ticket 的传递，A 将刚才收到的 Ticket 转发到 B，同时 A 将收到的 Session Key 解密出来，然后将自己的用户名、用户地址(IP)打包成 Authenticator 用 Session Key 加密也发送给 B。

⑤ B 收到 Ticket 后利用它与 KDC 之间的密钥将 Ticket 中的信息解密出来，从而获得 Session Key 和用户名、用户地址(IP)、服务名、有效期，然后再用 Session Key 将 Authenticator 解密从而获得用户名、用户地址(IP)，并将其与之前 Ticket 中解密出来的用户名、用户地址(IP)做比较，从而验证 A 的身份，如图 7-12 所示。

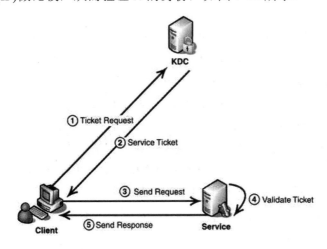

图 7-12　Kerberos 协议流程图

2. 公钥加密密钥分配

在公钥加解密算法中，公钥的分发是通过公钥服务器进行的。当一个人创建了一个 key-pair(密钥对)，他们保留自己的私钥，然后将公钥上传至公钥服务器。这个公钥可以被任何人获取。

(1) 概念

在基于公钥体系的安全系统中，密钥是成对生成的，每对密钥由一个公钥和一个私钥组成。在实际应用中，私钥由拥有者自己保存，而公钥则需要公布于众。为了使基于公钥体系的业务(如电子商务等)能被广泛应用，一个基础性的关键问题就是公钥的分发与管理。

公钥本身并没有什么标记，仅从公钥本身不能判断公钥的主人是谁。

在很小的范围内，比如 A 和 B 这样的两人小集体，他们之间相互信任，交换公钥，在互联网上通讯，没有什么问题。这个集体再稍大一点，也许彼此信任也不成问题，但从法律角度讲这种信任也是有问题的。如再大一点，信任问题就成了一个大问题。

(2) 数字证书

互联网络的用户群绝不是几个人互相信任的小集体，在这个用户群中，从法律角度讲用户彼此之间都不能轻易信任。所以公钥加密体系采取了另一个办法，将公钥和公钥的主人名字联系在一起，再请一个大家都信得过的有信誉的公正、权威机构确认，并加上这个权威机构的签名。这就形成了证书。

由于证书上有权威机构的签字，所以大家都认为证书上的内容是可信任的；又由于证书上有主人的名字等身份信息，别人就很容易地知道公钥的主人是谁。

(3) CA

前面提及的权威机构就是电子签证机关，即 CA。CA(Certificate Authority)也拥有一个证书(内含公钥)，当然，它也有自己的私钥，所以它有签字的能力。网上的公众用户通过验证 CA 的签字从而信任 CA，任何人都应该可以得到 CA 的证书(含公钥)，用以验证它所签发的证书。

如果用户想得到一份属于自己的证书，他应先向 CA 提出申请。在 CA 判明申请者的身份后，便为他分配一个公钥，并且 CA 将该公钥与申请者的身份信息绑在一起，并为之签字后，便形成证书发给那个用户(申请者)。

如果一个用户想鉴别另一个证书的真伪，他就用 CA 的公钥对那个证书上的签字进行验证(如前所述，CA 签字实际上是经过 CA 私钥加密的信息，签字验证的过程还伴随使用 CA 公钥解密的过程)，一旦验证通过，该证书就被认为是有效的。

CA 除了签发证书之外，它的另一个重要作用是对证书和密钥的管理。

由此可见，证书就是用户在网上的电子个人身份证，同日常生活中使用的个人身份证作用一样。CA 相当于网上公安局，专门发放、验证身份证。

(4) 数字证书的验证

对数字证书的验证包括以下几个步骤，如图 7-13 所示。

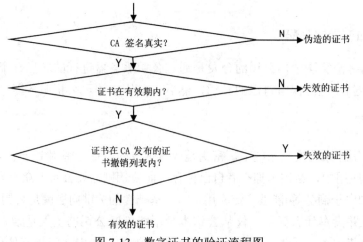

图 7-13 数字证书的验证流程图

7.5　系统安全策略

7.5.1　防火墙

1. 基本定义

所谓"防火墙"是指一种将内部网和公众访问网(如 Internet)分开的方法,它实际上是一种建立在现代通信网络技术和信息安全技术基础上的应用性安全技术——隔离技术。越来越多地应用于专用网络与公用网络的互联环境之中,尤其以接入 Internet 网络为最甚。

防火墙主要是借助硬件和软件的作用,在内部和外部网络的环境间产生一种保护的屏障,从而实现对计算机不安全网络因素的阻断。只有在防火墙同意的情况下,用户才能够进入计算机内,如果不同意就会被阻挡于外。防火墙技术的警报功能十分强大,在外部的用户要进入到计算机内时,防火墙就会迅速发出相应的警报,提醒用户的行为,并进行自我判断来决定是否允许外部的用户进入到内部。只要是在网络环境内的用户,这种防火墙都能够进行有效的查询,同时把查到的信息显示给用户,然后用户按照自身需要对防火墙实施相应设置,对不允许的用户行为进行阻断。通过防火墙还能够对信息数据的流量实施有效查看,对数据信息的上传和下载速度进行掌握,便于用户对计算机的使用情况具有良好的控制判断,计算机的内部情况也可以通过这种防火墙查看,启动与关闭程序,而计算机系统内部具有的日志功能,其实也是防火墙对计算机的内部系统实时安全情况与每日流量情况进行的总结和整理。

防火墙是在两个网络通信时执行的一种访问控制尺度,能最大限度阻止网络中的黑客访问自己的网络,防火墙是指设置在不同网络(如可信任的企业内部网和不可信的公共网)或网络安全域之间的一系列部件的组合。它是不同网络或网络安全域之间信息的唯一出入口,能根据企业的安全政策控制(允许、拒绝、监测)出入网络的信息流,且本身具有较强的抗攻击能力。它是提供信息安全服务,实现网络和信息安全的基础设施。在逻辑上,防火墙是一个分离器、一个限制器,也是一个分析器,有效地监控了内部网和 Internet 之间的任何活动,保证了内部网络的安全。

2. 防火墙的功能

防火墙对流经它的网络通信进行扫描,这样能够过滤掉一些攻击,以免其在目标计算机上被执行。防火墙还可以关闭不使用的端口,禁止特定端口的流出通信,封锁特洛伊木马。最后,它可以禁止来自特殊站点的访问,从而防止来自不明入侵者的所有通信。

3. 网络安全的屏障

防火墙(作为阻塞点、控制点)能极大地提高内部网络的安全性,并通过过滤不安全的服务而降低风险。由于只有经过精心选择的应用协议才能通过防火墙，所以网络环境变得更安全。如防火墙可以禁止诸如众所周知的不安全的 NFS 协议进出受保护网络，这样外部的攻击者就不可能利用这些脆弱的协议来攻击内部网络。防火墙同时可以保护网络免受基于路由的攻击，如 IP 选项中的源路由攻击和 ICMP 重定向中的重定向路径。防火墙应该可以拒绝所有以上类型攻击的报文并通知防火墙管理员。

4. 强化网络安全策略

通过以防火墙为中心的安全方案配置，能将所有安全软件(如口令、加密、身份认证、审计等)配置在防火墙上。与将网络安全问题分散到各个主机上相比，防火墙的集中安全管理更经济。例如，在网络访问时，一次一密口令系统和其他的身份认证系统完全可以不必分散在各个主机上，而集中在防火墙一身上。

5. 监控审计

如果所有的访问都经过防火墙，防火墙就能记录下这些访问并做出日志记录，同时也能提供网络使用情况的统计数据。当发生可疑动作时，防火墙能进行适当的报警，并提供网络是否受到监测和攻击的详细信息。另外，收集一个网络的使用和误用情况也非常重要。首先可以清楚防火墙是否能够抵挡攻击者的探测和攻击，并且清楚防火墙的控制是否充足。而网络使用统计对网络需求分析和威胁分析等也是非常重要的。

6. 防止内部信息的外泄

通过利用防火墙对内部网络的划分，可实现内部网重点网段的隔离，从而限制了局部重点或敏感网络安全问题对全局网络造成的影响。再者，隐私是内部网络非常关心的问题，一个内部网络中不引人注意的细节可能包含了有关安全的线索而引起外部攻击者的兴趣，甚至因此而暴露了内部网络的某些安全漏洞。使用防火墙可以隐蔽那些透漏内部细节(如 Finger、DNS 等服务)。Finger 显示了主机的所有用户的注册名、真名、最后登录时间和使用 shell 类型等。但是 Finger 显示的信息非常容易被攻击者获悉。攻击者可以知道一个系统使用的频繁程度，这个系统是否有用户正在连线上网，这个系统是否在被攻击时引起注意等。防火墙可以同样阻塞有关内部网络中的 DNS 信息，这样一台主机的域名和 IP 地址就不会被外界了解。除了安全作用，防火墙还支持具有 Internet 服务性的企业内部网络技术体系 VPN(虚拟专用网)。

7. 日志记录与事件通知

进出网络的数据都必须经过防火墙，防火墙通过日志对其进行记录，能提供网络使用的详细统计信息。当发生可疑事件时，防火墙更能根据机制进行报警和通知，提供网络是否受到威胁的信息。

8. 重要性

(1) 记录计算机网络之中的数据信息

数据信息对于计算机网络建设工作有着积极的促进作用，同时对于计算机网络安全也有着一定程度的影响。通过防火墙技术能够收集计算机网络在运行过程当中的数据传输、信息访问等多方面的内容，同时对收集的信息进行分类分组，借此找出其中存在安全隐患的数据信息，采取针对性的措施进行解决，有效防止这些数据信息影响到计算机网络的安全。除此之外，工作人员在对防火墙之中记录的数据信息进行总结之后，能够明确不同类型的异常数据信息的特点，借此有效提高计算机网络风险防控工作的效率和质量。

(2) 防止工作人员访问存在安全隐患的网站

计算机的网络安全问题之中有相当一部分是由工作人员进入了存在安全隐患的网站所导致的。通过应用防火墙技术能够对工作人员的操作进行实时监控，一旦发现工作人员即将进入存在安全隐患的网站，防火墙就会立刻发出警报，借此有效地防止工作人员误入存在安全隐患的网站，有效提高访问工作的安全性。

(3) 控制不安全服务

计算机网络在运行的过程当中会出现许多不安全服务，这些不安全服务会严重影响到计算机网络的安全。通过应用防火墙技术能够有效降低工作人员的实际操作风险，其能够将不安全服务有效拦截下来，有效防止非法攻击对计算机网络安全造成影响。此外，通过防火墙技术还能够实现对计算机网络之中的各项工作进行实时监控，使得计算机用户的各项工作能够在一个安全可靠的环境之下进行，有效防止因为计算机网络问题给用户带来的经济损失。

9. 意义与特征

防火墙的英文名为"FireWall"，它是一种最重要的网络防护设备。从专业角度讲，防火墙是位于两个(或多个)网络间，实施网络之间访问控制的一组组件集合。防火墙的本义是指古代构筑或使用木制结构房屋的时候，为防止火灾的发生和蔓延，人们将坚固的石块堆砌在房屋周围作为屏障，这种防护构筑物就被称为"防火墙"。其实与防火墙一起起作用的就是"门"。如果没有"门"，各房间的人如何沟通？这些房间的人又如何进去？当火灾发生时，这些人如何逃离现场？这个"门"就相当于我们这里所讲的防火墙的"安全策略"，所以在此我们所说的防火墙并不是一堵实心墙，而是带有一些小孔的墙。这些小孔就是用来留给那些允许进行的通信，在这些小孔中安装了过滤机制，也就是上面所介绍的"单向导通性"。

我们通常所说的网络防火墙是借鉴了古代真正用于防火的防火墙的喻义，它指的是隔离在本地网络与外界网络之间的一道防御系统。防火墙可以使企业内部局域网(LAN)网络与 Internet 之间或者与其他外部网络互相隔离、限制网络互访，以保护内部网络。

10. 数据必经之地

内部网络和外部网络之间的所有网络数据流都必须经过防火墙。这是防火墙所处网络位置的特性，同时也是一个前提。因为只有当防火墙是内、外部网络之间通信的通道，才可以全面、有效地保护企业网部网络不受侵害。根据美国国家安全局制定的《信息保障技术框架》，防火墙适用于用户网络系统的边界，属于用户网络边界的安全保护设备。网络边界即是采用不同安全策略的两个网络连接处，比如用户网络和互联网之间连接、和其他业务往来单位的网络连接、用户内部网络不同部门之间的连接等。防火墙的目的就是在网络连接之间建立一个安全控制点，通过允许、拒绝或重新定向经过防火墙的数据流，实现对进、出内部网络的服务和访问的审计和控制。

典型的防火墙体系网络结构一端连接企事业单位内部的局域网，而另一端则连接着互联网。所有的内、外部网络之间的通信都要经过防火墙，只有符合安全策略的数据流才能通过防火墙。

11. 网络流量的合法性

防火墙最基本的功能是确保网络流量的合法性，并在此前提下将网络的流量快速地从一条链路转发到另外的链路上去。从最早的防火墙模型开始谈起，原始的防火墙是一台"双穴主机"，即具备两个网络接口，同时拥有两个网络层地址。防火墙将网络上的流量通过相应的网络接口接收上来，按照 OSI 协议栈的七层结构顺序上传，在适当的协议层进行访问规则和安全审查，然后将符合通过条件的报文从相应的网络接口送出，而对于不符合通过条件的报文则予以阻断。因此，从这个角度上来说，防火墙是一个类似于桥接或路由器的、多端口的(网络接口≥2)转发设备，它跨接于多个分离的物理网段之间，并在报文转发过程之中完成对报文的审查工作。

12. 抗攻击免疫力

防火墙自身应具有非常强的抗攻击免疫力，这是防火墙担当企业内部网络安全防护重任的先决条件。防火墙处于网络边缘，它就像一个边界卫士一样，每时每刻都要面对黑客的入侵，这就要求防火墙自身要具有非常强的抗击入侵本领。它之所以具有这么强的本领，防火墙操作系统本身是关键，只有自身具有完整信任关系的操作系统才可以谈论系统的安全性。其次就是防火墙自身具有非常低的服务功能，除了专门的防火墙嵌入系统外，再没有其他应用程序在防火墙上运行。当然这些安全性也只能说是相对的。国内的防火墙几乎被国外的品牌占据了一半的市场，国外品牌的优势主要是在技术和知名度上比国内产品高。而国内防火墙厂商对国内用户更加了解，价格上也更具有优势。防火墙产品中，国外主流厂商为思科(Cisco)、CheckPoint、NetScreen 等，国内主流厂商为东软、天融信、联想、方正等，它们都提供不同级别的防火墙产品。

防火墙的硬件体系结构曾经历过通用 CPU 架构、ASIC 架构和网络处理器架构，它们各自的特点分别如下：

(1) 通用 CPU 架构

通用 CPU 架构最常见的是基于 Intel X86 架构的防火墙，在百兆防火墙中 Intel X86 架构的硬件以其高灵活性和扩展性一直受到防火墙厂商的喜爱；由于采用了 PCI 总线接口，Intel X86 架构的硬件虽然理论上能达到 2Gb/s 的吞吐量甚至更高，但是在实际应用中，尤其是在小包情况下，远远达不到标称性能，通用 CPU 的处理能力也很有限。国内安全设备主要采用的就是基于 X86 的通用 CPU 架构。

(2) ASIC 架构

ASIC(Application Specific Integrated Circuit，专用集成电路)技术是国外高端网络设备几年前广泛采用的技术。由于采用了硬件转发模式、多总线技术、数据层面与控制层面分离等技术，ASIC 架构防火墙解决了带宽容量和性能不足的问题，稳定性也得到了很好的保证。

ASIC 技术的性能优势主要体现网络层转发上，而对于需要强大计算能力的应用层数据的处理则不占优势，而且面对频繁变异的应用安全问题，其灵活性和扩展性也难以满足要求。由于该技术有较高的技术和资金门槛，主要是国内外知名厂商在使用，国外主要代表厂商是 Netscreen，国内主要代表厂商为天融信。

(3) 网络处理器架构

由于网络处理器所使用的微码编写有一定的技术难度，难以实现产品的最优性能，因此网络处理器架构的防火墙产品难以占有大量的市场份额。随着网络处理器的主要供应商 Intel、Broadcom、IBM 等相继出售其网络处理器业务，该技术在网络安全产品中的应用已经走到了尽头。

13. 主要类型

防火墙是现代网络安全防护技术中的重要构成内容，可以有效防护外部的侵扰与影响，如图 7-12 所示。随着网络技术手段的完善，防火墙技术的功能也在不断地完善，可以实现对信息的过滤，保障信息的安全性。防火墙就是一种在内部与外部网络的中间过程中发挥作用的防御系统，具有安全防护的价值与作用，通过防火墙可以实现内部与外部资源的有效流通，及时处理各种安全隐患问题，进而提升信息数据资料的安全性。防火墙技术具有一定的抗攻击能力，对于外部攻击具有自我保护的作用，随着计算机技术的进步，防火墙技术也在不断发展。

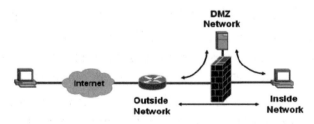

图 7-12 防火墙示意图

(1) 过滤型防火墙

过滤型防火墙在网络层与传输层中，可以基于数据源头的地址以及协议类型等标志特征进行分析，确定是否可以通过。在符合防火墙规定标准下，满足安全性能以及类型才可以进行信息的传递，而一些不安全的因素则会被防火墙过滤、阻挡。

(2) 应用代理类型防火墙

应用代理防火墙的主要工作范围就是在 OSI 的最高层，位于应用层之上。其主要的特征是可以完全隔离网络通信流，通过特定的代理程序实现对应用层的监督与控制。这两种防火墙是应用较为普遍的防火墙，其他一些防火墙的应用效果也较为显著，在实际应用中要综合具体需求以及状况合理选择防火墙的类型，这样才可以有效地避免防火墙的外部侵扰等问题的出现。

(3) 复合型防火墙

截至 2018 年应用较为广泛的防火墙技术当属复合型防火墙技术，该类防火墙综合了包过滤防火墙技术以及应用代理防火墙技术的优点，譬如发过来的安全策略是包过滤策略，那么可以针对报文的报头部分进行访问控制；如果安全策略是代理策略，就可以针对报文的内容数据进行访问控制，因此复合型防火墙技术综合了其组成部分的优点，同时摒弃了两种防火墙的原有缺点，大大提高了防火墙技术在应用实践中的灵活性和安全性。

14. 关键技术

(1) 包过滤技术

防火墙的包过滤技术一般只应用于 OSI7 层的模型网络层的数据中，其能够完成对防火墙的状态检测，从而预先确定逻辑策略。逻辑策略主要针对地址、端口与源地址，通过防火墙的所有数据都需要进行分析，如果数据包内具有的信息和策略要求不相符，则其数据包就能够顺利通过。如果是完全相符的，则其数据包就被迅速拦截。计算机数据包在传输过程中，一般都会分解成为很多由目的地址等组成的一种小型数据包，当它们通过防火墙的时候，尽管其能够通过很多传输路径进行传输，而最终都会汇合于同一地方，在这个目地点位置，所有的数据包都需要进行防火墙的检测，在检测合格后，才会允许通过。如果传输的过程中，出现数据包的丢失以及地址的变化等情况，则就会被抛弃。

(2) 加密技术

计算机信息传输的过程中，借助防火墙还能够有效地实现信息的加密，通过这种加密技术，相关人员就能够对传输的信息进行有效加密，其中信息密码是信息交流的双方进行掌握，接收信息接受人员需要对加密的信息实施解密处理，才能获取所传输的信息数据，在防火墙加密技术应用中，要时刻注意信息加密处理安全性的保障。在防火墙技术应用中，想要实现信息的安全传输，还需要做好用户身份的验证，在进行加密处理后，信息的传输需要对用户授权，然后对信息接收方以及发送方进行身份的验证，从而建立信息安全传递的通道，保证计算机的网络信息在传递中具有良好的安全性。非法分子不拥有正确的身份验证条件，因此，就不能对计算机的网络信息实施入侵。

(3) 防病毒技术

防火墙具有防病毒的功能，在防病毒技术的应用中，主要包括病毒的预防、清除和检测等方面。防火墙的防病毒预防功能，在网络的建设过程中，通过安装相应的防火墙对计算机和互联网间的信息数据进行严格的控制，从而形成一种安全的屏障来对计算机外网以及内网数据实施保护。计算机网络要进行连接，一般都通过互联网和路由器连接实现，因此对网络保护就需要从主干网的部分开始，在主干网的中心资源实施控制，防止服务器出现非法的访问。为了杜绝外来非法的入侵对信息进行盗用，在计算机连接的端口所接入的数据，还要进行以太网和 IP 地址的严格检查，被盗用 IP 地址会被丢弃，同时还会对重要信息资源进行全面记录，保障其计算机的信息网络具有良好的安全性。

(4) 代理服务器

代理服务器是防火墙技术引用比较广泛的功能，根据其计算机的网络运行方法可以通过防火墙技术设置相应的代理服务器，从而借助代理服务器来进行信息的交互。在信息数据从内网向外网发送时，其信息数据就会携带着正确的 IP，非法攻击者能够根据信息数据 IP 作为追踪的对象，让病毒进入到内网中，如果使用代理服务器，则就能够实现信息数据 IP 的虚拟化，非法攻击者在进行虚拟 IP 的跟踪中，就不能获取真实的解析信息，从而代理服务器实现对计算机网络的安全防护。另外，代理服务器还能够进行信息数据的中转，对计算机内网以及外网信息的交互进行控制，对计算机的网络安全起到保护。

15. 部署方式

防火墙是为加强网络安全防护能力在网络中部署的硬件设备，有多种部署方式，常见的有桥模式、网关模式和 NAT 模式等。

(1) 桥模式

桥模式也可叫做透明模式。最简单的网络由客户端和服务器组成，客户端和服务器处于同一网段。为了安全方面的考虑，在客户端和服务器之间增加了防火墙设备，对经过的流量进行安全控制。正常的客户端请求通过防火墙送达服务器，服务器将响应返回给客户端，用户不会感觉到中间设备的存在。工作在桥模式下的防火墙没有 IP 地址，当对网络进行扩容时无须对网络地址进行重新规划，但牺牲了路由、VPN 等功能。

(2) 网关模式

网关模式适用于内外网不在同一网段的情况，防火墙设置网关地址实现路由器的功能，为不同网段进行路由转发。网关模式相比桥模式具备更高的安全性，在进行访问控制的同时实现了安全隔离，具备一定的私密性。

(3) NAT 模式

NAT(Network Address Translation，网络地址翻译)技术由防火墙对内部网络的 IP 地址进行地址翻译，使用防火墙的 IP 地址替换内部网络的源地址向外部网络发送数据；当外部网络的响应数据流量返回到防火墙后，防火墙再将目的地址替换为内部网络的源地址。NAT 模式使得外部网络不能直接看到内部网络的 IP 地址，进一步增强了对内部网络的安全防护。同时，在 NAT 模式的网络中，内部网络可以使用私网地址，解决 IP 地址数量受限的问题。

如果在 NAT 模式的基础上需要实现外部网络访问内部网络服务的需求，还可以使用地址/端口映射(MAP)技术，在防火墙上进行地址/端口映射配置，当外部网络用户需要访问内部服务时，防火墙将请求映射到内部服务器上；当内部服务器返回相应数据时，防火墙再将数据转发给外部网络。使用地址/端口映射技术实现了外部用户能够访问内部服务，但是外部用户无法看到内部服务器的真实地址，只能看到防火墙的地址，增强了内部服务器的安全性。

防火墙都部署在网络的出入口，是网络通信的大门，这就要求防火墙的部署必须具备高可靠性。一般 IT 设备的使用寿命被设计为 3 至 5 年，当单点设备发生故障时，要通过冗余技术实现可靠性，可以通过如虚拟路由冗余协议(VRRP)等技术实现主备冗余。到2019 年为止，主流的网络设备都支持高可靠性设计。

16. 具体应用

(1) 内网中的防火墙技术

防火墙在内网中的设定位置是比较固定的，一般将其设置在服务器的入口处，通过对外部的访问者进行控制，达到保护内部网络的作用。而处于内部网络的用户，可以根据自己的需求明确权限规划，使用户可以访问规划内的路径。总的来说，内网中的防火墙主要起到以下两个作用：一是认证应用，内网中的多项行为具有远程的特点，只有在约束的情况下，通过相关认证才能进行；二是记录访问记录，避免自身的攻击，形成安全策略。

(2) 外网中的防火墙技术

应用于外网中的防火墙，主要发挥其防范作用，外网在防火墙授权的情况下，才可以进入内网。针对外网布设防火墙时，必须保障全面性，促使外网的所有网络活动均可在防火墙的监视下。如果外网出现非法入侵，防火墙可主动拒绝为外网提供服务。在基于防火墙的作用下，内网对于外网而言，处于完全封闭的状态，外网无法解析到内网的任何信息。防火墙成为外网进入内网的唯一途径，所以防火墙能够详细记录外网活动，汇总成日志，防火墙通过分析日常日志，判断外网行为是否具有攻击特性。

17. 未来趋势

随着网络技术的不断发展，与防火墙相关的产品和技术也在不断进步。

(1) 防火墙的产品发展趋势

截至2018 年，就防火墙产品而言，新的产品有智能防火墙、分布式防火墙和网络产品的系统化应用等。

- 智能防火墙：在防火墙产品中加入人工智能识别技术，不但可提高防火墙的安全防范能力，而且由于防火墙具有自学习功能，可以防范来自网络的最新型攻击。
- 分布式防火墙：一种全新的防火墙体系结构。网络防火墙、主机防火墙和管理中心是分布式防火墙的构成组件。传统防火墙实际上是在网络边缘上实现防护的防火墙，而分布式防火墙则在网络内部增加了另外一层安全防护。分布式防火墙的优点有：支持移动计算；支持加密和认证功能，与网络拓扑无关等。
- 网络产品的系统化应用：主要是指某些厂商的安全产品直接与防火墙进行融合，打包销售。另外，有些厂商的产品之间虽然各自独立，但各个产品之间可以进行通信。

(2) 防火墙的技术发展趋势

包过滤技术作为防火墙技术中最核心的技术之一，自身具有比较明显的缺点：不具备身份验证机制和用户角色配置功能。因此，一些产品开发商就将 AAA 认证系统集成到防火墙中，确保防火墙具备支持基于用户角色的安全策略功能。多级过滤技术就是在防火墙中设置多层过滤规则。在网络层，利用分组过滤技术拦截所有假冒的 IP 源地址和源路由分组；根据过滤规则，传输层拦截所有禁止出/入的协议和数据包；在应用层，利用 FTP、SMTP 等网关对各种 Internet 的服务进行监测和控制。

综合来讲，上述技术都是对已有防火墙技术的有效补充，是提升已有防火墙技术的弥补措施。

(3) 防火墙的体系结构发展趋势

随着软硬件处理能力、网络带宽的不断提升，防火墙的数据处理能力也在得到提升。尤其近几年多媒体流技术(在线视频)的发展，要求防火墙的处理时延必须越来越小。基于以上业务需求，防火墙制造商开发了基于网络处理器和基于 ASIC(Application Specific Integrated Circuits，专用集成电路)的防火墙产品。基于网络处理器的防火墙本质上还是依赖于软件系统的解决方案，因此软件性能的好坏直接影响防火墙的性能。而基于 ASIC 的防火墙产品具有定制化、可编程的硬件芯片以及与之相匹配的软件系统，因此性能的优越性不言而喻，可以很好地满足客户对系统灵活性和高性能的要求。

7.5.2　入侵检测技术

1. IDS 定义

IDS(Intrusion Detection System，入侵检测系统)是一种对网络传输进行即时监视，在发现可疑传输时发出警报或者采取主动反应措施的网络安全设备。它与其他网络安全设备的不同之处便在于，IDS 是一种积极主动的安全防护技术。在很多中大型企业，政府机构都会布有 IDS。我们做一个比喻——假如防火墙是一幢大厦的门锁，IDS 就是这幢大厦里的监视系统。一旦小偷进入了大厦，或内部人员有越界行为，只有实时监视系统才能发现情况并发出警告。

专业上讲，IDS 就是依照一定的安全策略，对网络、系统的运行状况进行监视，尽可能发现各种攻击企图、攻击行为或者攻击结果，以保证网络系统资源的机密性、完整性和可用性。与防火墙不同的是，IDS 是一个旁路监听设备，没有也不需要跨接在任何链路上，无须网络流量流经它便可以工作。因此，对 IDS 部署的唯一要求就是 IDS 应当挂接在所有所关注流量都必须流经的链路上。

IDS 的接入方式为并行接入(并联)。

IDS 在交换式网络中的位置一般选择为：尽可能靠近攻击源，尽可能靠近受保护资源。这些位置通常处于：

(1) 服务器区域的交换机上；

(2) 边界路由器的相邻交换机上；

(3) 重点保护网段的局域网交换机上。

2．入侵检测系统的作用和必然性

(1) 必然性

- 面对网络安全本身的复杂性，被动式的防御方式显得力不从；
- 有关防火墙：网络边界的设备自身可以被攻破，对某些攻击保护很弱，并非所有威胁均来自防火墙外部；
- 入侵很容易：入侵教程随处可见；各种工具唾手可得。

(2) 作用

- 防火墙的重要补充；
- 构建网络安全防御体系的重要环节；
- 克服传统防御机制的限制。

3．入侵检测系统功能

入侵检测系统主要执行的操作有以下几项：

(1) 检测并分析用户和系统的活动；

(2) 核查系统配置和漏洞；

(3) 对操作系统进行日志管理，并识别违反安全策略的用户活动；

(4) 针对已发现的攻击行为作出适当的反应，如告警、中止进程等。

4．入侵检测系统的分类

(1) 按入侵检测形态

- 硬件入侵检测：硬件入侵检测的常用部署方式有透明模式、路由模式、旁路模式。
- 软件入侵检测：通过抓包软件对数据包进行分析，从而检测是否存在入侵行为。

(2) 按目标系统的类型

- 网络入侵检测：用原始的网络包作为数据源，它将网络数据中检测主机的网卡设为混杂模式，该主机实时接收和分析网络中流动的数据包，从而检测是否存在入侵行为。
- 主机入侵检测：检测目标主要是主机系统和本地用户。检测原理是在每个需要保护的端系统(主机)上运行代理程序，以主机的审计数据、系统日志、应用程序日志等为数据源，主要对主机的网络实时连接以及主机文件进行分析和判断，发现可疑事件并做出响应。
- 混合型：既能对网络环境中的网络包进行分析，也能对本地用户文件进行分析。

(3) 按系统结构

- 集中式：可用于数据存储比较集中的环境中，比如服务器端的数据检测。
- 分布式：可用于网络环境下的分布式存储数据检测。

5．入侵检测系统的架构

入侵检测系统的架构如图 7-15 所示。

(1) 事件产生器：它的目的是从整个计算环境中获得事件，并向系统的其他部分提供此事件。

(2) 事件分析器：分析数据，发现危险、异常事件，通知响应单元。

(3) 响应单元：对分析结果做出反应。

(4) 事件数据库：存放各种中间和最终数据。

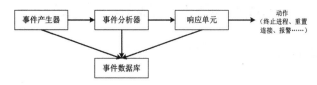

图 7-15　入侵检测系统的架构

6. 入侵检测工作过程

入侵检测工作过程如图 7-16 所示。

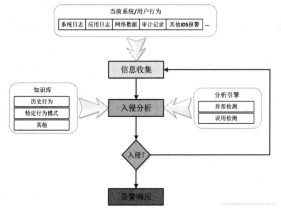

图 7-16　入侵检测工作过程

入侵检测性能关键参数如下。

(1) 误报(false positive)：实际无害的事件却被 IDS 检测为攻击事件。

(2) 漏报(false negative)：一个攻击事件未被 IDS 检测到或被分析人员认为是无害的。

7. 入侵检测技术

(1) 误用检测技术

该技术基于模式匹配原理，收集非正常操作的行为特征，建立相关的特征库。当监测的用户或系统行为与库中的记录相匹配时，系统就认为这种行为是入侵。

前提：所有的入侵行为都有可被检测到的特征。

指标：误报低、漏报率高。

攻击特征库：当监测的用户或系统行为与库中的记录相匹配时，系统就认为这种行为是入侵。

特点：采用模式匹配，误用模式能明显降低误报率，但漏报率随之增加。攻击特征的细微变化，会使得误用检测无能为力。

- 建立入侵行为模型(攻击特征)。
- 假设可以识别和表示所有可能的特征。
- 基于系统和基于用户的误用。
- 准确率高。
- 算法简单。
- 要识别所有的攻击特征，就要建立完备的特征库。
- 要不断更新特征库。
- 无法检测新的入侵。

(2) 异常检测技术

该技术基于统计分析原理。首先总结正常操作应该具有的特征(用户轮廓)，试图用定量的方式加以描述，当用户活动与正常行为有重大偏离时即被认为是入侵。

前提：入侵是异常活动的子集。

指标：漏报率低，误报率高。

用户轮廓(Profile)：通常定义为各种行为参数及其阀值的集合，用于描述正常行为范围。

特点：异常检测系统的效率取决于用户轮廓的完备性和监控的频率；不需要对每种入侵行为进行定义，因此能有效检测未知的入侵；系统能针对用户行为的改变进行自我调整和优化，但随着检测模型的逐步精确，异常检测会消耗更多的系统资源。

- 设定"正常"的行为模式。
- 假设所有的入侵行为是异常的。
- 基于系统和基于用户的异常。
- 可检测未知攻击。
- 自适应、自学习能力。
- "正常"行为特征的选择。
- 统计算法、统计点的选择。

8. 入侵响应技术

(1) 主动响应：入侵检测系统在检测到入侵后能够阻断攻击，影响进而改变攻击的进程。

形式：
- 由用户驱动。
- 系统本身自动执行。

基本手段：
- 对入侵者采取反击行动(有 3 种方式：严厉方式；温和方式；介于严厉和温和之间的方式)。
- 修正系统环境。
- 收集额外信息。

(2) 被动响应：入侵检测系统仅仅简单地报告和记录检测出的问题。

形式：只向用户提供信息并依靠用户去采取下一步行动的响应。

基本手段：

● 告警和通知。

● SNMP(简单网络管理协议)，结合网络管理工具使用。

9. IDS 的部署

(1) 基于网络的 IDS

基于网络的 IDS 框架图如图 7-17 所示。

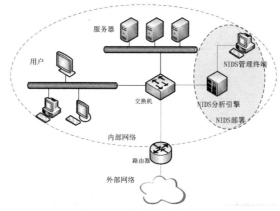

图 7-17　基于网络的 IDS

(2) 基于主机的 IDS

基于主机的 IDS 框架图如图 7-18 所示。

图 7-18　基于主机的 IDS

10. 入侵检测体系结构

(1) 主机入侵检测(HIDS)

特点：对针对主机或服务器系统的入侵行为进行检测和响应，具体表现在以下几个方面。

● 性价比高。

● 更加细腻。

- 误报率较低。
- 适用于加密和交换的环境。
- 对网络流量不敏感。
- 确定攻击是否成功。
- 它依赖于主机固有的日志与监视能力，而主机审计信息存在弱点：易受攻击，入侵者可设法逃避审计。
- IDS 的运行或多或少影响主机的性能。
- HIDS 只能对主机的特定用户、应用程序执行动作和日志进行检测，检测到全面部署 HIDS 的代价较大。

(2) 网络入侵检测(NIDS)

特点：利用工作在混杂模式下的网卡来实时监听整个网段上的通信业务，具体表现在以下几个方面。

- 隐蔽性好。
- 实时检测和响应。
- 攻击者不易转移证据。
- 不影响业务系统。
- 能够检测未成功的攻击企图。
- 只检测直接连接网段的通信，不能检测在不同网段的网络包。
- 交换以太网环境中会出现检测范围局限。
- 很难实现一些复杂的、需要大量计算与分析时间的攻击检测。
- 处理加密的会话过程比较困难。

(3) 分布式入侵检测(DIDS)

一般由多个协同工作的部件组成，分布在网络的各个部分完成相应的功能，分别进行数据采集、数据分析等。通过中心的控制部件进行数据汇总、分析，对入侵行为进行响应。

习 题

7-1 信息安全面临哪些威胁？

7-2 密码体制一般分哪几种？各有什么特点？

7-3 数字签名是怎么完成的？

7-4 数字签名有哪几种形式？

7-5 消息摘要算法要满足哪些要求？目前常用的摘要算法有哪些？

7-6 对称加密体制的密钥分配和管理主要基于哪个协议？

7-7 公钥加密体制是如何判定数字证书的真伪的？

7-8 防火墙的主要功能是什么？

7-9 入侵检测系统有哪些部署方法？

7-10 入侵检测系统基于哪些技术？

第 8 章

交换机配置实验

本章重点介绍以下内容：

- 交换机基本配置；
- 在交换机上配置 Telnet；
- 不同 VLAN 通信配置；
- 跨交换机 VLAN 间路由；
- 交换机的端口地址绑定；
- 交换机 DHCP 配置。

8.1 交换机的基本配置

【实验名称】

交换机的基本配置。

【实验目的】

掌握交换机命令行各种操作模式的区别，能够使用各种帮助信息，熟悉模式下基本命令，并用命令进行基本的配置。

【实验拓扑】

实验拓扑如图 8-1 所示。

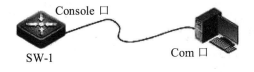

Console 口

SW-1

Com 口

图 8-1　拓扑图

【实验设备】

二层或者三层交换机　1 台

PC　　　　　　　　　1 台

Console 线　　　　　　1 根

【实验原理】

交换机的配置方式基本分为两种：本地配置和远程配置。通过交换机的 Console 口配置交换机属于本地配置，不占用交换机的网络接口，其特点是需要使用配置线缆，近距离配置。第一次配置交换机时必须利用 Console 端口进行配置。

交换机的命令行操作模式主要包括：用户模式、特权模式、全局配置模式、端口模式等几种。

(1) 用户模式：用户模式提示符为ruijie>，这是交换机的第一个操作模式，该模式下可以简单查看交换机的软、硬件版本信息，并进行简单的测试。该模式下的常用命令有 enable、show version 等。

(2) 特权模式：特权模式提示符为 ruijie#，是由用户模式进入的下一级模式，该模式下可以对交换机的配置文件进行管理，查看交换机的配置信息，进行网络的测试和调试等。该模式下的常用命令有 conf t、show、write、delete、reload、dir 等。

(3) 全局配置模式：全局模式提示符为 ruijie(config)#，为特权模式的下一级模式，该模式下对配置交换机的主机名、密码、VLAN 等进行配置管理。该模式下命令较多，常用的命令有 hostname、interface、show 等。

(4) 端口模式：端口模式提示符为 ruijie(config-if)#，为全局模式的下一级模式，该模式主要完成交换机端口相关参数配置。该模式下命令较多，常用的命令有show、duplex、speed、med 等。

【实验步骤】

第一步：进入交换机的各个操作模式。

Ruijie>enable
！使用 enable 命令从用户模式进入特权模式
Ruijie#configure terminal
Enter configuration commands, one per line. End with CNTL/Z.
！使用 configure terminal 命令从特权模式进入全局配置模式
Ruijie(config)#interface fa 0/1
！使用 interface 命令进入接口配置模式
Ruijie(config-if)#
Ruijie(config-if)#exit
！使用 exit 命令退回上一级操作模式
Ruijie(config)#interface fa0/2
Ruijie(config-if)#end
Ruijie#
！使用 end 命令直接退回特权模式

第二步：交换机命令行界面基本功能。

Ruijie > ?
！显示当前模式下所有可执行的命令

Disable	Turn off privileged commands
Enable	Turn on privileged commands
exit	Exit from the EXEC
help	Description of the interactive help system
ping	Send echo messages
rcommand	Run command on remote switch
show	Show running system information telnet Open a telnet connection
traceroute	Trace route to destination

Ruijie>en <tab>

Ruijie>enable

！使用tab 键补齐命令

Ruijie#con? configure   connect

！使用？显示当前模式下所有以 "con" 开头的命令

Ruijie#conf t

Enter configuration commands, one per line. End with CNTL/Z.

Ruijie(config)#

！使用命令的简写

Ruijie(config)#interface？

！显示interface 命令后可执行的参数 Aggregate port

Aggregate port interface Dialer

Dialer interface FastEthernet

Fast IEEE 802.3

GigabitEthernet	Gbyte Ethernet interface
Loopback	Loopback interface Multilink
	Multilink-group interface
Null	Null interface
Tunnel	Tunnel interface
Virtual-ppp	Virtual PPP interface
Virtual-template	Virtual Template interface Vlan
	Vlan interface
Range	Interface range command

Ruijie(config)#interface fa 0/1

Ruijie (config-if)# ^Z

Ruijie #

！使用快捷键 Ctrl+Z 可以直接退回到特权模式

第三步：配置交换机的名称和每日提示信息。

Ruijie (config)#hostname SW1

！使用 hostname 命令更改交换机的名称

SW1(config)#banner motd $

！使用 banner 命令设置交换机的每日提示信息，参数 motd 指定以哪个字符为信息的结束符

Enter TEXT message.   End with the character '$'. Welcome to SW1, if you are admin, you can config it. If you are not admin, please EXIT!

$

SW1(config)# SW1(config)#exit

SW1#Dec 12 10:04:11 %SYS-5-CONFIG_I: Configured from console by console SW1#exit

SW1 CON0 is now available Press RETURN to get started

Welcome to SW1, if you are admin, you can config it. If you are not admin, please EXIT!

SW1>

第四步：配置接口属性。

锐捷全系列交换机 FastEthernet 接口默认情况下是 10Mb/s、100Mb/s 自适应端口，双工模式也为自适应(端口速率、双工模式可配置)。默认情况下，所有交换机端口均开启。

如果网络中存在一些型号比较旧的主机，还在使用 10Mb/s 半双工的网卡，此时为了能够实现主机之间的正常访问，应当在交换机上进行相应的配置，把连接这些主机的交换机端口速率设为 10Mb/s，传输模式设为半双工。

SW1(config)#interface fa0/1

！进入端口 fa0/1 的配置模式

SW1(config-if)#speed 10

！配置端口速率为 10Mb/s

SW1(config-if)#duplex half

！配置端口的双工模式为半双工

SW1(config-if)#no shutdown

！开启端口，使端口转发数据。交换机端口默认已经开启。

SW1(config-if)#description "This is a Accessport."

！配置端口的描述信息，可作为提示。

SW1(config-if)#end

SW1#Dec 25 12:06:37 %SYS-5-CONFIG_I: Configured from console by console

SW1#

SW1#show interface fa0/1 Index(dec):1 (hex):1

FastEthernet 0/1 is UP   line protocol is UP

Hardware is marvell   FastEthernet Description: "This is a

Accessport." Interface address is: no ip address

MTU 1500 bytes, BW 10000 Kbit

Encapsulation protocol is Bridge, loopback not set Keepalive interval is 10 sec , set

Carrier delay is 2 sec RXload is 1 ,Txload is 1 Queueing strategy: WFQ Switchport attributes:

interface's description:""This is a Accessport.""

medium-type is copper

lastchange time:329 Day:22 Hour: 5 Minute: 2 Second Priority is 0

admin duplex mode is Force Half Duplex, oper duplex is Half admin speed is 10M, oper speed is 10M

flow control admin status is OFF,flow control oper status is OFF

broadcast Storm Control is OFF,multicast Storm Control is OFF,unicast Storm Control is OFF

5 minutes input rate 0 bits/sec, 0 packets/sec

5 minutes output rate 0 bits/sec, 0 packets/sec

0 packets input, 0 bytes, 0 no buffer, 0 dropped

Received 0 broadcasts, 0 runts, 0 giants

0 input errors, 0 CRC, 0 frame, 0 overrun, 0 abort

0 packets output, 0 bytes, 0 underruns , 0 dropped

0 output errors, 0 collisions, 0 interface resets SW1#

【实验小结】

(1) 注意交换机本地配置连接方法。

(2) 注意区分各种模式提示符。

(3) 注意各种模式下对应使用的基本命令。

8.2 在交换机上配置 Telnet

【实验名称】

在交换机上配置 Telnet。

【实验目的】

学习如何在交换机上启用 Telnet，实现通过 PC Telnet 远程访问交换机。

【实验拓扑】

实验拓扑如图 8-2 所示。

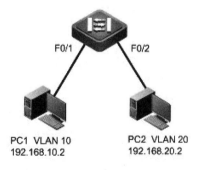

图 8-2　拓扑图

【实验设备】

三层交换机　　 1 台

PC 机　　　　　 2 台

五类双绞线　　　2 条

【实验原理】

在交换机上配置 vlan10 和 vlan20，并将 fa0/1 和 fa0/2 两个接口分别加入 vlan10 和

vlan20 中，PC1 和 PC2 分别接入 fa0/1 接口和 fa0/2 接口，并给 PC 配置好 IP 地址，然后通过 PC 远程登录交换机，实现对交换机的远程配置和管理。

【实验步骤】

第一步：在三层交换机上创建 VLAN，设置特权密码和远程密码。

ruijie>enable
ruijie#conf t
ruijie(config)#vlan 10
ruijie(config-vlan)#vlan 20
ruijie(config-vlan)#exit
ruijie(config)#enable password 456
!设置特权密码
ruijie(config)#line vty 0 4
ruijie(config-line)#password 123
！设置远程密码
ruijie(config-line)#login

第二步：将端口加入 VLAN。

ruijie(config)#interface fa0/1
ruijie(config-if)#switchport mode access
ruijie(config-if)#switchport access vlan 10
ruijie(config-if)#exit
ruijie(config)#interface fa0/2
ruijie(config-if)#switchport mode access
ruijie(config-if)#switchport access vlan 20
ruijie(config-if)#exit

第三步：在三层交换机上给 VLAN 配置 IP 地址。

ruijie(config)#interface vlan 10
ruijie(config-if)#ip address 192.168.10.1 255.255.255.0
ruijie(config-if)#no shutdown
ruijie(config-if)#exit
ruijie(config)#interface vlan 20
ruijie(config-if)#ip address 192.168.20.1 255.255.255.0
ruijie(config-if)#no shutdown
ruijie(config-if)#exit

第四步：网络测试。

按拓扑所示将 PC1 接入交换机的 fa0/1 接口，将 PC2 接入交换机的 fa0/2 接口。配置 PC1 的 IP 地址为 192.168.10.2，子网掩码为 255.255.255.0，网关为 192.168.10.1；配置 PC2 的 IP 地址为 192.168.20.2，子网掩码为 255.255.255.0，网关为 192.168.20.1。

(1) 在 PC1 的命令提示窗口中输入命令 telnet 192.168.10.1，结果如图 8-3 所示。

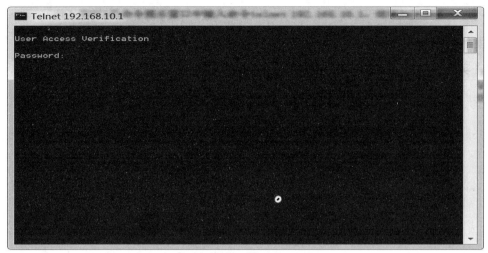

图 8-3 PC1 的远程连接图

(2) 在 PC2 的命令提示窗口中输入命令 telnet 192.168.20.1，结果如图 8-4 所示。

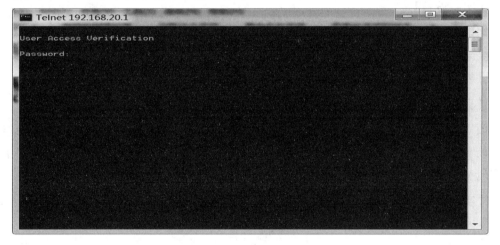

图 8-4 PC2 的远程连接图

【实验小结】

远程登录交换机必须配置特权密码和远程密码，如果没有配置交换机特权密码，将不能登录到交换机进行配置，可以进入用户模式，但无法进入特权模式，三层交换机此时的提示信息为"Password required, but none set"。如果没有配置远程密码，将不能进行远程登录。

8.3 不同 VLAN 通信配置

【实验名称】

不同 VLAN 通信配置。

【实验目的】

利用三层交换机实现 VLAN 间路由。

【实验拓扑】

实验的拓扑图，如图 8-5 所示。

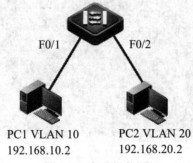

PC1 VLAN 10　　　　PC2 VLAN 20
192.168.10.2　　　　192.168.20.2

图 8-5　实验拓扑图

【实验设备】

三层交换机	1 台
PC 机	2 台
五类双绞线	2 条

【实验原理】

VLAN 间的主机通信为不同网段间的通信，需要通过三层设备对数据进行路由转发才可以实现，通过在三层交换机上为各 VLAN 配置 SVI 接口，利用三层交换机的路由功能实现 VLAN 间的路由。

【实验步骤】

第一步：在三层交换机上创建VLAN。

```
ruijie>enable
ruijie#conf t
ruijie(config)#vlan 10
ruijie(config-vlan)#vlan 20
ruijie(config-vlan)#exit
```

第二步：将端口加入 VLAN。

```
ruijie(config)#interface fa0/1
ruijie(config-if)#switchport mode access
ruijie(config-if)#switchport access vlan 10
ruijie(config-if)#exit
ruijie(config)#interface fa0/2
ruijie(config-if)#switchport mode access
ruijie(config-if)#switchport access vlan 20
ruijie(config-if)#exit
```

第三步：在三层交换机上给 VLAN 配置 IP 地址。

ruijie(config)#interface vlan 10

ruijie(config-if)#ip address 192.168.10.1 255.255.255.0

ruijie(config-if)#no shutdown

ruijie(config-if)#exit

ruijie(config)#interface vlan 20

ruijie(config-if)#ip address 192.168.20.1 255.255.255.0

ruijie(config-if)#no shutdown

ruijie(config-if)#exit

第四步：网络测试。

按拓扑所示将 PC1 接入交换机的 fa0/1 接口，将 PC2 接入交换机的 fa0/2 接口。配置 PC1 的 IP 地址为 192.168.10.2，子网掩码为 255.255.255.0，网关为 192.168.10.1；配置 PC2 的 IP 地址为 192.168.20.2，子网掩码为 255.255.255.0，网关为 192.168.20.1。

在 P1 的命令提示窗口中输入命令 ping 192.168.20.2，结果如图 8-6 所示。

图 8-6　PC1 到 PC2 的连通测试

在 PC2 的命令提示窗口中输入命令 ping 192.168.10.2，结果如图 8-7 所示：

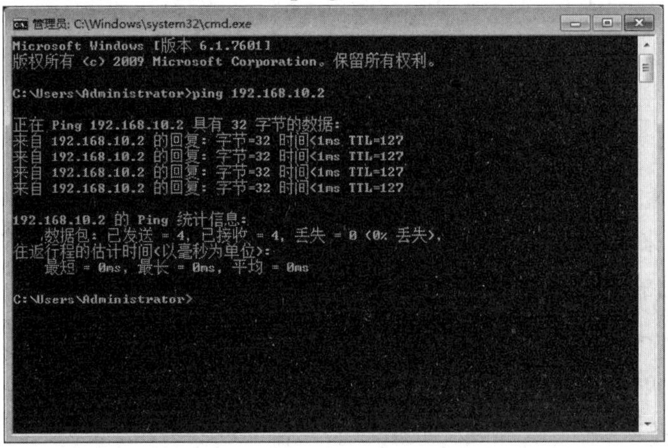

图 8-7　PC2 到 PC1 的连通测试

从上述测试结果可以看到通过在三层交换机上配置 SVI 接口，实现了不同 VLAN 之间的主机通信。

【实验小结】

(1) 注意每个 VLAN 的 SVI 接口及接口 IP 地址的配置。

(2) 注意 PC 的 IP 地址及网关地址的配置。

8.4 跨交换机 VLAN 间路由

【实验名称】

跨交换机 VLAN 间路由。

【实验目的】

掌握如何在三层交换机上配置 SVI 端口，实现跨交换机 VLAN 间的路由。

【实验拓扑】

实验的拓扑图，如图 8-8 所示。

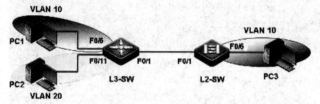

图 8-8　实验拓扑图

【实验设备】

三层交换机	1 台
二层交换机	1 台
PC 机	3 台
五类双绞线	4 条

【实验原理】

不同的 VLAN 之间是无法直接访问的，必须通过三层的路由设备进行连接。一般利用路由器或三层交换机来实现不同VLAN 之间的互相访问，三层交换机和路由器具备网络层的功能，能够根据数据的 IP 包头信息，进行选路和转发，从而实现不同网段之间的访问。

三层交换机实现 VLAN 互访的原理是利用三层交换机的路由功能，通过识别数据包的IP 地址，查找路由表进行选路转发。三层交换机利用直连路由可以实现不同 VLAN 之间的互相访问。三层交换机给接口配置 IP 地址，采用 SVI(交换虚拟接口)的方式实现 VLAN 间互连。SVI 是指为交换机中的 VLAN 创建虚拟接口，并且配置 IP 地址。

【实验步骤】

第一步：配置两台交换机的主机名。

ruijie#conf t

ruijie(config)#hostname L2-SW

L2-SW(config)#

ruijie#conf t

ruijie(config)#hostname L3-SW

L3-SW(config)#

第二步：配置三层交换机。

L3-SW(config)#vlan 10

L3-SW(config-vlan)#vlan 20

L3-SW(config-vlan)#exit

L3-SW(config)#

L3-SW(config)#interface fa0/6

L3-SW(config-if)#switchport mode access

L3-SW(config-if)#switchport access vlan 10

L3-SW(config-if-range)#exit

L3-SW(config)#interface fa0/11

L3-SW(config-if)#switchport mode access

L3-SW(config-if)#switchport access vlan 20

L3-SW(config-if-range)#exit

L3-SW(config)#

L3-SW(config)#interface fa0/1

L3-SW(config-if)#switchport mode trunk

L3-SW(config-if)#exit

L3-SW(config)#interface vlan 10

L3-SW(config-if)#ip address 192.168.10.1 255.255.255.0

L3-SW(config-if)#no shutdown

L3-SW(config-if)#exit

L3-SW(config)#interface vlan20

L3-SW(config-if)#ip address 192.168.20.1 255.255.255.0

L3-SW(config-if)#no shutdown

L3-SW(config-if)#exit

第三步：配置二层交换机。

L2-SW(config)#vlan 10

L2-SW(config-vlan)#exit

L2-SW(config)#

L2-SW(config)#interface fa0/6

L2-SW(config-if)#switchport mode access

L2-SW(config-if)#switchport access vlan 10

L2-SW(config-if)#exit

L2-SW(config)#

L2-SW(config)#interface fa0/1

L2-SW(config-if)#switchport mode trunk

L2-SW(config-if)#exit

L2-SW(config)#

第四步：网络测试。

按拓扑所示将 PC1 接入三层交换机的 fa0/6 接口，将 PC2 接入三层交换机的 fa0/11 接口，将 PC3 接入二层交换机的 fa0/6 接口。配置 PC1 的 IP 地址为 192.168.10.2，子网掩码为 255.255.255.0，网关为 192.168.10.1；配置 PC2 的 IP 地址为 192.168.20.2，子网掩码为 255.255.255.0，网关为 192.168.20.1；配置 PC3 的 IP 地址为 192.168.10.3，子网掩码为 255.255.255.0，网关为 192.168.10.1。

在 PC1 的命令提示窗口中输入命令 ping 192.168.20.2，结果如图 8-9 所示。

图 8-9   PC1 到 PC2 的连通测试

在 PC1 的命令提示窗口中输入命令 ping 192.168.10.3，结果如图 8-10 所示。

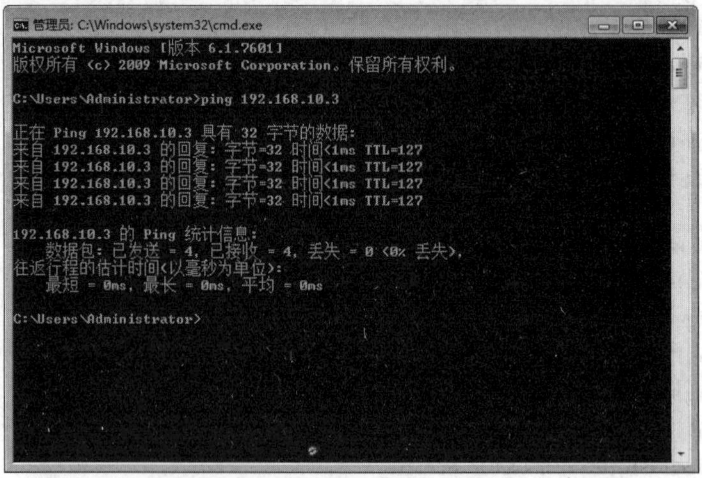

图 8-10   PC1 到 PC3 的连通测试

在 PC2 的命令提示窗口中输入命令 ping 192.168.10.3，结果如图 8-11 所示。

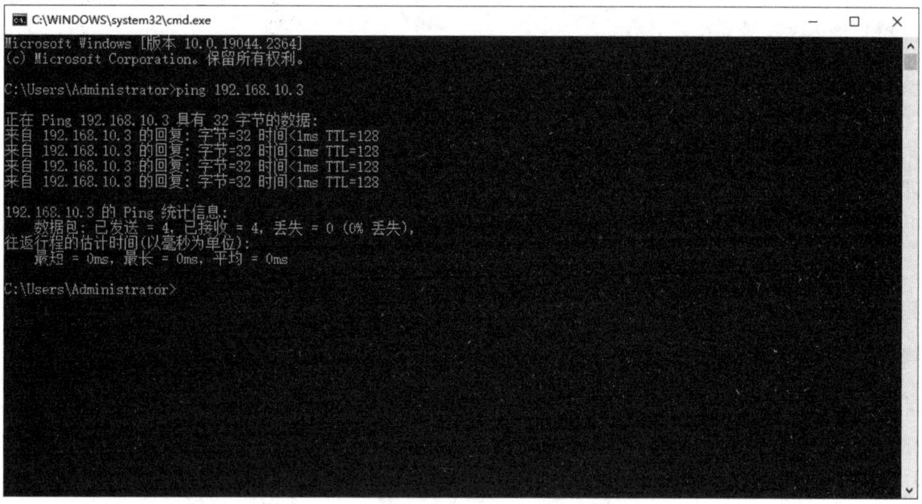

```
C:\WINDOWS\system32\cmd.exe                                    —    □    ×

Microsoft Windows [版本 10.0.19044.2364]
(c) Microsoft Corporation。保留所有权利。

C:\Users\Administrator>ping 192.168.10.3

正在 Ping 192.168.10.3 具有 32 字节的数据:
来自 192.168.10.3 的回复: 字节=32 时间<1ms TTL=128
来自 192.168.10.3 的回复: 字节=32 时间<1ms TTL=128
来自 192.168.10.3 的回复: 字节=32 时间<1ms TTL=128
来自 192.168.10.3 的回复: 字节=32 时间<1ms TTL=128

192.168.10.3 的 Ping 统计信息:
    数据包: 已发送 = 4，已接收 = 4，丢失 = 0 (0% 丢失)，
往返行程的估计时间(以毫秒为单位):
    最短 = 0ms，最长 = 0ms，平均 = 0ms

C:\Users\Administrator>
```

图 8-11　PC2 到 PC3 的连通测试

【实验小结】

(1) 注意三层交换机上每个 VLAN 的 SVI 接口及接口 IP 地址的配置。

(2) 注意 PC 的 IP 地址及网关地址的配置。

(3) 注意交换机 TRUNK 接口的设置。

8.5　交换机的端口地址绑定

【实验名称】

交换机的端口地址绑定。

【实验目的】

掌握交换机的端口地址绑定功能，控制用户的安全接入方法。

【实验拓扑】

实验的拓扑图，如图 8-12 所示。

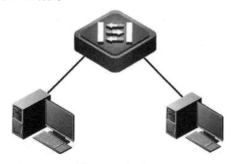

图 8-12　拓扑图

【实验设备】

交换机	1 台
PC 机	2 台
五类双绞线	2 条

【实验原理】

交换机端口安全功能,是指针对交换机的端口进行安全属性的配置,从而控制用户的安全接入。交换机端口安全主要有两种选项:一是限制交换机端口的最大连接数;二是针对交换机端口进行 MAC 地址、IP 地址的绑定。

限制交换机端口的最大连接数可以控制交换机端口下连的主机数,并防止用户进行恶意的ARP 欺骗。交换机端口的地址绑定,可以针对 IP 地址、MAC 地址、IP+MAC 进行灵活的绑定,实现对用户进行严格的控制,保证用户的安全接入和防止常见的内网的网络攻击。交换机端口安全功能只能在 ACCESS 接口进行配置,交换机最大连接数限制取值范围是 1~128,默认是 128,交换机最大连接数限制默认的处理方式是 protect。

【实验步骤】

第一步:交换机端口的最大连接数配置。

```
ruijie#conf  t
ruijie(config)#interface range fa0/1-2
ruijie(config-if-range)#switchport port-security
ruijie(config-if-range)#switchport port-security maximum 1
ruijie(config-if-range)#switchport port-security violation shutdown
```

第二步:查看交换机端口的最大连接数以及接口安全情况查询(见图 8-13 和图 8-14)。

```
ruijie#sh port-security
```

Secure Port	MaxSecureAddr	CurrentAddr	MaxIPSecureAddr	CurrentIPAddr	Security Action
	(Count)	(Count)	(Count)	(Count)	
Fa0/1	1	0	128	0	Protect
Fa0/2	1	0	128	0	Protect

```
Total Secure Addresses in System : 0
Max Secure Addresses limit in System : 3328
```

图 8-13 交换机端口最大连接数查询

```
ruijie#show port-security interface fa0/1
```

```
Interface : FastEthernet 0/1
Port Security : Enabled
Port status : down
Violation mode : Protect
Maximum MAC Addresses : 1
Total MAC Addresses : 0
Configured Binding Addresses : 0
Configured MAC Addresses : 0
Aging time : 0 mins
SecureStatic address aging : Disabled
```

图 8-14　交换机端口 fa0/1 接口安全情况查询

第三步：绑定交换机端口的 IP 地址+MAC 地址。

查看 PC 的 IP 地址和 MAC 地址信息，在命令提示窗口中输入 ipconfig/ll 命令进行查询，如图 8-15 所示。

```
以太网适配器 外网：

   连接特定的 DNS 后缀 . . . . . . . :
   描述. . . . . . . . . . . . . . . : Realtek PCIe GBE Family Controller
   物理地址. . . . . . . . . . . . . : C8-9C-DC-EE-0F-E1
   DHCP 已启用 . . . . . . . . . . . : 否
   自动配置已启用. . . . . . . . . . : 是
   本地链接 IPv6 地址. . . . . . . . : fe80::4132:f3b9:f24:bf12%12(首选)
   IPv4 地址 . . . . . . . . . . . . : 192.168.10.2(首选)
   子网掩码  . . . . . . . . . . . . : 255.255.255.0
   默认网关. . . . . . . . . . . . . : 192.168.10.1
   DHCPv6 IAID . . . . . . . . . . . : 315137244
   DHCPv6 客户端 DUID . . . . . . . . : 00-01-00-01-27-D3-CF-8F-FF-FF-FF-FF-FF-FF
```

图 8-15　PC 的 IP 地址和 MAC 地址

绑定交换机端口 fa0/1 的 IP 地址和 MAC 地址。

ruijie#conf t
ruijie(config)#interface fa0/1
ruijie(config-if)#switchport port-security
ruijie(config-if)#switchport port-security mac-address c89c.dcee.0fe1 ip-address 192.168.10.2

第四步：查看地址绑定配置(见图 8-16)。

ruijie#sh port-security address all

```
Vlan Port     Arp-Check  Mac Address     IP Address
Type          Remaining Age
              (mins)
---- -------- ---------- --------------- ---------------
     ---------- -----------------
1    Fa0/1    Disabled   c89c.dcee.0fe1 192.168.10.2
Configured            -
```

图 8-16　交换机端口地址绑定结果

第五步：绑定交换机端口的 IP 地址。
ruijie(config)#int　fa0/2
ruijie(config-if)#switchport　port-security ip-address 192.168.20.2

第六步：查看地址绑定配置(见图 8-17)。

ruijie#show port-security address all

```
Vlan Port     Arp-Check   Mac Address    IP Address
     Type     Remaining Age
              (mins)
---- --------  ----------- -------------- ------------------------
          ---------- ---------------
1    Fa0/1    Disabled    c89c.dcee.0fe1 192.168.10.2
Configured            -
     Fa0/2    Disabled                   192.168.20.2
Configured            -
```

图 8-17　交换机端口地址绑定结果

【实验小结】

(1) 交换机端口的最大连接数默认值为 128。

(2) 设置端口安全的接口必须是 ACCESS 模式，不能是 TRUNK 模式。

8.6　交换机 DHCP 配置

【实验名称】

交换机 DHCP 配置。

【实验目的】

理解交换机的 DHCP 服务功能，掌握交换机 DHCP 服务配置方法。

【实验拓扑】

实验的拓扑图，如图 8-18 所示。

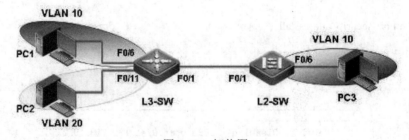

图 8-18　拓扑图

【实验设备】

三层交换机	1 台
二层交换机	1 台
PC 机	3 台
五类双绞线	4 条

【实验原理】

　　DHCP(Dynamic Host Configuration Protocol，动态主机配置协议)服务器为需要动态配置的主机分配 IP 地址和提供主机配置参数(比如网关信息、DNS Server 等)。DHCP 协议被广泛用来动态分配可重用的网络资源，如 IP 地址。DHCP 客户端发出 DISCOVER 广播报文给 DHCP 服务器。DHCP 服务器收到 DISCOVER 报文后，根据一定的策略来给客户端分配资源，如 IP 地址，发出 OFFER 报文。DHCP 客户端收到 OFFER 报文后，验证资源是否可用。如果资源可用，发送 REQUEST 报文；如果资源不可用，重新发送 DISCOVER 报文。服务器收到 REQUEST 报文，验证 IP 地址资源(或其他有限资源)是否可以分配，如果可以分配，则发送 ACK 报文；如果不可分配，则发送 NAK 报文。DHCP 客户端收到 ACK 报文，就开始使用服务器分配的资源；如果收到 NAK 报文，则可能重新发送 DISCOVER 报文。

【实验步骤】

　　第一步：配置两台交换机的主机名。

```
ruijie#conf t
ruijie(config)#hostname L2-SW
L2-SW(config)#
ruijie#conf t
ruijie(config)#hostname L3-SW
L3-SW(config)#
```

　　第二步：配置三层交换机。

```
L3-SW(config)#vlan 10
L3-SW(config-vlan)#vlan 20
L3-SW(config-vlan)#exit
L3-SW(config)#
L3-SW(config)#interface fa0/6
L3-SW(config-if)#switchport mode access
L3-SW(config-if)#switchport access vlan 10
L3-SW(config-if-range)#exit
L3-SW(config)#interface fa0/11
L3-SW(config-if)#switchport mode access
L3-SW(config-if)#switchport access vlan 20
L3-SW(config-if-range)#exit
L3-SW(config)#
L3-SW(config)#interface fa0/1
L3-SW(config-if)#switchport mode trunk
L3-SW(config-if)#exit
L3-SW(config)#interface vlan 10
L3-SW(config-if)#ip address 192.168.10.1 255.255.255.0
L3-SW(config-if)#no shutdown
L3-SW(config-if)#exit
```

L3-SW(config)#interface vlan 20

L3-SW(config-if)#ip address 192.168.20.1 255.255.255.0

L3-SW(config-if)#no shutdown

L3-SW(config-if)#exit

L3-SW(config)#service dhcp

L3-SW(config)#ip dhcp ping packets 3

L3-SW(config)#ip dhcp pool vlan10

L3-SW(dhcp-config)#lease infinit

L3-SW(dhcp-config)#network 192.168.10.0 255.255.255.0

L3-SW(dhcp-config)#default-router 192.168.10.1

L3-SW(dhcp-config)#ip dhcp pool vlan20

L3-SW(dhcp-config)#lease infinit

L3-SW(dhcp-config)#network 192.168.20.0 255.255.255.0

L3-SW(dhcp-config)#default-router 192.168.20.1

L3-SW(dhcp-config)#

第三步：配置二层交换机。

L2-SW(config)#vlan 10

L2-SW(config-vlan)#exit

L2-SW(config)#

L2-SW(config)#interface fa0/6

L2-SW(config-if)#switchport mode access

L2-SW(config-if)#switchport access vlan 10

L2-SW(config-if)#exit

L2-SW(config)#

L2-SW(config)#interface fa0/1

L2-SW(config-if)#switchport mode trunk

L2-SW(config-if)#exit

L2-SW(config)#

第四步：网络测试。

按拓扑所示将 PC1 接入三层交换机的 fa0/6 接口，将 PC2 接入三层交换机的 fa0/11 接口，将 PC3 接入二层交换机的 fa0/6 接口，并设置所有 PC 自动获取 IP 地址。

在 PC1 的命令提示窗口中输入命令 ipconfig/all，结果如图 8-19 所示。

```
IPv4 地址 . . . . . . . . . . . . : 192.168.10.2(首选)
子网掩码 . . . . . . . . . . . . : 255.255.255.0
获得租约的时间 . . . . . . . . . : 2021年3月6日  星期六 14:04:46
租约过期的时间 . . . . . . . . . : 2157年4月12日  星期二 20:33:15
默认网关 . . . . . . . . . . . . : 192.168.10.1
DHCP 服务器 . . . . . . . . . . : 192.168.10.1
```

图 8-19　PC1 获取 IP 地址情况

在 PC2 的命令提示窗口中输入命令 ipconfig/all，结果如图 8-20 所示。

```
IPv4 地址 . . . . . . . . . . . . : 192.168.20.2(首选)
子网掩码 . . . . . . . . . . . . : 255.255.255.0
获得租约的时间 . . . . . . . . . : 2021年3月6日  星期六 14:07:52
租约过期的时间 . . . . . . . . . : 2157年4月12日  星期二 20:36:16
默认网关 . . . . . . . . . . . . : 192.168.20.1
DHCP 服务器 . . . . . . . . . . : 192.168.20.1
```

图 8-20　PC2 获取 IP 地址情况

在 PC3 的命令提示窗口中输入命令 ipconfig/all，结果如图 8-21 所示。

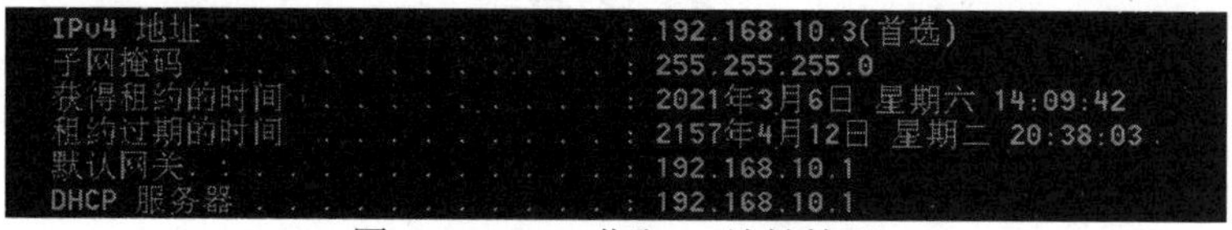

```
IPv4 地址 . . . . . . . . . . . : 192.168.10.3(首选)
子网掩码 . . . . . . . . . . . : 255.255.255.0
获得租约的时间 . . . . . . . . . : 2021年3月6日 星期六 14:09:42
租约过期的时间 . . . . . . . . . : 2157年4月12日 星期二 20:38:03
默认网关 . . . . . . . . . . . : 192.168.10.1
DHCP 服务器 . . . . . . . . . . : 192.168.10.1
```

图 8-21 PC3 获取 IP 地址情况

【实验小结】

(1) 注意三层交换机每个 VLAN 地址池相关参数配置。

(2) 理解 DHCP 地址分配的原理及 DHCP 服务的作用。

第 9 章
路由器配置实验

本章重点介绍以下内容：

- 在路由器上配置 Telnet；
- 单臂路由；
- 静态路由配置；
- RIPv2 配置；
- OSPF 单区域配置；
- OSPF 多区域配置；
- 配置标准 IP ACL；
- 配置基于时间的扩展 IP ACL；
- 利用动态 NAT 实现局域网访问互联网；
- 利用 NAT 实现外网主机访问内网服务器。

9.1 在路由器上配置 Telnet

【实验名称】

在路由器上配置 Telnet。

【实验目的】

掌握如何在路由器上配置 Telnet，以实现路由器的远程登录访问。

【实验拓扑】

实验拓扑图如图 9-1 所示。

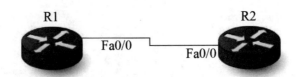

图 9-1 实验拓扑图

【实验设备】

路由器　　　2 台
五类双绞线　1 条

【实验原理】

将两台路由器 fa0/0 接口用双绞线相连，分别配置 Telnet，可以互相以 Telnet 方式登录对方，从而实现对路由器的远程方式配置和管理。

【实验步骤】

第一步：配置路由器的名称、接口 IP 地址。

Ruijie#conf t
Ruijie(config)#hostname R1
！配置路由器的名称
R1(config)#interface fa0/0
R1(config-if)#ip address 192.168.1.1 255.255.255.0
！配置接口 IP 地址
R1(config-if)#no shutdown
！启用端口
R1(config-if)#exit
Ruijie#conf t
Ruijie(config)#hostname R2
！配置路由器的名称
R2(config)#interface fa0/0
R2(config-if)#ip address 192.168.1.2 255.255.255.0
！配置接口 IP 地址
R2(config-if)#no shutdown
！启用端口
R2(config-if)#exit

第二步：设置特权密码和远程密码。

R1(config)#enable password 456
！配置路由器的特权模式密码
R1(config)#line vty 0 4
！进入线程配置模式
R1(config-line)#password 123
！配置路由器的远程密码
R1(config-line)#login
！设置 Telnet 登录时进行身份验证
R1(config-line)#end
R2(config)#enable password 456
R2(config)#line vty 0 4
R2(config-line)#password 123
R2(config-line)#login

R2(config-line)#end

第三步：以 Telnet 方式登录路由器。

在 R1 路由器特权模式下 telnet 192.168.1.2，显示结果如图 9-2 所示。

```
R1#telnet 192.168.1.2
Trying 192.168.1.2, 23...

User Access Verification

Password:_
```

图 9-2　R1 路由器远程连接 R2 路由器

在 R2 路由器特权模式下 telnet 192.168.1.1，显示结果如图 9-3 所示。

```
R2#telnet 192.168.1.1
Trying 192.168.1.1, 23...

User Access Verification

Password:
```

图 9-3　R2 路由器远程连接 R1 路由器

【实验小结】

(1) 两台路由器相连的接口 IP 地址必须在同一网段。

(2) 如果没有配置 Telnet 密码，则登录时会提示"Password required,but none set"。

(3) 如果没有配置 enable 密码，则远程登录到路由器上后不能进入特权模式，提示
"Password required,but none set"。

(4) 只能在特权模式下使用 Telnet 命令进行远程登录。

9.2　单臂路由

【实验名称】

单臂路由。

【实验目的】

利用路由器的单臂路由功能实现 VLAN 间路由。

【实验拓扑】

实验的拓扑图如图 9-4 所示。

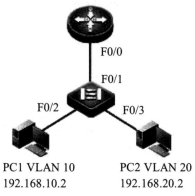

F0/0

F0/1

F0/2   F0/3

PC1 VLAN 10   PC2 VLAN 20
192.168.10.2   192.168.20.2

图 9-4　拓扑图

【实验设备】

路由器　　　1 台
交换机　　　1 台
PC 机　　　 2 台
五类双绞线　3 条

【实验原理】

VLAN 间的主机通信为不同网段间的通信，需要通过三层设备对数据进行路由转发才可以实现，在路由器上对物理接口划分子接口并封装 802.1q 协议，使每一个子接口都充当一个 VLAN 网段中主机的网关，利用路由器的三层路由功能可以实现不同 VLAN 间的通信。

【实验步骤】

第一步：配置路由器。

Ruijie>enable

Ruijie#conf t

Enter configuration commands, one per line.   End with CNTL/Z.

Ruijie(config)#interface gi0/0

Ruijie(config-if-GigabitEthernet 0/0)#no shutdown

Ruijie(config-if-GigabitEthernet 0/0)#interface gi0/0.1

Ruijie(config-if-GigabitEthernet 0/0.1)#description vlan10

Ruijie(config-if-GigabitEthernet 0/0.1)#encapsulation dot1q 10

Ruijie(config-if-GigabitEthernet 0/0.1)#ip address 192.168.10.1 255.255.255.0

Ruijie(config-if-GigabitEthernet 0/0.1)#no shutdown

Ruijie(config-if-GigabitEthernet 0/0.1)#exit

Ruijie(config)#interface gi0/0.2

Ruijie(config-if-GigabitEthernet 0/0.2)#description vlan20

Ruijie(config-if-GigabitEthernet 0/0.2)#encapsulation dot1q 20

Ruijie(config-if-GigabitEthernet 0/0.2)#ip address 192.168.20.1 255.255.255.0

```
Ruijie(config-if-GigabitEthernet 0/0.2)#no shutdown
Ruijie(config-if-GigabitEthernet 0/0.2)#
```

第二步：配置交换机。

```
Ruijie>enable
Ruijie#conf t
Ruijie(config)#interface fa0/1
Ruijie(config-if-FastEthernet 0/1)#switchport mode trunk
Ruijie(config-if-FastEthernet 0/1)#vlan 10
Ruijie(config-vlan)#vlan 20
Ruijie(config-vlan)#interface fa0/2
Ruijie(config-if-FastEthernet 0/2)#switchport mode access
Ruijie(config-if-FastEthernet 0/2)#switchport access vlan 10
Ruijie(config-if-FastEthernet 0/2)#interface fa0/3
Ruijie(config-if-FastEthernet 0/3)#switchport mode access
Ruijie(config-if-FastEthernet 0/3)#switchport access vlan 20
Ruijie(config-if-FastEthernet 0/3)#
```

第三步：网络测试。

按拓扑所示将 PC1 接入交换机的 fa0/2 接口，将 PC2 接入交换机的 fa0/3 接口。配置 PC1 的 IP 地址为 192.168.10.2，子网掩码为 255.255.255.0，网关为 192.168.10.1；配置 PC2 的 IP 地址为 192.168.20.2，子网掩码为 255.255.255.0，网关为 192.168.20.1。

在 PC1 的命令提示窗口中输入命令 ping 192.168.20.2，结果如图 9-5 所示。

图 9-5 PC1 到 PC2 的连通测试

在 PC2 的命令提示窗口中输入命令 ping 192.168.10.2，结果如图 9-6 所示。

图 9-6　PC2 到 PC1 的连通测试

【实验小结】

(1) 交换机连接路由器的接口必须设置为 TRUNK 模式。

(2) 理解子接口的概念，并注意子接口封装协议的方法。

(3) 注意 PC 端 IP 地址的配置。

9.3　静态路由配置

【实验名称】

静态路由配置。

【实验目的】

理解静态路由的工作原理，掌握如何配置静态路由。

【实验拓扑】

实验的拓扑图如图 9-7 所示。

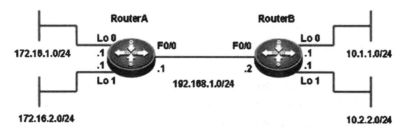

图 9-7　实验拓扑图

【实验设备】

路由器　　　　　2 台
五类双绞线　　　1 条

【实验原理】

路由器属于网络层设备，能够根据 IP 包头的信息，选择一条最佳路径，将数据包转发出去，实现不同网段的主机之间的互相访问。路由器根据路由表进行路由选择和转发分组，路由表里记录了若干路由信息。路由表的产生方式一般有 3 种：

(1) 直连路由：路由器接口配置一个 IP 地址，路由器将自动产生本接口 IP 所在网段的路由信息。

(2) 静态路由：网管员通过手工的方式配置本路由器未知网段的路由信息，从而实现不同网段之间的连接。常用于小型互联网络。

(3) 动态路由：指通过在路由器上运行动态路由选择协议，路由器之间互相自动学习产生路由信息。常用于大型互联网络或网络拓扑相对复杂的网络环境中。

【实验步骤】

第一步：完成路由器基本配置。

RouterA 路由器：

```
Ruijie>enable
Ruijie#conf t
Ruijie(config)#hostname RouterA
RouterA(config)#interface gi0/0
RouterA(config-if-GigabitEthernet 0/0)#ip address 192.168.1.1 255.255.255.0
RouterA(config-if-GigabitEthernet 0/0)#no shutdown
RouterA(config-if-GigabitEthernet 0/0)#interface loopback 0
RouterA(config-if-Loopback 0)#ip address 172.16.1.1 255.255.255.0
RouterA(config-if-Loopback 0)#no shutdown
RouterA(config)#interface loopback 1
RouterA(config-if-Loopback 1)#ip address 172.16.2.1 255.255.255.0
RouterA(config-if-Loopback 1)#no shutdown
```

RouterB 路由器：

```
Ruijie>enable
Ruijie#conf t
Ruijie(config)#hostname RouterB
RouterB(config)#interface gi0/0
RouterB(config-if-GigabitEthernet 0/0)#ip address 192.168.1.2 255.255.255.0
RouterB(config-if-GigabitEthernet 0/0)#no shutdown
RouterB(config-if-GigabitEthernet 0/0)#interface loopback 0
RouterB(config-if-Loopback 0)#ip address 10.1.1.1 255.255.255.0
RouterB(config-if-Loopback 0)#no shutdown
```

RouterB(config)#interface loopback 1

RouterB(config-if-Loopback 1)#ip address 10.2.2.1 255.255.255.0

RouterB(config-if-Loopback 1)#no shutdown

第二步：配置静态路由。

RouterA(config)#ip route 10.1.1.0 255.255.255.0 192.168.1.2

RouterA(config)#ip route 10.2.2.0 255.255.255.0 192.168.1.2

RouterB(config)#ip route 172.16.1.0 255.255.255.0 192.168.1.1

RouterB(config)#ip route 172.16.2.0 255.255.255.0 192.168.1.1

第三步：查看路由表。

RouterA 路由器的路由信息如图 9-8 所示。

```
RouterA(config)#show ip route

Codes:  C - connected, S - static, R - RIP, B - BGP
        O - OSPF, IA - OSPF inter area
        N1 - OSPF NSSA external type 1, N2 - OSPF NSSA external type 2
        E1 - OSPF external type 1, E2 - OSPF external type 2
        i - IS-IS, su - IS-IS summary, L1 - IS-IS level-1, L2 - IS-IS level-2
        ia - IS-IS inter area, * - candidate default

Gateway of last resort is no set
S    10.1.1.0/24 [1/0] via 192.168.1.2
S    10.2.2.0/24 [1/0] via 192.168.1.2
C    172.16.1.0/24 is directly connected, Loopback 0
C    172.16.1.1/32 is local host.
C    172.16.2.0/24 is directly connected, Loopback 1
C    172.16.2.1/32 is local host.
C    192.168.1.0/24 is directly connected, GigabitEthernet 0/0
C    192.168.1.1/32 is local host.
```

图 9-8　路由器 A 的路由信息

RouterB 路由器的路由信息如图 9-9 所示。

```
RouterB(config)#show ip route

Codes:  C - connected, S - static, R - RIP, B - BGP
        O - OSPF, IA - OSPF inter area
        N1 - OSPF NSSA external type 1, N2 - OSPF NSSA external type 2
        E1 - OSPF external type 1, E2 - OSPF external type 2
        i - IS-IS, su - IS-IS summary, L1 - IS-IS level-1, L2 - IS-IS level-2
        ia - IS-IS inter area, * - candidate default

Gateway of last resort is no set
C    10.1.1.0/24 is directly connected, Loopback 0
C    10.1.1.1/32 is local host.
C    10.2.2.0/24 is directly connected, Loopback 1
C    10.2.2.1/32 is local host.
S    172.16.1.0/24 [1/0] via 192.168.1.1
S    172.16.2.0/24 [1/0] via 192.168.1.1
C    192.168.1.0/24 is directly connected, GigabitEthernet 0/0
C    192.168.1.2/32 is local host.
```

图 9-9　路由器 B 的路由信息

第四步：测试网络连通性。

在路由器的特权模式下使用 ping 命令完成网络连通性测试。测试效果如图 9-10 和图 9-11 所示。

RouterA 到 RouterB 的连通测试如下：

```
RouterA#ping 10.1.1.1
Sending 5, 100-byte ICMP Echoes to 10.1.1.1, timeout is 2 seconds:
  < press Ctrl+C to break >
!!!!!
Success rate is 100 percent (5/5), round-trip min/avg/max = 1/8/10 ms
RouterA#ping 10.2.2.1
Sending 5, 100-byte ICMP Echoes to 10.2.2.1, timeout is 2 seconds:
  < press Ctrl+C to break >
!!!!!
Success rate is 100 percent (5/5), round-trip min/avg/max = 10/10/10 ms
```

图 9-10　路由器 A 到路由器 B 的连通测试

RouterB 到 RouterA 的连通测试如下：

```
RouterB#ping 172.16.1.1
Sending 5, 100-byte ICMP Echoes to 172.16.1.1, timeout is 2 seconds:
  < press Ctrl+C to break >
!!!!!
Success rate is 100 percent (5/5), round-trip min/avg/max = 1/8/10 ms
RouterB#ping 172.16.2.1
Sending 5, 100-byte ICMP Echoes to 172.16.2.1, timeout is 2 seconds:
  < press Ctrl+C to break >
!!!!!
Success rate is 100 percent (5/5), round-trip min/avg/max = 1/8/10 ms
```

图 9-11　路由器 B 到路由器 A 的连通测试

【实验小结】

(1) 相邻路由器相邻端口的 IP 地址必须在同一网段。

(2) 理解 LOOPBACK 接口的配置及作用。

(3) 同一路由器的不同端口 IP 地址必须在不同的网段。

9.4　RIPv2 配置

【实验名称】

RIPv2 配置。

【实验目的】

理解 RIP 两个版本之间的区别，掌握如何配置 RIPv2 实现网络互通，理解自动汇总的作用。

【实验拓扑】

实验的拓扑图如图 9-12 所示。

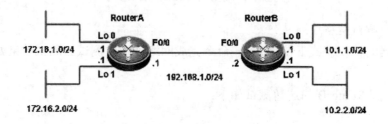

图 9-12　RIPv2 配置实验拓扑图

【实验设备】

路由器　　　　2 台

五类双绞线　　1 条

【实验原理】

路由信息协议(RIP)是内部网关协议(IGP)中最先得到广泛使用的协议。RIP 是一种分布式的基于距离向量的路由选择协议。RIP 协议要求网络中的每一个路由器都要维护从它自己到其他每一个目的网络的距离记录。RIP 协议有两个版本 RIPv1 和 RIPv2。

RIPv1 属于有类路由协议，不支持 VLSM(变长子网掩码)，RIPv1 以广播的形式进行路由信息的更新；更新周期为 30s。

RIPv2 属于无类路由协议，支持 VLSM(变长子网掩码)，RIPv2 以组播的形式进行路由信息的更新，组播地址是 224.0.0.9。RIPv2 还支持基于端口的认证，以提高网络的安全性。

【实验步骤】

第一步：完成路由器基本配置。

RouterA 路由器：

Ruijie>enable

Ruijie#conf t

Ruijie(config)#hostname RouterA

RouterA(config)#interface gi0/0

RouterA(config-if-GigabitEthernet 0/0)#ip address 192.168.1.1 255.255.255.0

RouterA(config-if-GigabitEthernet 0/0)#no shutdown

RouterA(config-if-GigabitEthernet 0/0)#interface loopback 0

RouterA(config-if-Loopback 0)#ip address 172.16.1.1 255.255.255.0

RouterA(config-if-Loopback 0)#no shutdown

RouterA(config)#interface loopback 1

RouterA(config-if-Loopback 1)#ip address 172.16.2.1 255.255.255.0

RouterA(config-if-Loopback 1)#no shutdown

RouterB 路由器：

Ruijie>enable

Ruijie#conf t

Ruijie(config)#hostname RouterB

RouterB(config)#interface gi0/0

RouterB(config-if-GigabitEthernet 0/0)#ip address 192.168.1.2 255.255.255.0

RouterB(config-if-GigabitEthernet 0/0)#no shutdown

RouterB(config-if-GigabitEthernet 0/0)#interface loopback 0

RouterB(config-if-Loopback 0)#ip address 10.1.1.1 255.255.255.0

RouterB(config-if-Loopback 0)#no shutdown

RouterB(config)#interface loopback 1

RouterB(config-if-Loopback 1)#ip address 10.2.2.1 255.255.255.0

RouterB(config-if-Loopback 1)#no shutdown

第二步：启用 RIPv2，但不关闭自动汇总。

RouterA(config)#router rip

RouterA(config-router)#network 192.168.1.0

RouterA(config-router)#network 172.16.0.0

RouterA(config-router)#version 2

RouterB(config)#router rip

RouterB(config-router)#network 192.168.1.0

RouterB(config-router)#network 10.0.0.0

RouterB(config-router)#version 2

RouterB(config-router)#exit

第三步：查看路由表。

从路由表中可以看到，只有 B 类主网络 172.16.0.0/16 和 A 类主网络 10.0.0.0/8 出现在路由表中。虽然 RIPv2 支持 VLSM，但 RouterA 和 RouterB 都是边界路由器，分别是 B 类主网络 172.16.0.0/16 和 C 类主网络 192.168.1.0/24 的边界、A 类主网络 10.0.0.0/8 和 C 类主网络 192.168.1.0/24 的边界，因此在执行自动的路由汇总。

RouterA 路由器的路由信息如图 9-13 所示。

```
RouterA(config)#show ip route

Codes:  C - connected, S - static, R - RIP, B - BGP
        O - OSPF, IA - OSPF inter area
        N1 - OSPF NSSA external type 1, N2 - OSPF NSSA external type 2
        E1 - OSPF external type 1, E2 - OSPF external type 2
        i - IS-IS, su - IS-IS summary, L1 - IS-IS level-1, L2 - IS-IS level-2
        ia - IS-IS inter area, * - candidate default

Gateway of last resort is no set
R    10.0.0.0/8 [120/1] via 192.168.1.2, 00:02:24, GigabitEthernet 0/0
C    172.16.1.0/24 is directly connected, Loopback 0
C    172.16.1.1/32 is local host.
C    172.16.2.0/24 is directly connected, Loopback 1
C    172.16.2.1/32 is local host.
C    192.168.1.0/24 is directly connected, GigabitEthernet 0/0
C    192.168.1.1/32 is local host.
```

图 9-13　路由器 A 的路由信息

RouterB 路由器的路由信息如图 9-14 所示。

```
RouterB(config)#show ip route

Codes:  C - connected, S - static, R - RIP, B - BGP
        O - OSPF, IA - OSPF inter area
        N1 - OSPF NSSA external type 1, N2 - OSPF NSSA external type 2
        E1 - OSPF external type 1, E2 - OSPF external type 2
        i - IS-IS, su - IS-IS summary, L1 - IS-IS level-1, L2 - IS-IS level-2
        ia - IS-IS inter area, * - candidate default

Gateway of last resort is no set
C    10.1.1.0/24 is directly connected, Loopback 0
C    10.1.1.1/32 is local host.
C    10.2.2.0/24 is directly connected, Loopback 1
C    10.2.2.1/32 is local host.
R    172.16.0.0/16 [120/1] via 192.168.1.1, 00:00:13, GigabitEthernet 0/0
C    192.168.1.0/24 is directly connected, GigabitEthernet 0/0
C    192.168.1.2/32 is local host.
```

图 9-14　路由器 B 的路由信息

第四步：关闭自动汇总。

RouterA(config)#router rip

RouterA(config-router)#no auto-summary

RouterA(config-router)#end

RouterB(config)#router rip

RouterB(config-router)#no auto-summary

RouterB(config-router)#end

第五步：查看路由表。

RouterA 路由器的路由信息如图 9-15 所示。

```
RouterA(config)#show ip route

Codes:  C - connected, S - static, R - RIP, B - BGP
        O - OSPF, IA - OSPF inter area
        N1 - OSPF NSSA external type 1, N2 - OSPF NSSA external type 2
        E1 - OSPF external type 1, E2 - OSPF external type 2
        i - IS-IS, su - IS-IS summary, L1 - IS-IS level-1, L2 - IS-IS level-2
        ia - IS-IS inter area, * - candidate default

Gateway of last resort is no set
R    10.1.1.0/24 [120/1] via 192.168.1.2, 00:04:16, GigabitEthernet 0/0
R    10.2.2.0/24 [120/1] via 192.168.1.2, 00:04:16, GigabitEthernet 0/0
C    172.16.1.0/24 is directly connected, Loopback 0
C    172.16.1.1/32 is local host.
C    172.16.2.0/24 is directly connected, Loopback 1
C    172.16.2.1/32 is local host.
C    192.168.1.0/24 is directly connected, GigabitEthernet 0/0
C    192.168.1.1/32 is local host.
```

图 9-15　路由器 A 的路由信息

RouterB 路由器的路由信息如图 9-16 所示。

```
RouterB(config)#show ip route

Codes:  C - connected, S - static, R - RIP, B - BGP
        O - OSPF, IA - OSPF inter area
        N1 - OSPF NSSA external type 1, N2 - OSPF NSSA external type 2
        E1 - OSPF external type 1, E2 - OSPF external type 2
        i - IS-IS, su - IS-IS summary, L1 - IS-IS level-1, L2 - IS-IS level-2
        ia - IS-IS inter area, * - candidate default

Gateway of last resort is no set
C    10.1.1.0/24 is directly connected, Loopback 0
C    10.1.1.1/32 is local host.
C    10.2.2.0/24 is directly connected, Loopback 1
C    10.2.2.1/32 is local host.
R    172.16.1.0/24 [120/1] via 192.168.1.1, 00:03:31, GigabitEthernet 0/0
R    172.16.2.0/24 [120/1] via 192.168.1.1, 00:03:31, GigabitEthernet 0/0
C    192.168.1.0/24 is directly connected, GigabitEthernet 0/0
C    192.168.1.2/32 is local host.
```

图 9-16　路由器 B 的路由信息

可以两个看到两个路由器的 RIP 路由信息中已经用到了子网的路由。

【实验小结】

(1) 相邻路由器相邻端口的 IP 地址必须在同一网段。

(2) 理解自动汇总功能的作用。

(3) RIPv1 和 RIPv2 两个版本的区别。

9.5 OSPF 单区域配置

【实验名称】

OSPF 单区域配置。

【实验目的】

配置 OSPF 单区域实验，实现简单的 OSPF 配置。

【实验拓扑】

实验的拓扑图如图 9-17 所示。

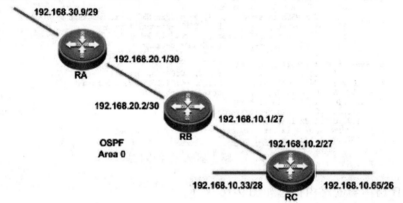

图 9-17 DSPF 单区域配置拓扑图

【实验设备】

路由器　　　　3 台
五类双绞线　　2 条

【实验原理】

OSPF(Open Shortest Path First，开放式最短路径优先)是一个内部网关协议(Interior Gateway Protocol，IGP)。与 RIP 相对，OSPF 是链路状态路由协议，而 RIP 是距离矢量路由协议。OSPF 是专为 IP 开发的路由协议，直接运行在 IP 层上面，协议号为 89，采用组播方式进行 OSPF 包交换，组播地址为 224.0.0.5(全部 OSPF 设备)和 224.0.0.6(指定设备)。当 OSPF 路由域规模较大时，一般采用分层结构，即将 OSPF 路由域分割成几个区域(AREA)，区域之间通过一个骨干区域互联，每个非骨干区域都需要直接与骨干区域连接。在 A、B、C 三个路由器上启用 OSPF 进程，所有的路由信息通过 OSPF 路由协议传递，进而实现网络互通。

【实验步骤】

第一步：路由器基本配置。

RA#conf t

RA(config)# interface fa0/0

RA(config-if)#ip address 192.168.20.1 255.255.255.252

RA(config)#interface Loopback 0

RA(config-if)#ip address 192.168.30.9 255.255.255.248

RB#conf t

RB(config)# interface fa0/0

RB(config-if)#ip address 192.168.20.2 255.255.255.252

RB(config)#interface fa0/1

RB(config-if)#ip address 192.168.10.1 255.255.255.224

RC#conf t

RC(config)# interface fa0/0

RC(config-if)#ip address 192.168.10.2 255.255.255.224

RC(config)#interface Loopback 0

RC(config-if)#ip address 192.168.10.33 255.255.255.240

RC(config)#interface Loopback 1

RC(config-if)#ip address 192.168.10.65 255.255.255.192

第二步：OSPF 路由配置。

RA(config)#router ospf 10

RA(config-router)#network 192.168.30.8 0.0.0.7 area 0

RA(config-router)#network 192.168.20.0 0.0.0.3 area 0

RB(config)# router ospf 10

RB(config-router)#network 192.168.10.0 0.0.0.31 area 0

RB(config-router)#network 192.168.20.0 0.0.0.3 area 0

RC(config)# router ospf 10

RC(config-router)#network 192.168.10.0 0.0.0.31 area 0

RC(config-router)#network 192.168.10.32 0.0.0.15 area 0

RC(config-router)#network 192.168.10.64 0.0.0.63 area 0

第三步：查看路由信息。

RA#show ip route

Codes:C - connected, S - static, R - RIP B - BGP O - OSPF, IA - OSPF inter area

N1 - OSPF NSSA external type 1, N2 - OSPF NSSA external type 2 E1 - OSPF external type 1, E2 - OSPF external type 2

i - IS-IS, L1 - IS-IS level-1, L2 - IS-IS level-2, ia - IS-IS inter area

* - candidate default

Gateway of last resort is no set

O   192.168.10.0/27 [110/2] via 192.168.20.2, 00:01:32, FastEthernet0/0

C   192.168.30.8/29 is directly connected,Loopback 0

C   192.168.30.9/32 is local host.

O   192.168.10.33/32 [110/2] via 192.168.20.2, 00:01:32, FastEthernet 0/0

O   192.168.10.65/32 [110/2] via 192.168.20.2, 00:01:32, FastEthernet0/0

C   192.168.20.0/30 is directly connected,FastEthernet 0/0

C   192.168.20.1/32 is local host.

RB#show ip route

Codes:C - connected, S - static, R - RIP B - BGP O - OSPF, IA - OSPF inter area

N1 - OSPF NSSA external type 1, N2 - OSPF NSSA external type 2 E1 - OSPF external type 1, E2 - OSPF external type 2

i - IS-IS, L1 - IS-IS level-1, L2 - IS-IS level-2, ia - IS-IS inter area

* - candidate default

Gateway of last resort is no set

C   192.168.10.0/27 is directly connected,FastEthernet 0/1

C   192.168.10.1/32 is local host.

O   192.168.10.33/32 [110/1] via 192.168.10.2, 00:02:25, FastEthernet 0/1

O   192.168.10.65/32 [110/1] via 192.168.10.2, 00:02:14, FastEthernet0/1

C   192.168.20.0/30 is directly connected, FastEthernet0/0

C   192.168.20.2/32 is local host.

O   192.168.30.9/32 [110/1] via 192.168.20.1, 00:05:16, FastEthernet0/0

RC#show ip route

Codes:C - connected, S - static, R - RIP B - BGP O - OSPF, IA - OSPF inter area

N1 - OSPF NSSA external type 1, N2 - OSPF NSSA external type 2 E1 - OSPF external type 1, E2 - OSPF external type 2

i - IS-IS, L1 - IS-IS level-1, L2 - IS-IS level-2, ia - IS-IS inter area

* - candidate default

Gateway of last resort is no set

C   192.168.10.0/27 is directly connected,FastEthernet 0/0

C   192.168.10.2/32 is local host.

C   192.168.10.32/28 is directly connected, Loopback 0

C   192.168.10.33/32 is local host.

C   192.168.10.64/26 is directly connected, Loopback 1

C   192.168.10.65/32 is local host.

O   192.168.20.0/30 [110/2] via 192.168.10.1, 00:01:23, FastEthernet 0/0

O   192.168.30.9/32 [110/2] via 192.168.10.1, 00:01:23, FastEthernet0/0

【实验小结】

(1) 本实验中要注意网络地址、子网掩码及反掩码的计算。

(2) 注意 OSPF 路由配置，理解单区域的概念。

9.6 OSPF 多区域配置

【实验名称】

OSPF 多区域配置。

【实验目的】

掌握配置 OSPF 多区域的方法，理解 OSPF 多区域网络的概念及应用。

【实验拓扑】

实验拓扑图如图 9-18 所示。

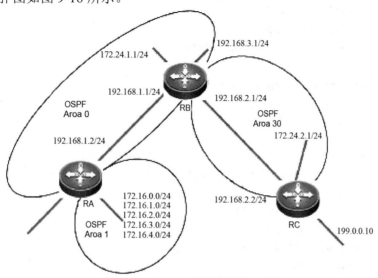

图 9-18 OSPF 多区域配置拓扑图

【实验设备】

路由器　　　　3 台
五类双绞线　　2 条

【实验原理】

OSPF(Open Shortest Path First，开放式最短路径优先)是一个内部网关协议(Interior Gateway Protocol，IGP)。为了使 OSPF 能够用于规模较大的网络，OSPF 将一个自治系统再划分为若干个更小的范围，叫作区域。划分区域的好处就是将利用洪泛法交换链路状态信息的范围局限于每一个区域而不是整个的自治系统，这就减少了整个网络上的通信量。在一个区域内部的路由器只知道本区域的完整网络拓扑，而不知道其他区域的网络拓扑的情况。OSPF 使用层次结构的区域划分，在上层的区域叫作主干区域(Backbone Area)，主干区域的作用是用来连通其他在下层的区域。每一个区域都有一个 32 位的区域标识符，区域也不能太大，在一个区域内的路由器最好不超过 200 个。

【实验步骤】

第一步：路由器基本配置。

RA 路由器：

RA#conf t
RA(config)#interface Fa0/0
RA(config-if)#ip address 192.168.1.2 255.255.255.0
RA(config)#interface Loopback 0
RA(config-if)#ip address 172.16.0.1 255.255.255.0
RA(config)#interface Loopback 1

RA(config-if)#ip address 172.16.1.1 255.255.255.0

RA(config)#interface Loopback 2

RA(config-if)#ip address 172.16.2.1 255.255.255.0

RA(config)#interface Loopback 3

RA(config-if)#ip address 172.16.3.1 255.255.255.0

RA(config)#interface Loopback 4

RA(config-if)#ip address 172.16.4.1 255.255.255.0

RB 路由器：

RB#conf t

RB(config)#interface Fa0/0

RB(config-if)#ip address 192.168.1.1 255.255.255.0

RB(config)#interface Fa0/1

RB(config-if)#ip address 192.168.2.1 255.255.255.0

RB(config)#interface Loopback 0

RB(config-if)#ip address 172.24.1.1 255.255.255.0

RB(config)#interface Loopback 1

RB(config-if)#p address 192.168.3.1 255.255.255.0

RC 路由器：

RC#conf t

RC(config)#interface Fa0/0

RC(config-if)#ip address 192.168.2.2 255.255.255.0

RC(config)#interface Loopback 0

RC(config-if)#ip address 172.24.2.1 255.255.255.0

RC(config)#interface Loopback 1

RC(config-if)#ip address 199.0.0.10 255.255.255.240

第二步：OSPF 路由配置。

RA 路由器：

RA(config)#router ospf 10

RA(config-router)#network 172.16.0.0 0.0.0.255 area 1

RA(config-router)#network 172.16.1.0 0.0.0.255 area 1

RA(config-router)#network 172.16.2.0 0.0.0.255 area 1

RA(config-router)#network 172.16.3.0 0.0.0.255 area 1

RA(config-router)#network 172.16.4.0 0.0.0.255 area 1

RA(config-router)#network 192.168.1.0 0.0.0.255 area 0

RB 路由器：

RB(config)#router ospf 10

RB(config-router)#network 172.24.1.0 0.0.0.255 area 0

RB(config-router)#network 192.168.1.0 0.0.0.255 area 0

RB(config-router)#network 192.168.2.0 0.0.0.255 area 30

RB(config-router)#network 192.168.3.0 0.0.0.255 area 0

RC 路由器：

RC(config)#router ospf 10

RC(config-router)#network 172.24.2.0 0.0.0.255 area 30

RC(config-router)#network 192.168.2.0 0.0.0.255 area 30

第三步：路由测试。

用命令 show 来验证配置。

RA#show ip route

Codes:　C - connected, S - static,　　R - RIP B - BGP ,O - OSPF, IA - OSPF inter area

　　　　　N1 - OSPF NSSA external type 1, N2 - OSPF NSSA external type 2

E1 - OSPF external type 1, E2 - OSPF external type 2

i - IS-IS, L1 - IS-IS level-1, L2 - IS-IS level-2, ia - IS-IS inter area

　　　　　* - candidate default

Gateway of last resort is no set

C　　172.16.0.0/24 is directly connected, Loopback 0

C　　172.16.0.1/32 is local host.

C　　172.16.1.0/24 is directly connected, Loopback 1

C　　172.16.1.1/32 is local host.

C　　172.16.2.0/24 is directly connected, Loopback 2

C　　172.16.2.1/32 is local host.

C　　172.16.3.0/24 is directly connected, Loopback 3

C　　172.16.3.1/32 is local host.

C　　172.16.4.0/24 is directly connected, Loopback 4

C　　172.16.4.1/32 is local host.

O　　172.24.1.1/32 [110/1] via 192.168.1.1, 00:03:13, FastEthernet 0/0

O　　IA 172.24.2.1/32 [110/2] via 192.168.1.1, 00:00:35, FastEthernet 0/0

C　　192.168.1.0/24 is directly connected, FastEthernet 0/0

C　　192.168.1.2/32 is local host.

O　　IA 192.168.2.0/24 [110/2] via 192.168.1.1, 00:03:13, FastEthernet 0/0

O　　192.168.3.1/32 [110/1] via 192.168.1.1, 00:03:13, FastEthernet 0/0

RC#show ip route

Codes:　C - connected, S - static, R - RIP B - BGP,O- OSPF, IA - OSPF inter area

　　　　　N1 - OSPF NSSA external type 1, N2 - OSPF NSSA external type 2

E1 - OSPF external type 1, E2 - OSPF external type 2

　　　　　i - IS-IS, L1 - IS-IS level-1, L2 - IS-IS level-2, ia - IS-IS inter area

　　　　　* - candidate default

Gateway of last resort is 0.0.0.0 to network 0.0.0.0

S*　　0.0.0.0/0 is directly connected, Loopback 1

O　　IA 172.16.0.0/24 [110/2] via 192.168.2.1, 00:02:49, FastEthernet 0/0

O　　IA 172.16.1.0/24 [110/2] via 192.168.2.1, 00:02:49, FastEthernet 0/0

O　　IA 172.16.2.0/24 [110/2] via 192.168.2.1, 00:02:49, FastEthernet 0/0

O　　IA 172.16.3.0/24 [110/2] via 192.168.2.1, 00:02:49, FastEthernet 0/0

O　　IA 172.16.4.0/24 [110/2] via 192.168.2.1, 00:02:49, FastEthernet 0/0

O   IA 172.24.1.0/24 [110/1] via 192.168.2.1, 00:02:49, FastEthernet 0/0

C   172.24.2.0/24 is directly connected, Loopback 0

C   172.24.2.1/32 is local host.

O   IA 192.168.1.0/24 [110/2] via 192.168.2.1, 00:02:49, FastEthernet 0/0

C   192.168.2.0/24 is directly connected, FastEthernet 0/0

C   192.168.2.2/32 is local host.

O   IA 192.168.3.0/24 [110/1] via 192.168.2.1, 00:02:49, FastEthernet 0/0

C   199.0.0.0/28 is directly connected, Loopback 1

C   199.0.0.10/32 is local host.

RB#show ip ospf neighbor

OSPF process 10:

Neighbor ID	Pri	State	Dead Time	Address	Interface
172.16.4.1	1	Full/DR	00:00:37	192.168.1.2	FastEthernet 0/0
199.0.0.10	1	Full/BDR	00:00:35	192.168.2.2	FastEthernet 0/1

【实验小结】

(1) 本实验中要注意网络地址、子网掩码及反掩码计算。

(2) 注意 OSPF 路由配置，理解多区域的概念。

9.7 配置标准 IP ACL

【实验名称】

配置标准 IP ACL。

【实验目的】

使用标准 IP ACL 实现简单的访问控制。

【实验拓扑】

实验的拓扑图如图 9-19 所示。

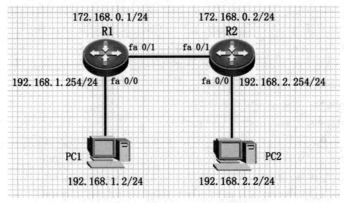

图 9-19 标准 IP ACL 配置拓扑图

【实验设备】

路由器　　　2 台
PC 机　　　 2 台
双绞线　　　3 条

【实验原理】

标准 IP ACL 可以对数据包的源 IP 地址进行检查。当应用了 ACL 的接口接收或发送数据包时，将根据接口配置的 ACL 规则对数据进行检查，并采取相应的措施，允许通过或拒绝通过，从而达到访问控制的目的，提高网络安全性。

【实验步骤】

第一步：路由器基本配置。

R1 路由器：

R1#conf t
R1(config)#interface fa0/1
R1(config-if)#ip address 172.168.0.1 255.255.255.0
R1(config-if)#exit
R1(config)#interface fa0/0
R1(config-if)#ip address 192.168.1.254 255.255.255.0
R1(config-if)#exit

R2 路由器：

R2#conf t
R2(config)#interface fa0/1
R2(config-if)#ip address 172.168.0.2 255.255.255.0
R2(config-if)#exit
R2(config)#interface fa0/0
R2(config-if)#ip address 192.168.2.254 255.255.255.0
R2(config-if)#exit

第二步：路由配置。

R1(config)#ip route 192.168.2.0 255.255.255.0 172.168.0.2
R2(config)#ip route 192.168.1.0 255.255.255.0 172.168.0.1

第三步：配置标准 IP ACL。

对于标准 IP ACL，由于只能对报文的源 IP 地址进行检查，所以为了不影响源端的其他通信，通常将其放置到距离目标近的位置，在本实验中是 R2 的 f0/0 接口。

R2(config)#access-list 1 permit 192.168.1.0 0.0.0.255
！允许来自 192.168.1.0/24 子网的流量通过
R2(config)#access-list 1 deny any
！拒绝其他任何子网的流量通过

第四步：应用 ACL。

R2(config)#interface fa0/0

R2(config-if)#ip access-group 1 out

第五步：网络测试。

(1) 按拓扑所示将 PC1 接入路由器 R1 的 fa0/0 接口，将 PC2 接入路由器 R2 的 fa0/0 接口。配置 PC1 的 IP 地址为 192.168.1.2，子网掩码为 255.255.255.0，网关为 192.168.1.254；配置 PC2 的 IP 地址为 192.168.2.2，子网掩码为 255.255.255.0，网关为 192.168.2.254。

在 PC1 的命令提示窗口中输入命令 ping 192.168.2.2，结果如图 9-20 所示。

图 9-20　PC1 到 PC2 的连通测试

(2) 将设备配置做如下修改。

R1(config)#interface fa0/0

R1(config-if)#ip address 192.168.3.254 255.255.255.0

R1(config-if)#exit

R2(config)#ip route 192.168.3.0 255.255.255.0 172.168.0.1

设置 PC1 的 IP 地址为 192.168.3.2，子网掩码为 255.255.255.0，网关为 192.168.3.254。

在 PC1 的命令提示窗口中输入命令 ping 192.168.2.2，结果如图 9-21 所示。

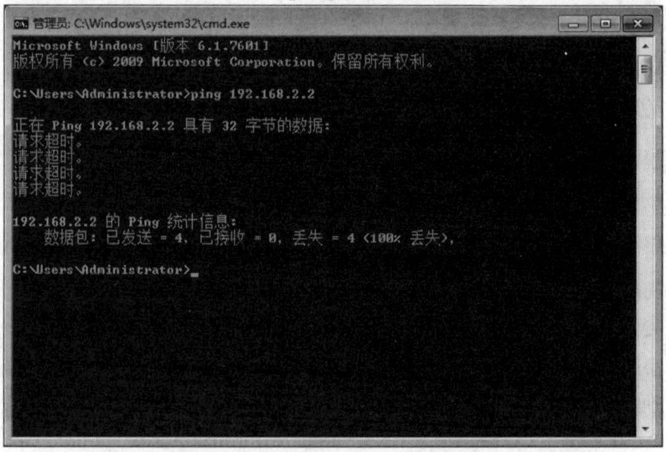

图 9-21　PC1 到 PC2 的连通测试

【实验小结】

(1) 在部署标准 ACL 时,需要将其放置到距离目标近的位置,否则可能会阻断正常的通信。

(2) 注意应用标准 ACL 的接口及方向。

9.8　配置基于时间的扩展 IP ACL

【实验名称】

配置基于时间的扩展 IP ACL。

【实验目的】

使用基于时间的扩展 IP ACL 实现网络的访问控制。

【实验拓扑】

本实验中要求 PC1 主机在周一到周五 09:00—12:00 和 14:00—18:00 不能访问 PC2 主机,其余时间都可以访问。实验的拓扑图如图 9-22 所示。

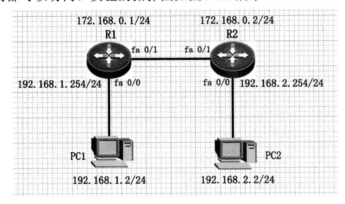

图 9-22　基于时间的扩展 IP ACL 配置拓扑图

【实验设备】

路由器	2 台
PC 机	2 台
双绞线	3 条

【实验原理】

标准 ACL 的编号范围为 1~99 和 1300~1999;扩展 ACL 的编号范围:100~199 和 2000~2699。标准 ACL 只匹配源 IP 地址,扩展 ACL 可以匹配数据流的五大元素(源 IP 地址、目的 IP 地址、源端口、目的端口、协议号)。当应用了 ACL 的接口接收或发送数据包时,将根据接口配置的 ACL 规则对数据进行检查,并采取相应的措施,允许通过或拒绝通过,从而达到访问控制的目的,提高网络安全性。

【实验步骤】

第一步：路由器基本配置。

R1 路由器：

R1#conf t

R1(config)#interface fa0/1

R1(config-if)#ip address 172.168.0.1 255.255.255.0

R1(config-if)#exit

R1(config)#interface fa0/0

R1(config-if)#ip address 192.168.1.254 255.255.255.0

R1(config-if)#exit

R2 路由器：

R2#conf t

R2(config)#interface fa0/1

R2(config-if)#ip address 172.168.0.2 255.255.255.0

R2(config-if)#exit

R2(config)#interface fa0/0

R2(config-if)#ip address 192.168.2.254 255.255.255.0

R2(config-if)#exit

第二步：配置路由。

R1(config)#ip route 192.168.2.0 255.255.255.0 172.168.0.2

R2(config)#ip route 192.168.1.0 255.255.255.0 172.168.0.1

第三步：配置扩展 ACL。

R1(config)#ip access-list extended 101

R1(config-ext-nacl)#time-range work

R1(config-time-range)#periodic weekday 09:00 to 12:00

R1(config-time-range)#periodic weekday 14:00 to 18:00

R1(config-time-range)#exit

R1(config)#ip access-list extended 101

R1(config-ext-nacl)#deny ip 192.168.1.2   0.0.0.255 192.168.2.2 0.0.0.255 time-range work

R1(config-ext-nacl)#permit ip any any

R1(config-ext-nacl)#interface gi0/0

R1(config-if-GigabitEthernet 0/0)#ip access-group 101 in

第四步：网络测试。

按拓扑所示将 PC1 接入路由器 R1 的 fa0/0 接口，将 PC2 接入路由器 R2 的 fa0/0 接口。配置 PC1 的 IP 地址为 192.168.1.2，子网掩码为 255.255.255.0，网关为 192.168.1.254；配置 PC2 的 IP 地址为 192.168.2.2，子网掩码为 255.255.255.0，网关为 192.168.2.254。

(1) 周一到周五的 09:00—12:00 和 14:00—18:00 时间段内，在 PC1 的命令提示窗口中输入命令 ping 192.168.2.2，结果如图 9-23 所示。

图 9-23　PC1 到 PC2 的连通测试

(2) 非周一到周五的 09:00—12:00 和 14:00—18:00 时间段,在 PC1 的命令提示窗口中输入命令 ping 192.168.2.2,结果如图 9-24 所示。

图 9-24　PC1 到 PC2 的连通测试

【实验小结】

(1) 在部署扩展 ACL 时,需要将其放置到距离源端较近的位置,否则可能会阻断正常的通信。

(2) 注意应用扩展 ACL 的接口及方向。

(3) 注意定义时间变量的方法。

9.9　利用动态 NAT 实现局域网访问互联网

【实验名称】

利用动态 NAT 实现局域网访问互联网。

【实验目的】

理解动态 NAT 技术原理，掌握将内部地址转换为全局地址的方法。

【实验拓扑】

实验的拓扑图如图 9-25 所示。

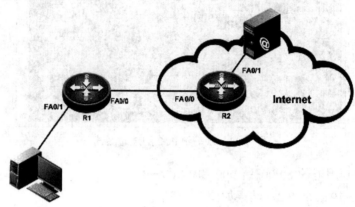

图 9-25　拓扑图

【实验设备】

路由器　　　　2 台

PC 机　　　　2 台

双绞线　　　　2 条

【实验原理】

NAT(网络地址转换)是指将网络地址从一个地址空间转换为另一个地址空间的行为。NAT 将网络划分为内部网络和外部网络两部分。局域网主机利用 NAT 访问网络时，将局域网内部的私有地址转换成全局地址后转发数据包。

NAT 分为两种类型：静态网络地址转换和动态网络地址转换。静态网络地址转换是指一个私有地址对应一个全局地址。动态网络地址转换是指多个私有地址对应一个全局地址，也称为 NAPT(网络地址端口转换)。

【实验步骤】

第一步：路由器基本配置。

R1 路由器基本配置：

R1(config)#

R1(config)#interface fa0/1

R1(config-if)#ip address 192.168.1.1 255.255.255.0

R1(config-if)#no shutdown

R1(config-if)#exit

R1(config)#interface fa0/0

R1(config-if)#ip address 202.1.1.1 255.255.255.0

R1(config-if)#no shutdown

R1(config-if)#exit

R2 路由器基本配置：

R2(config)#interface fa0/1
R2(config-if)#ip address 63.1.1.1 255.255.255.0
R2(config-if)#no shutdown
R2(config-if)#exit
R2(config)#interface fastEthernet 0/0
R2(config-if)#ip address 202.1.1.2 255.255.255.0
R2(config-if)#no shutdown
R2(config-if)#end

第二步：配置路由(默认路由或者静态路由均可)。

R1(config)#ip route 0.0.0.0 0.0.0.0 202.1.1.2
R2(config)#ip route 0.0.0.0 0.0.0.0 202.1.1.1

第三步：配置动态 NAPT 映射。

R1(config)#interface fa0/1
R1(config-if)#ip nat inside
R1(config-if)#exit
R1(config)#interface fa0/0
R1(config-if)#ip nat outside
R1(config-if)#exit
R1(config)#ip nat pool napt 202.1.1.1 202.1.1.1 netmask 255.255.255.0
R1(config)#access-list 10 permit 192.168.1.0 0.0.0.255
R1(config)#ip nat inside source list 10   pool napt overload

第四步：验证测试。

(1) 在路由器 R2 上配置 telnet 服务。

(2) 在 PC 机用 telnet 测试访问 63.19.6.1 路由器。

(3) 在路由器 lan-router 查看 NAPT 映射关系。

R1#sh ip nat statistics

Total translations: 1, max entries permitted: 30000 Peak translations: 1 @ 00:02:50 ago

Outside interfaces: FastEthernet 0/0 Inside interfaces: FastEthernet 0/1 Rule statistics:

[ID: 1] inside source dynamic hit: 21match (after routing):

ip packet with source-ip match access-list 10 action :translate ip packet's source-ip use pool to_internet

R1#show ip nat translations

Pro Inside global	Inside local	Outside local	Outside global
tcp 200.1.8.7:1025	172.16.1.10:1025	63.19.6.1:23	63.19.6.1:23

【实验小结】

(1) 不要把 Inside 和 Outside 应用的接口弄错。

(2) 要加上能使数据包向外转发的路由，比如默认路由。

（3）尽量不要用广域网接口地址作为映射的全局地址，本例子中特定仅有一个公网地址，实际工作中不推荐。

9.10 利用 NAT 实现外网主机访问内网服务器

【实验名称】

利用 NAT 实现外网主机访问内网服务器。

【实验目的】

掌握 NAT 源地址转换和目的地址转换的区别，掌握如何向外网发布内网的服务器。

【实验拓扑】

实验的拓扑图如图 9-26 所示。

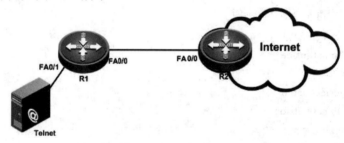

图 9-26　拓扑图

【实验设备】

路由器	2 台
PC 机	2 台
五类双绞线	1 条

【实验原理】

本实验就是要利用 NAPT 端口转换的功能实现外网主机访问内网服务器。外网主机需知道内网服务器的 IP 地址后才可以直接访问到内网服务器，但内网服务器的 IP 地址因为安全原因又不能直接公布于外网，此时可以考虑使用 NAPT 技术将内网服务器提供相应网络服务的端口做映射转换，将该端口转换成另外主机所对应的相同网络服务的端口，这样既可以解决外网主机访问内网服务器的问题，也可以对内网服务器真实的地址进行隐藏，服务器的安全得到了保障。

【实验步骤】

第一步：配置路由器。

R1(config)#interface fa0/1
R1(config-if)#ip address 172.16.8.1 255.255.255.0

R1(config-if)#no shutdown

R1(config-if)#exit

R1(config)#interface fa0/0

R1(config-if)#ip address 200.1.8.7 255.255.255.0

R1(config-if)#no shutdown

R1(config-if)#exit

R2(config)#interface fa0/1

R2(config-if)#ip address 63.19.6.1 255.255.255.0

R2(config-if)#no shutdown

R2(config-if)#exit

R2(config)#interface fa0/0

R2(config-if)#ip address 200.1.8.8 255.255.255.0

R2(config-if)#no sh

R2(config-if)#end

第二步：配置默认路由。

R1(config)#ip route 0.0.0.0 0.0.0.0 200.1.8.8

R2(config)#ip route 0.0.0.0 0.0.0.0 200.1.8.7

第三步：配置 NAT。

R1(config)#interface fa0/1

R1(config-if)#ip nat inside

R1(config-if)#exit

R1(config)#interface fa0/0

R1(config-if)#ip nat outside

R1(config-if)#exit

R1(config)#ip nat inside source static tcp 172.16.8.5 23 200.1.8.5 23

第四步：验证测试。

(1) 在内网主机配置 telnet 服务。

(2) 在外网的主机通过 telnet 登录200.1.8.5。

R1#show ip nat translations

Pro Inside global	Inside local	Outside local	Outside global
tcp 200.1.8.5:23	172.16.8.5:23	63.19.6.1:1033	63.19.6.1:1033

R1#show ip nat statistics

Total translations: 1, max entries permitted: 30000 Peak translations: 2 @ 00:11:25 ago

Outside interfaces: FastEthernet 0/0 Inside interfaces: FastEthernet 0/1 Rule statistics:

[ID: 5] inside source static hit: 2match (before routing):tcp packet with destination-ip 200.1.8.5 destination-port 23 action :translate ip packet's destination-ip use ip 172.16.8.5 with port set to 23

【实验小结】

(1) 不要把 Inside 和 Outside 应用的接口弄错。

(2) 配置目标地址转换后，需要利用静态 NAPT 配置静态的端口地址转换。

参考文献

[1] 谢希仁. 计算机网络[M]. 7 版. 北京：电子工业出版社，2015.

[2] 周奇，苏绚，何政伟. 计算机网络技术[M]. 北京：清华大学出版社，2018.

[3] 周炎涛，胡均平. 计算机网络[M]. 北京：人民邮电出版社，2008.

[4] 刘远生. 计算机网络教程[M]. 2 版. 北京：清华大学出版社，2015.

[5] 徐敬东，张建忠. 计算机网络[M]. 4 版. 北京：清华大学出版社，2021.

[6] 张基温. 计算机网络教程[M]. 北京：清华大学出版社，2017.

[7] 黄林国. 计算机网络基础[M]. 北京：清华大学出版社，2017.

[8] 马丽梅，王长广，马彦华. 计算机网络安全与实验教程[M]. 北京：清华大学出版社，2014.